Christian Schlieder

Autodesk® Inventor® 2018
BELASTUNGSANALYSE (FEM)

Viele praktische Übungen am
Konstruktionsobjekt RADLADER

Christian Schlieder

Autodesk® Inventor® 2018
BELASTUNGSANALYSE (FEM)

Viele praktische Übungen am
Konstruktionsobjekt RADLADER

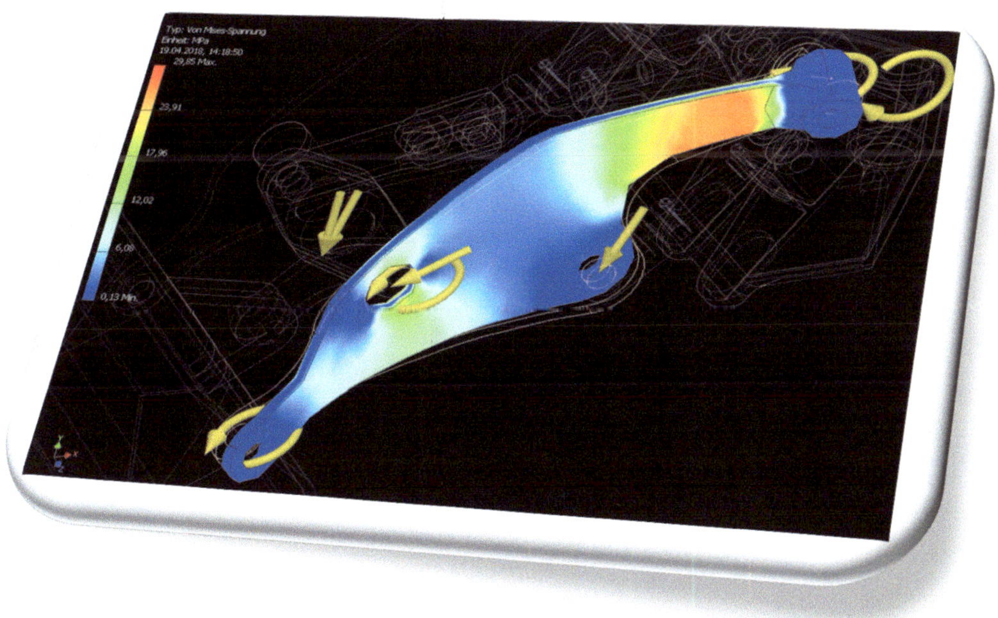

Weiterführende Literatur

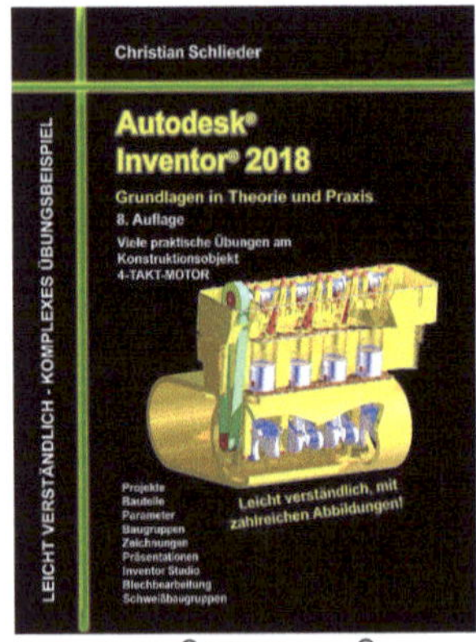

Autodesk® Inventor® 2018
Grundlagen in
Theorie und Praxis

Autodesk® Inventor® 2018
Dynamische Simulation
und Belastungsanalyse

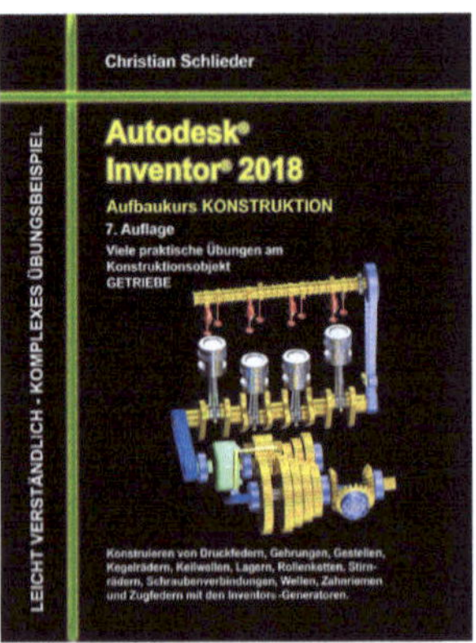

Autodesk® Inventor® 2018
Aufbaukurs
Konstruktion

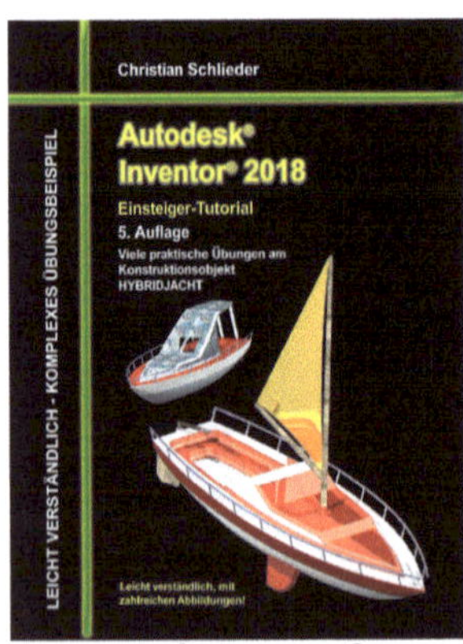

Autodesk® Inventor® 2018
Einsteiger-Tutorial
Hybridjacht

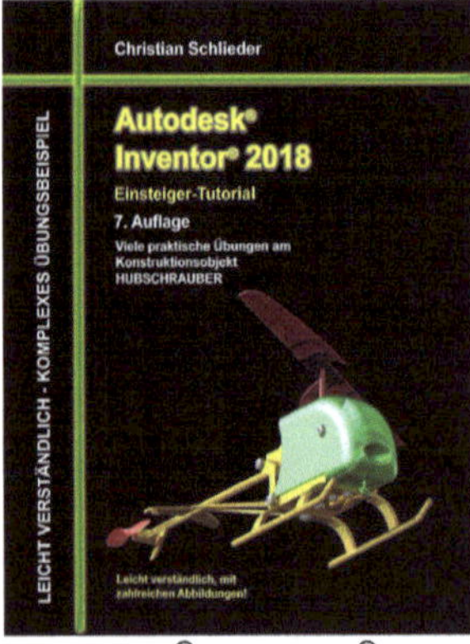

Autodesk® Inventor® 2018
Einsteiger-Tutorial
Hubschrauber

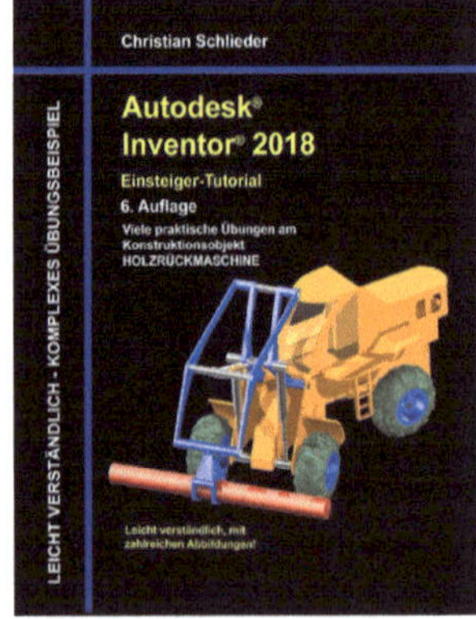

Autodesk® Inventor® 2018
Einsteiger-Tutorial
Holzrückmaschine

http://www.cad-trainings.de/html/Literatur.html

ISBN

978-3-7528-3424-6

IMPRESSUM

Dipl.- Ing. Christian Schlieder
www.cad-trainings.de
Fax: +49 (0) 3212 - 1122290

HERSTELLUNG UND VERLAG

BoD- Books on Demand, Norderstedt
www.BoD.de

INHALTSVERZEICHNIS

1 Grundlegendes zum Buch

Dieses Buch ist ein Aufbaukurs für Fortgeschrittene, die mit den Grundlagen von *Autodesk® Inventor® 2018* bereits vertraut sind. Es wird empfohlen vor der Arbeit mit diesem Buch die folgenden beiden Übungsbücher zu erarbeiten:

> *Autodesk® Inventor® 2018 – Grundlagen in Theorie und Praxis*
> *Autodesk® Inventor® 2018 – Dynamische Simulation*

Bauteile und Baugruppen können in Autodesk® Inventor® einer **FEM-Analyse** unterzogen werden. Dort wird ihr strukturmechanisches Verhalten unter Last simuliert, um daraus Rückschlüsse auf kritische Bereiche ziehen zu können, deren Optimierung dann bereits während der Konstruktionsphase möglich ist. Die Studien können zu einem bestimmten Zeitpunkt und mit fest definierten Lasten und Auflagern stattfinden, oder parametrisch unter Verwendung beliebiger Variablen. Auch Analysen der Eigenfrequenzen eines Bauteils sind möglich. Weiterhin können Bauteile einer Topologieoptimierung unterzogen werden. Unter Beachtung aller Lasten und Auflager berechnet das Programm dabei die Möglichkeiten, welche Bereiche eines Bauteils entfernt werden können, ohne die Stabilität des Bauteils wesentlich zu beeinflussen. Somit kann das Konstruktionsprinzip der minimalen Masse konsequent umgesetzt werden.

Die folgenden **Themen der Belastungsanalyse** werden behandelt:

> Erstellen von Einzelpunkt-Studien, parametrischen Studien und Modalanalysen
> Parameter aus der dynamischen Simulation in den FEM-Bereich übernehmen
> Platzieren und Bearbeiten von Abhängigkeiten, Kräften, Drehmomenten oder Drücken
> Generieren und Verfeinern von FEM-Netzen
> Präzisieren von Bauteiloberflächen
> Besonderheiten der Kontakteigenschaften zwischen Bauteiloberflächen
> Der Umgang mit dünnwandigen Bauteilen
> Erstellen, Animieren und Aufzeichnen von Bauteilverformungen
> Topologische Optimierung von Bauteilen mit dem Formengenerator
> Exportieren der Simulationsergebnisse

2 Installation von Autodesk® Inventor® 2018

2.1 Systemanforderungen

Die folgenden von Autodesk® empfohlenen Systemanforderungen gelten für Bauteile und Baugruppen mit weniger als 1000 Bauteilen:

Betriebssystem	64-Bit-Version von Microsoft® Windows® 10 64-Bit-Version von Microsoft Windows 8.1 mit Update KB2919355 64-Bit-Version von Microsoft Windows 7 SP1
CPU-Typ	Mindestens: 64-Bit Intel oder AMD, 2 GHz oder schneller Empfohlen: Intel® Xeon® E3 oder Core i7 3,0 GHz oder höher
Arbeitsspeicher	Mindestens: 8 GB RAM Empfohlen: 20 GB Ram oder mehr
Festplatte	Installationsprogramm sowie vollständige Installation: 40 GB
Grafikkarte	Mindestens: Microsoft Direct3D 10®-fähige Grafikkarte oder höher Empfohlen: Microsoft Direct3D 11®-fähige Grafikkarte oder höher Empfohlene Skalierung: 100 %, 125 %, 150 % oder 200 %
Sonstiges	DVD-ROM, Internetverbindung für Autodesk® 360-Funktionalität, Internet-Downloads und Zugriff auf Subscription Aware, Microsoft Internet Explorer® 11 oder gleichwertig, Vollständige lokale Installation von Microsoft® Excel 2010, 2013 oder 2016 für iFeatures, iParts, iAssemblies, Thread-bezogene Befehle, Erstellung von Abständen/Gewindebohrungen, globale Stücklisten, Bauteillisten, Revisionstabellen, tabellenbasierte Konstruktionen und Studio-Animationen von Positionsdarstellungen. Excel Starter®, Online Office 365® und OpenOffice® werden nicht unterstützt. Die 64-Bit-Version von Microsoft Office ist erforderlich für den Export in Access 2007-, dBase IV-, Text- und CSV-Formate. Microsoft .NET Framework 4.6 oder höher. Virtualisierung unterstützt auf Citrix® XenApp ™ 7,6; Citrix XenDesktop ™ 7,6 (erfordert Inventor Netzwerklizenzierung).

2.2 Anforderungen an das Betriebssystem

Die Installation von Autodesk® Inventor® 2018 erfordert ein Windows® Betriebssystem. Nutzer eines Apple® Betriebssystems, können das Programm mithilfe von Boot Camp® oder Parallels Desktop® unter Beachtung der folgenden Systemvoraussetzungen installieren:

Betriebssystem	Mindestens: Mac OS™ X 10.10.x Empfohlen: Mac OS™ X 10. 12.x
CPU-Typ	Mindestens: Intel® Core 2 Duo (3 GHz oder höher)
Arbeitsspeicher	Mindestens: 8 GB RAM Empfohlen: 16 GB Ram oder mehr
Partitionsgröße **Partitionsgröße**	Mindestens: 200 GB freier Festplattenspeicher Empfohlen: 500 GB freier Festplattenspeicher oder mehr
Betriebssystem	64-Bit-Version von Microsoft Windows 10 64-Bit-Version von Microsoft Windows 8.1 mit Update KB2919355 64-Bit-Version von Microsoft Windows 7 SP1

2.3 Download des Programms

Sollten Sie die Software nicht bereits besitzen, haben Sie die folgenden Möglichkeiten, Autodesk®-Produkte unter den folgenden Links herunterzuladen:

Autodesk® **Store**	Wenn Sie die Programmversion kaufen möchten: ➤ http://www.autodesk.com/store/storeselect.htm
Autodesk®- **Konto**	Als Subscription-Kunde bei Ihrem Autodesk® Konto: ➤ https://accounts.autodesk.com/
Education **Community**	Als Mitglied der Education Community: ➤ http://www.autodesk.com/education/free-software/all
Kostenlose **Testversionen**	Als kostenlose Testversion mit 30 Tagen Laufzeit: ➤ http://www.autodesk.com/free-trials

Unter dem folgenden Link finden Sie weitere Informationen zu kostenlosen Programmversionen von Autodesk® für Studenten und Lehrkräfte:

➤ *http://help.autodesk.com/view/INVNTOR/2018/DEU/?guid=GUID-32F591DA-32BF-42F2-8FAC-DF215412D1C3*

2.4 Installationsvoraussetzungen

Zugriffsrechte

Sie müssen über lokale Benutzer-Administratorrechte verfügen.

> **Systemsteuerung > Benutzerkonten > Benutzerkonten verwalten**

System-Updates/ Antivirenprogramm

Vor der Installation von Autodesk® Inventor® 2018 sollten eventuell noch ausstehende Updates von Windows® durchgeführt werden. Starten Sie den Rechner danach neu. Antivirenprogramme müssen während der Installation eventuell vorübergehend deaktiviert werden.

Language Packs

Prüfen Sie vor der Installation von Autodesk® Inventor® 2018, ob die heruntergeladene Programmversion in der richtigen Sprache vorhanden ist. Eventuell muss vorab ein Sprachpaket heruntergeladen und installiert werden.

Seriennummer/ Produktschlüssel

Vor der Installation sollten Seriennummer und Produktschlüssel in Erfahrung gebracht werden. Diese werden bereits während der Installation benötigt (Ausnahme: kostenlose 30-Tage-Testversion). Weitere Informationen zum Thema finden Sie unter dem Link:

> **https://knowledge.autodesk.com/de/customer-service/download-install/activate/find-serial-number-product-key/sn-education-community/serial-number-educational-institutions**

Beenden anderer Programme

Beenden Sie alle anderen Programme vor der Installation von Autodesk® Inventor® 2018.

2.5   Installation von Autodesk® Inventor® 2018

Stellen Sie vor der Installation von Autodesk® Inventor® 2018 sicher, dass alle Teile des Programms vollständig vorhanden sind. Wurden diese vollständig heruntergeladen (Schritt entfällt, wenn die Software auf DVD vorhanden ist), kann mit der Installation begonnen werden. Sollte das Installationsprogramm noch nicht geöffnet sein, starten Sie dieses. Sie finden es für gewöhnlich im Pfad:

> **C:\Autodesk\Inventor_2018_...\Setup.exe**

Nachdem Sie die Lizenzvereinbarung gelesen und akzeptiert haben, muss im Dropdown-Menü mit den Produktsprachen einer der folgenden Schritte durchgeführt werden:

1) Wählen Sie eine Sprache aus.
2) Wählen Sie unter Lizenztyp die Option *Einzelplatz*.
3) Geben Sie Seriennummer und Produktschlüssel ein (falls erforderlich).
4) Bestimmen Sie den Installationspfad (dieser Pfad darf maximal 260 Zeichen lang sein).
5) Übernehmen Sie die vorgegebene Konfiguration oder passen Sie die Installation an (weitere Informationen zur Konfiguration finden Sie in der Produktdokumentation).
6) Klicken Sie auf *Installieren*.
7) Nach der Installation: Klicken Sie auf *Fertigstellen*.

2.6   Aktivierung von Autodesk® Inventor® 2018

Online aktivieren und registrieren

Sobald Autodesk® Inventor® 2018 das erste Mal gestartet wurden, startet auch automatisch der Aktivierungsvorgang. Sollte der PC über eine bestehende Internetverbindung verfügen, führen Sie die folgenden Schritte aus:

1) Achten Sie darauf, dass Ihre Firewall den Datenaustausch zwischen Autodesk® Inventor® 2018 und dem Server von Autodesk® nicht unterbricht.
2) Starten Sie Autodesk® Inventor® 2018.
3) Stimmen Sie den Datenschutzrichtlinien zu.
4) Klicken Sie auf *Aktivieren*.
5) Geben Sie den Produktschlüssel ein, wenn Sie dazu aufgefordert werden sollten. Melden Sie sich an und registrieren Sie das Produkt.

Autodesk® überprüft jetzt die Berechtigungsinformationen, wie z. B. Ihre Seriennummer. Wenn Sie die Aktivierungsaufforderung sehen und keine Verbindung mit dem Internet herstellen können, ist die Aktivierung manuell vorzunehmen.

Manuelles Aktivieren und Registrieren (offline)

Sollte der PC über keine bestehende Internetverbindung verfügen, führen Sie die folgenden Schritte aus:

1) Starten Sie Autodesk® Inventor® 2018.
2) Stimmen Sie den Datenschutzrichtlinien zu.
3) Klicken Sie auf **Aktivieren**.
4) Wählen Sie Aktivierungscode **Mit einer Offlinemethode anfordern**.
5) Klicken Sie auf **Weiter**.
6) Notieren Sie die Aktivierungsinformationen, die auf dem Bildschirm angezeigt werden, einschließlich der URL.
7) Starten Sie ein Gerät mit einer bestehenden Internetverbindung.
8) Öffnen Sie die URL aus Punkt (6). Melden Sie sich an und registrieren Sie das Produkt.
9) Notieren Sie den Aktivierungscode.
10) Starten Sie Autodesk® Inventor® 2018.
11) Klicken Sie auf **Aktivieren**.
12) Wählen Sie die Option **Ich habe einen Aktivierungscode von Autodesk**.
13) Kopieren Sie den Aktivierungscode, und fügen Sie ihn in das erste Feld ein, um automatisch die anderen Felder auszufüllen.
14) Klicken Sie auf **Weiter**.

Weitere Informationen zu Installation und Aktivierung erhalten Sie unter dem folgenden Link:

➢ **https://knowledge.autodesk.com/customer-service/download-install**

3 Programmaufbau und Programmoberfläche

3.1 Programmaufbau

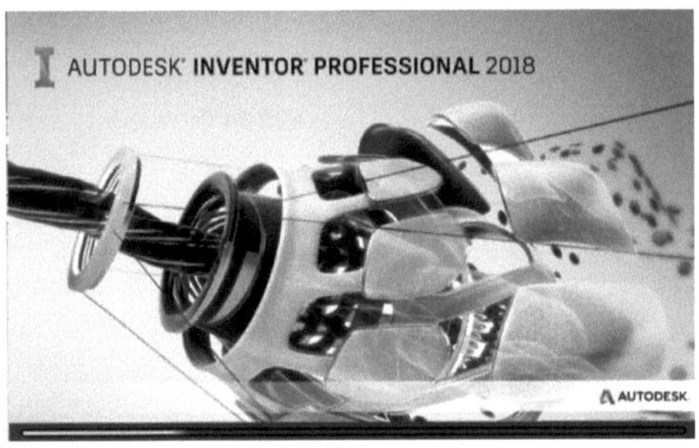

Nach dem Start des Programms öffnet sich das Programm mit der folgenden **Benutzeroberfläche**:

1) Hauptmenü
2) Schnellzugriff-Werkzeuge
3) Multifunktionsleiste
4) InfoCenter
5) Neue Dateien erstellen
6) Projektverwaltung
7) Zuletzt verwend. Dokumente

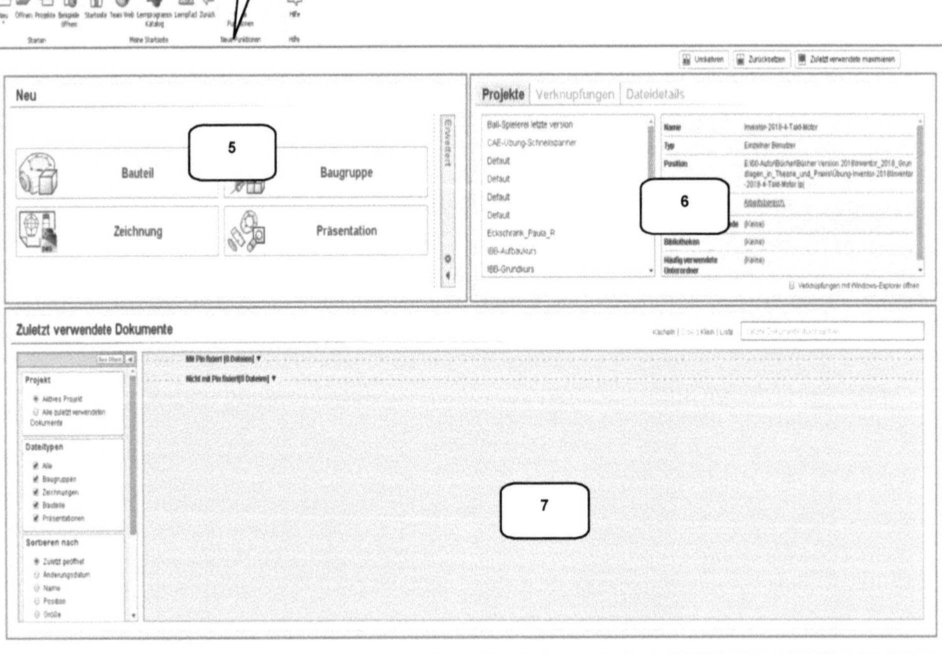

3.2 Hauptmenü

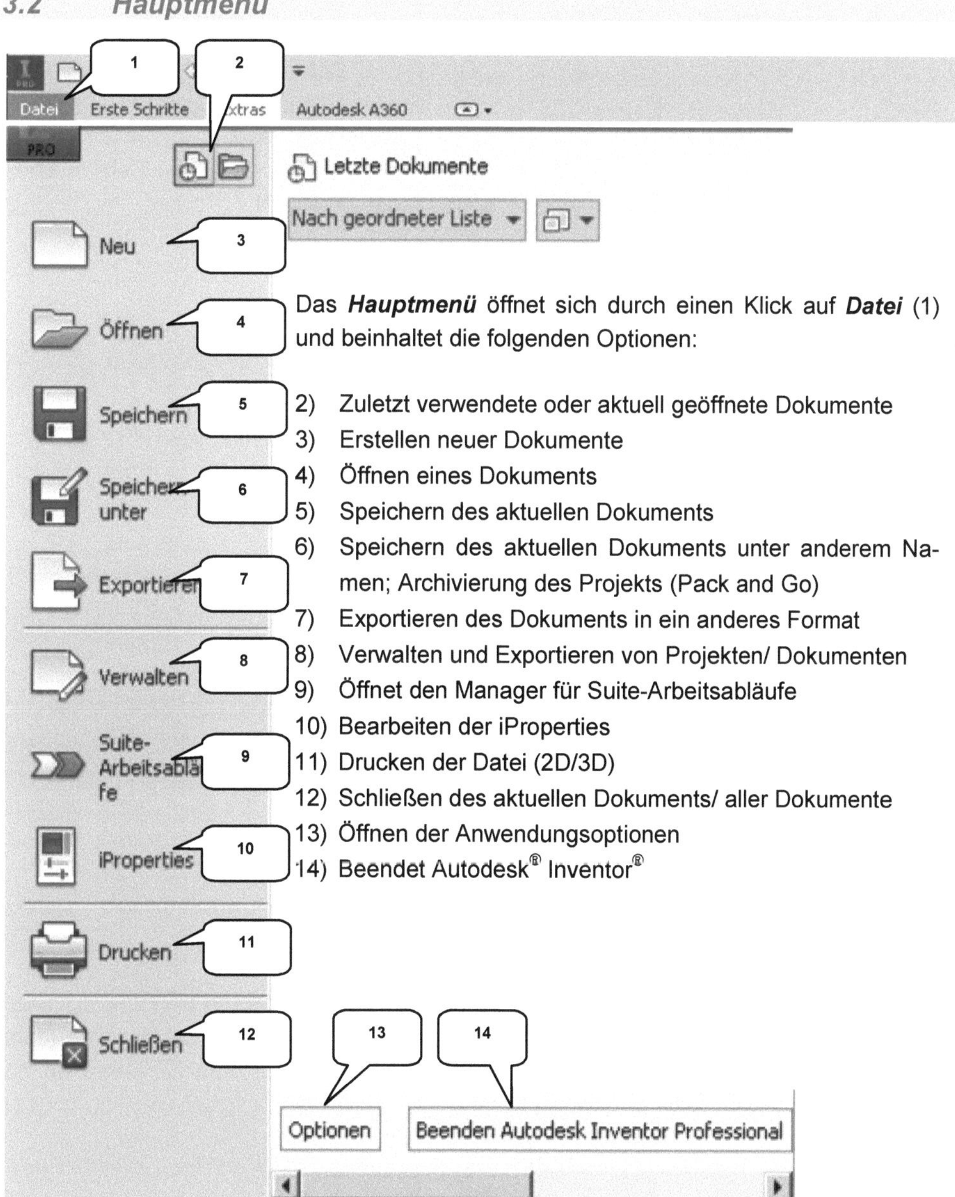

Das *Hauptmenü* öffnet sich durch einen Klick auf *Datei* (1) und beinhaltet die folgenden Optionen:

2) Zuletzt verwendete oder aktuell geöffnete Dokumente
3) Erstellen neuer Dokumente
4) Öffnen eines Dokuments
5) Speichern des aktuellen Dokuments
6) Speichern des aktuellen Dokuments unter anderem Namen; Archivierung des Projekts (Pack and Go)
7) Exportieren des Dokuments in ein anderes Format
8) Verwalten und Exportieren von Projekten/ Dokumenten
9) Öffnet den Manager für Suite-Arbeitsabläufe
10) Bearbeiten der iProperties
11) Drucken der Datei (2D/3D)
12) Schließen des aktuellen Dokuments/ aller Dokumente
13) Öffnen der Anwendungsoptionen
14) Beendet Autodesk® Inventor®

HINWEIS: Die jeweiligen Befehle können mit einem Klick der linken Maustaste auf die nebenstehenden Dreiecke noch erweitert werden.

3.3 Schnellzugriff-Werkzeuge

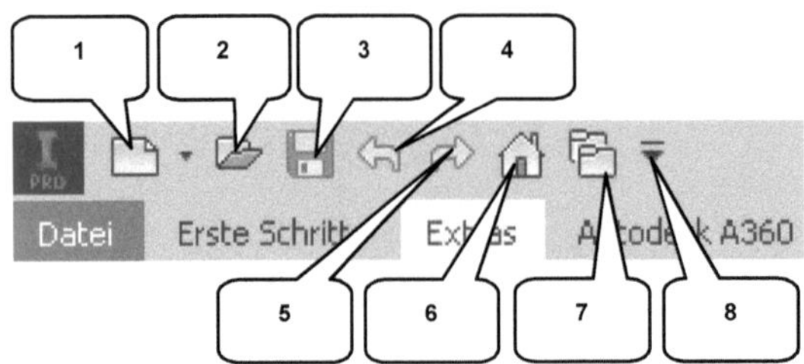

Die **Schnellzugriff-Werkzeuge** sind einige häufig verwendete Befehle, die einzeln ein- oder ausgeblendet werden können. Die folgenden Befehle befinden sich darin:

1) Erstellen eines neuen Dokuments
2) Öffnen eines vorhandenen Dokuments
3) Speichern des Dokuments
4) Einen Arbeitsschritt zurück

5) Einen Arbeitsschritt vorwärts
6) Aktiviert die Startseite
7) Öffnet die Projektverwaltung
8) Schnellzugriff-Werkzeuge anpassen

3.4 Multifunktionsleiste

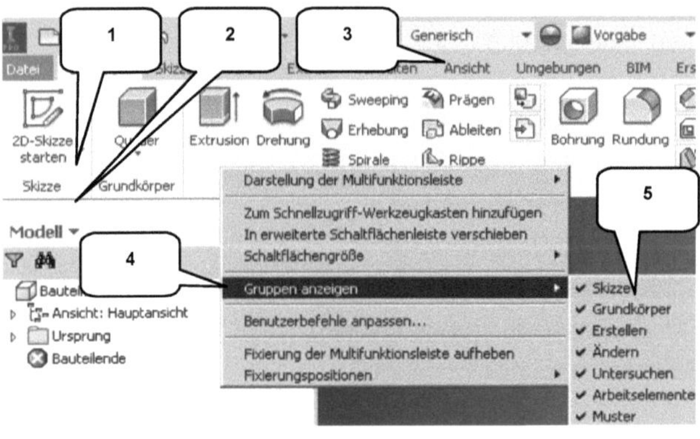

Die **Multifunktionsleiste** (1) befindet sich im oberen Bereich des Programms und enthält verschiedene Befehlsgruppen (2), deren Inhalt entsprechend der Auswahl einer der verfügbaren Registerkarten (3) variiert. Jede Registerkarte enthält diverse Befehlsgruppen, welche beliebig ein- oder ausgeblendet werden können.

Um Befehlsgruppen ein- oder auszublenden, muss mit der **rechten Maustaste** auf einen beliebigen Punkt im Bereich der Multifunktionsleiste (1) geklickt und die Option **Gruppen anzeigen** (4) gewählt werden. In der erweiterten Auswahl (5), können die einzelnen Befehlsgruppen danach aktiviert/deaktiviert werden.

HINWEIS: Sollten in diesem Buch Befehle verwendet werden, die Sie in Ihrer Multifunktionsleiste im entsprechenden Arbeitsbereich nicht finden können, kontrollieren Sie bitte, ob die entsprechende **Befehlsgruppe aktiviert** wurde.

3.5 Browser

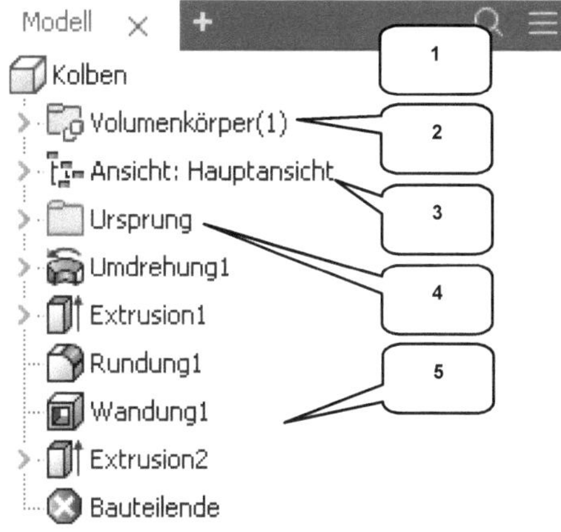

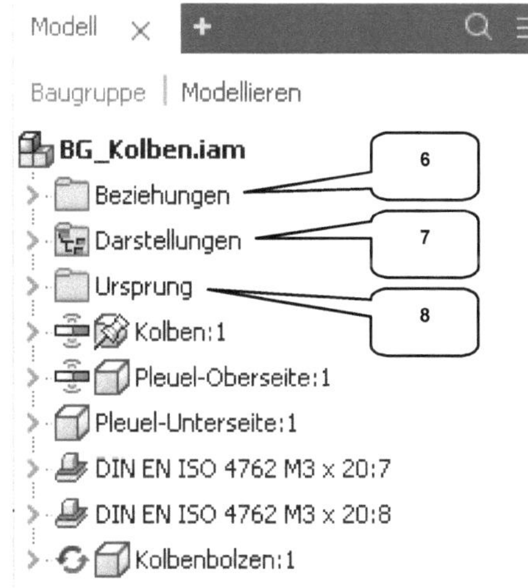

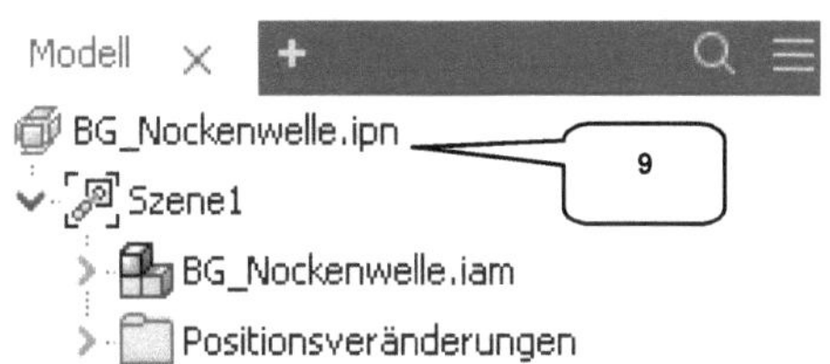

Der **Browser** (1) spiegelt den grundlegenden Aufbau eines Objekts wieder der je Arbeitsbereich inhaltlich variiert.

> ***Bauteil-Browser***

Im **Bauteil-Browser** befinden sich z. B. der Ordner **Volumenkörper** (2) (listet die einzelnen Volumenkörper eines Bauteils auf), der Ordner **Ansicht** (3) (beinhaltet die Ansichten eines Bauteils) sowie der Ordner **Ursprung** (4) (listet die Hauptachsen und -ebenen des Bauteils auf). Weiterhin werden alle bereits am Bauteil vorgenommenen **Arbeitsschritte** (5) chronologisch aufgelistet und können hier bearbeitet werden.

> ***Baugruppen-Browser***

Im **Baugruppen-Browser** befinden sich der Ordner **Beziehungen** (6) (mit allen in der Baugruppe besetzten Verbindungen/ Abhängigkeiten), der Ordner **Darstellungen** (7) (mit den Ansichten, Positionen und Detailgenauigkeiten der Baugruppe) und der Ordner **Ursprung** (8). Natürlich werden auch alle in der Baugruppe vorhandenen Komponenten (Bauteile/ Normteile) aufgelistet.

> ***Präsentations-Browser***

Der **Präsentations-Browser** enthält den Ordner **Szene** (9). Darin werden die Präsentationsdrehbücher der animierten Baugruppen und die zugehörigen Pfade abgelegt.

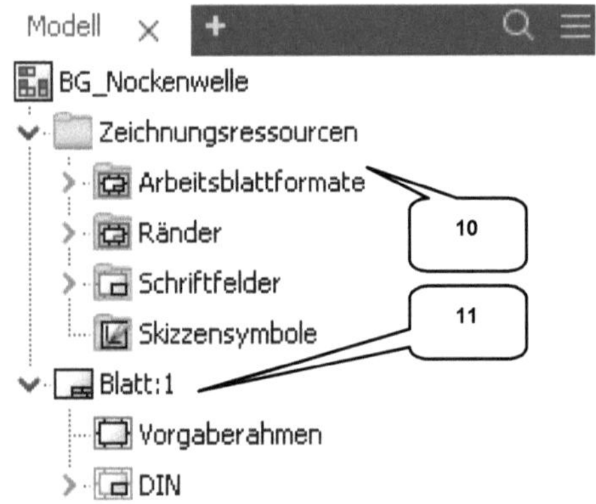

> ### *Zeichnungs-Browser*

Im ***Zeichnungs-Browser*** gibt es den Ordner ***Zeichnungsressourcen*** (10) (mit allen vordefinierten Arbeitsblattformaten, Rändern, Schriftfeldern und Symbolen) und je Zeichnung einen Ordner ***Blatt*** (11). Jedes Zeichnungsblatt beinhaltet die dem Blatt zugeordneten Arbeitsblattformate, Ränder, Schriftfelder und Symbole sowie dargestellten Ansichten mit den darin abgebildeten Komponenten.

3.6   Startbildschirm

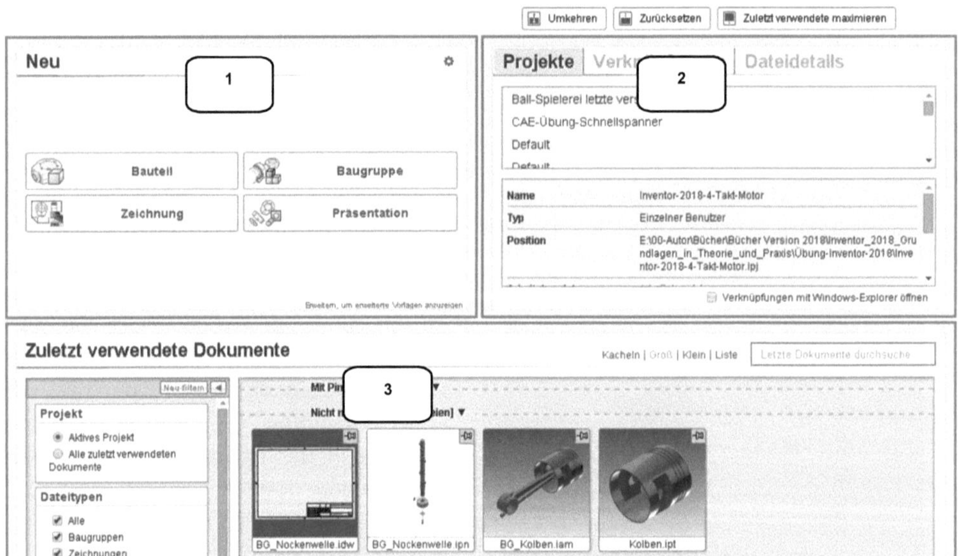

Nach dem Start des Programms wird dem Benutzer ein ***Startbildschirm*** mit den folgenden Inhalten angeboten:

1) Erstellen eines neuen Dokuments
2) Projektverwaltung
3) Öffnen eines bereits vorhandenen Dokuments

4 Die ersten Schritte

4.1 Programmhilfe und neue Funktionen

Im Register **Erste Schritte** (Befehlsgruppe **Hilfe**) befindet sich der Befehl ⁇ Hilfe (1). Ein Klick darauf öffnet im Arbeitsbereich die Online-Hilfe, sofern ein Internetzugang vorhanden ist (ggf. müssen die Einstellungen der Firewall des PCs bearbeitet werden).

Hier können Sie entweder in der **Inhaltsübersicht** (2) aus einem der angebotenen Themengebiete auswählen, oder bestimmte Befehle oder Begriffe **suchen** (3). Im **Ausgabebereich** (4) werden die Ergebnisse dann angezeigt.

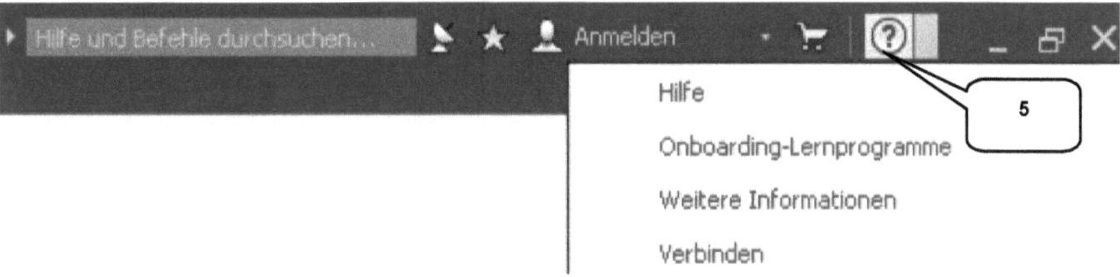

HINWEIS: Alternativ kann die Programmhilfe auch durch den Befehl ⁇ Hilfe (5) in der oberen Programmleiste gestartet werden.

4.2 Videos und Lernprogramme

Startet man den Befehl ⊿ **Lernpfad** (1), so öffnet sich eine interaktive Lernumgebung (2) in der schrittweise der Umgang mit der Software erlernt und mit diversen Übungen gefestigt werden kann.

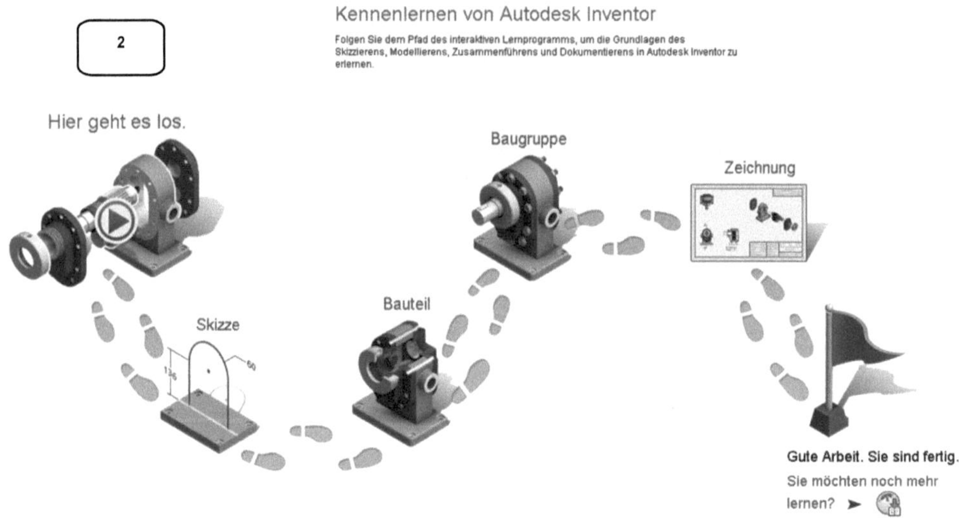

Mit dem Befehl 🌐 **Lernprogramm Katalog** (3) öffnet sich im Arbeitsbereich eine Übersicht weiterer Lernprogramme (4).

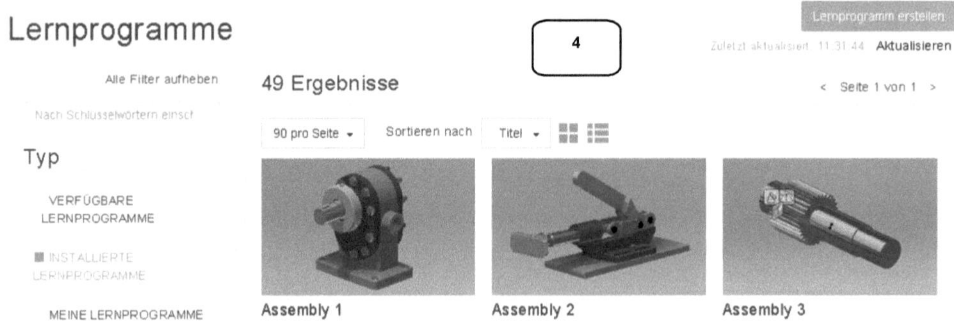

4.3 Zusatzmodule (empfohlene Einstellungen)

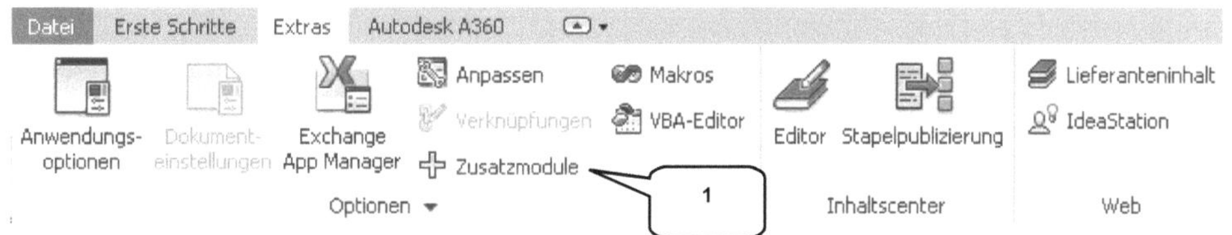

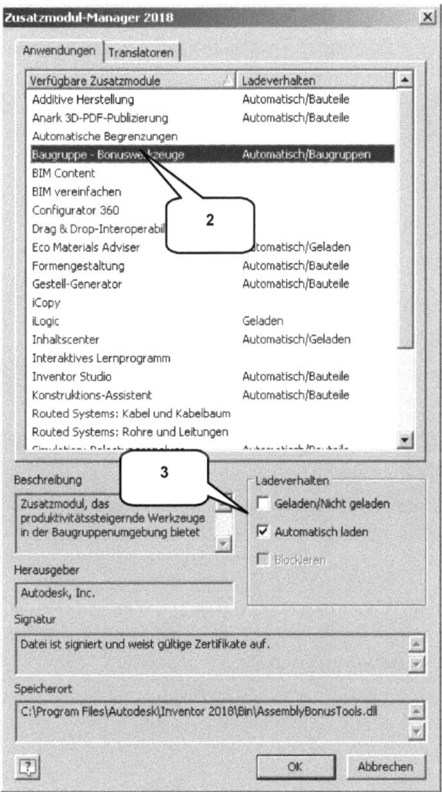

In der Befehlsgruppe **Optionen** (Register **Extras**) befindet sich der Befehl ⊹ **Zusatzmodule** (1) welcher den **Zusatzmodul-Manager** öffnet. Damit können die automatisch beim Programmstart zusätzlich zu den Standardeinstellungen zu aktivierenden Programm-Module festgelegt werden.

Um ein Modul automatisch laden zu lassen, muss dieses in der **Liste** (2) aktiviert werden, um anschließend die beiden Haken im Bereich **Ladeverhalten** (3) zu setzen. Andernfalls sind die Haken zu entfernen.

Die Aktivierung der folgenden Module wird empfohlen:

- ➢ Additive Herstellung
- ➢ Automatische Begrenzungen
- ➢ Baugruppe - Bonuswerkzeuge
- ➢ BIM-Austausch
- ➢ BIM-Vereinfachen
- ➢ Gestell-Generator
- ➢ iCopy
- ➢ iLogic
- ➢ Inhaltscenter
- ➢ Inventor Studio
- ➢ Konstruktions-Assistent
- ➢ **Simulation: Belastungsanalyse**
- ➢ Simulation: Dynamische Simulation
- ➢ Simulation: Gestellanalyse

HINWEIS: Je nach Programversion (Inventor® 2018 oder Inventor® Professional 2018) können einige der Module unter Umständen nicht verwendet werden. Bitte beachten Sie, dass eine generelle Aktivierung aller Module die Leistungsfähigkeit Ihres PCs negativ beeinträchtigen kann.

4.4   Anwendungsoptionen (empfohlene Einstellungen)

Mit dem Befehl **Anwendungsoptionen** (1) werden die Grundeinstellungen des Programms festgelegt. Er sollte jetzt geöffnet und die folgenden Einstellungen kontrolliert werden:

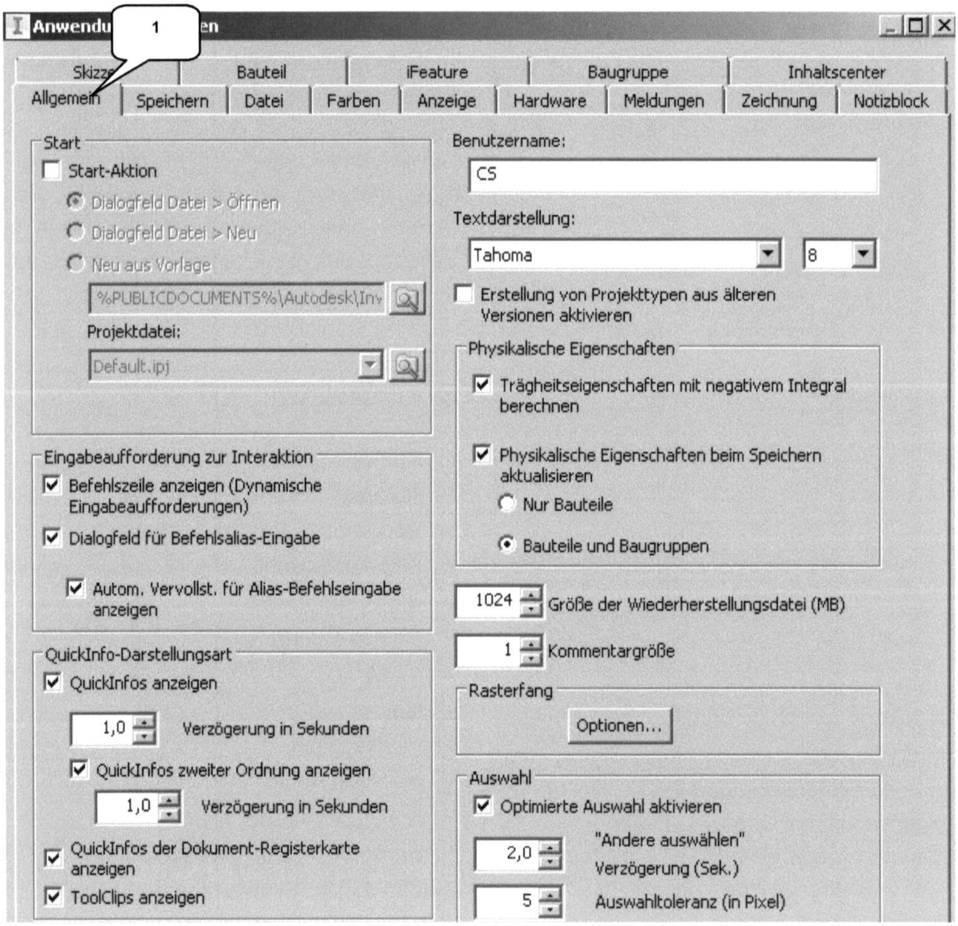

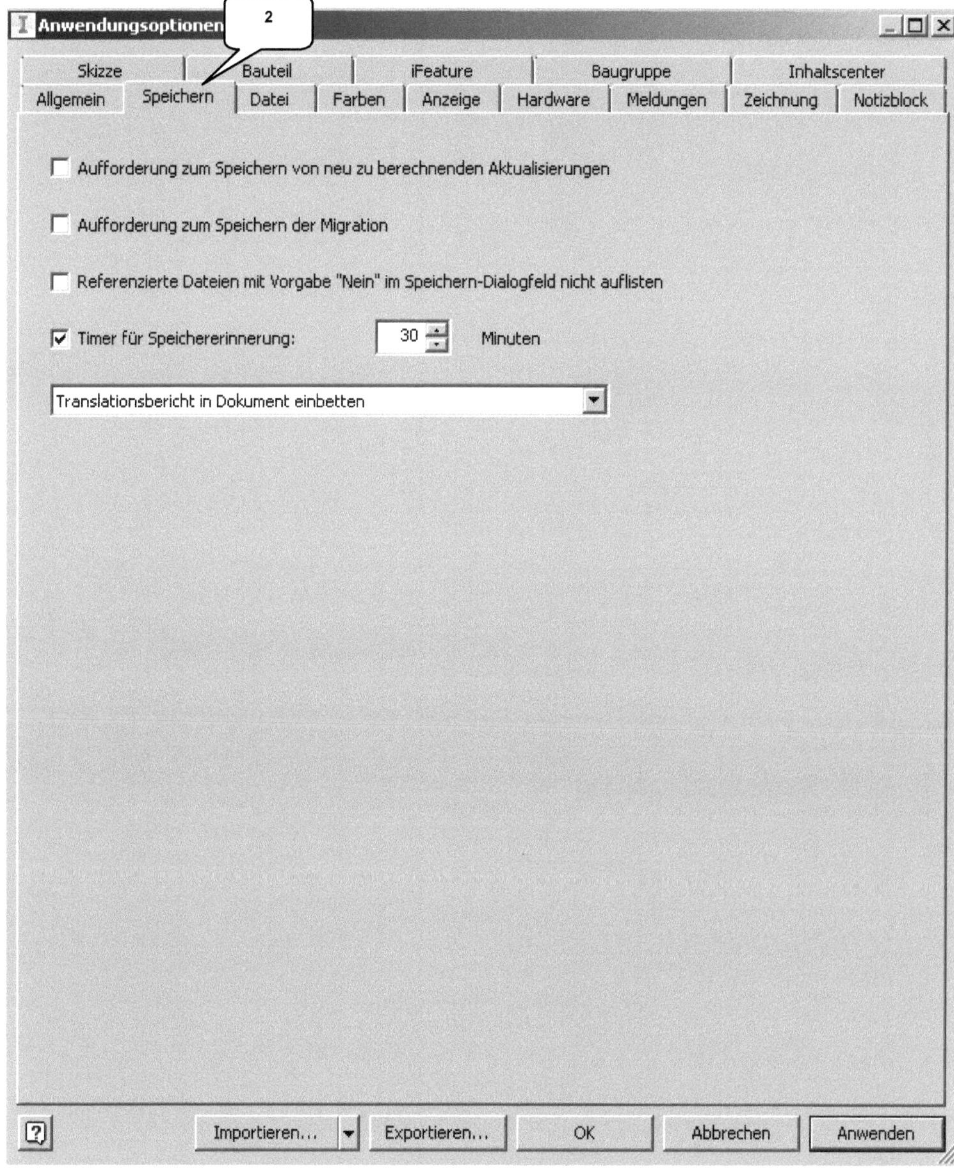
Anwendungsoptionen
2
Skizze
Bauteil
iFeature
Baugruppe
Inhaltscenter
Allgemein
Speichern
Datei
Farben
Anzeige
Hardware
Meldungen
Zeichnung
Notizblock
Aufforderung zum Speichern von neu zu berechnenden Aktualisierungen
Aufforderung zum Speichern der Migration
Referenzierte Dateien mit Vorgabe "Nein" im Speichern-Dialogfeld nicht auflisten
Timer für Speichererinnerung:
30
Minuten
Translationsbericht in Dokument einbetten
Importieren...
Exportieren...
OK
Abbrechen
Anwenden

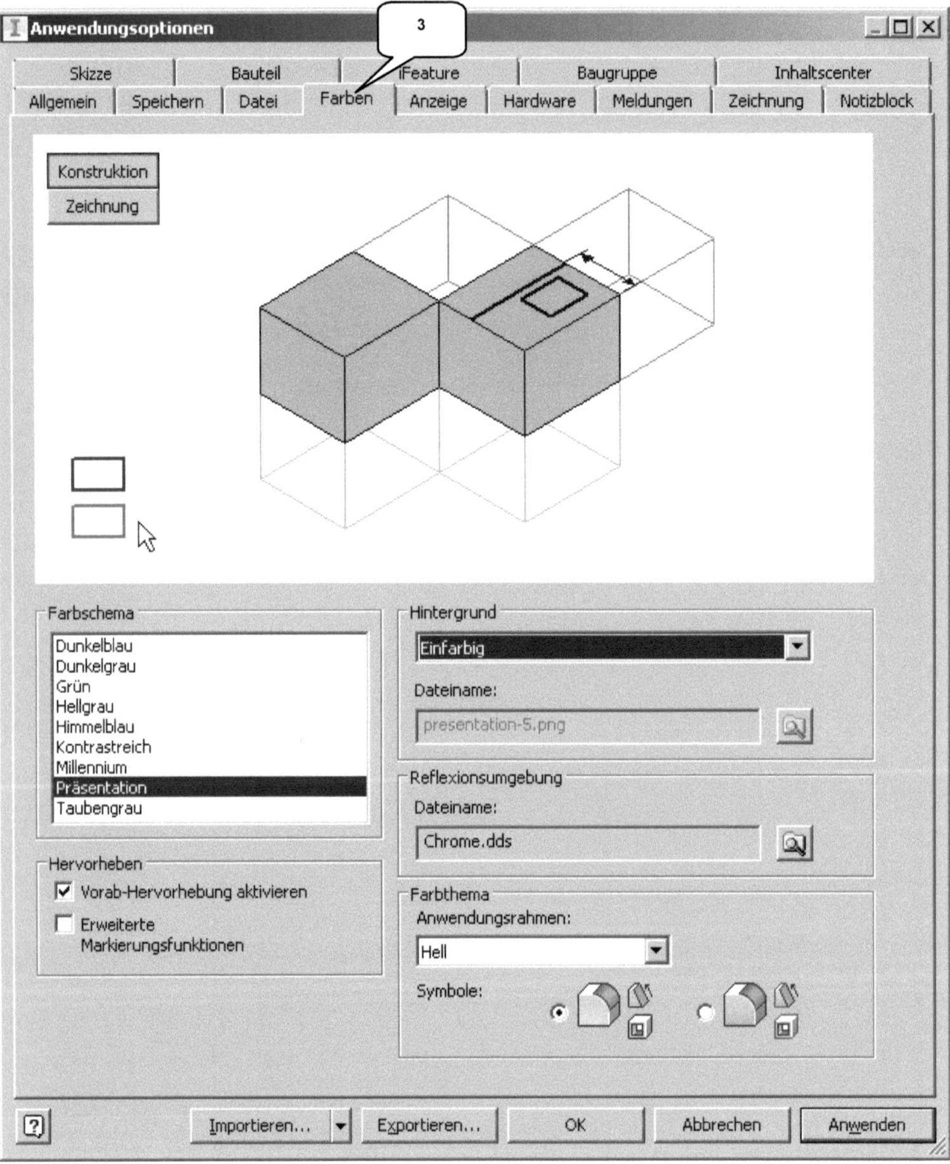
Anwendungsoptionen
3
Skizze
Bauteil
iFeature
Baugruppe
Inhaltscenter
Allgemein
Speichern
Datei
Farben
Anzeige
Hardware
Meldungen
Zeichnung
Notizblock
Konstruktion
Zeichnung
Farbschema
Dunkelblau
Dunkelgrau
Grün
Hellgrau
Himmelblau
Kontrastreich
Millennium
Präsentation
Taubengrau
Hervorheben
Vorab-Hervorhebung aktivieren
Erweiterte
Markierungsfunktionen
Hintergrund
Einfarbig
Dateiname:
presentation-5.png
Reflexionsumgebung
Dateiname:
Chrome.dds
Farbthema
Anwendungsrahmen:
Hell
Symbole:
Importieren...
Exportieren...
OK
Abbrechen
Anwenden

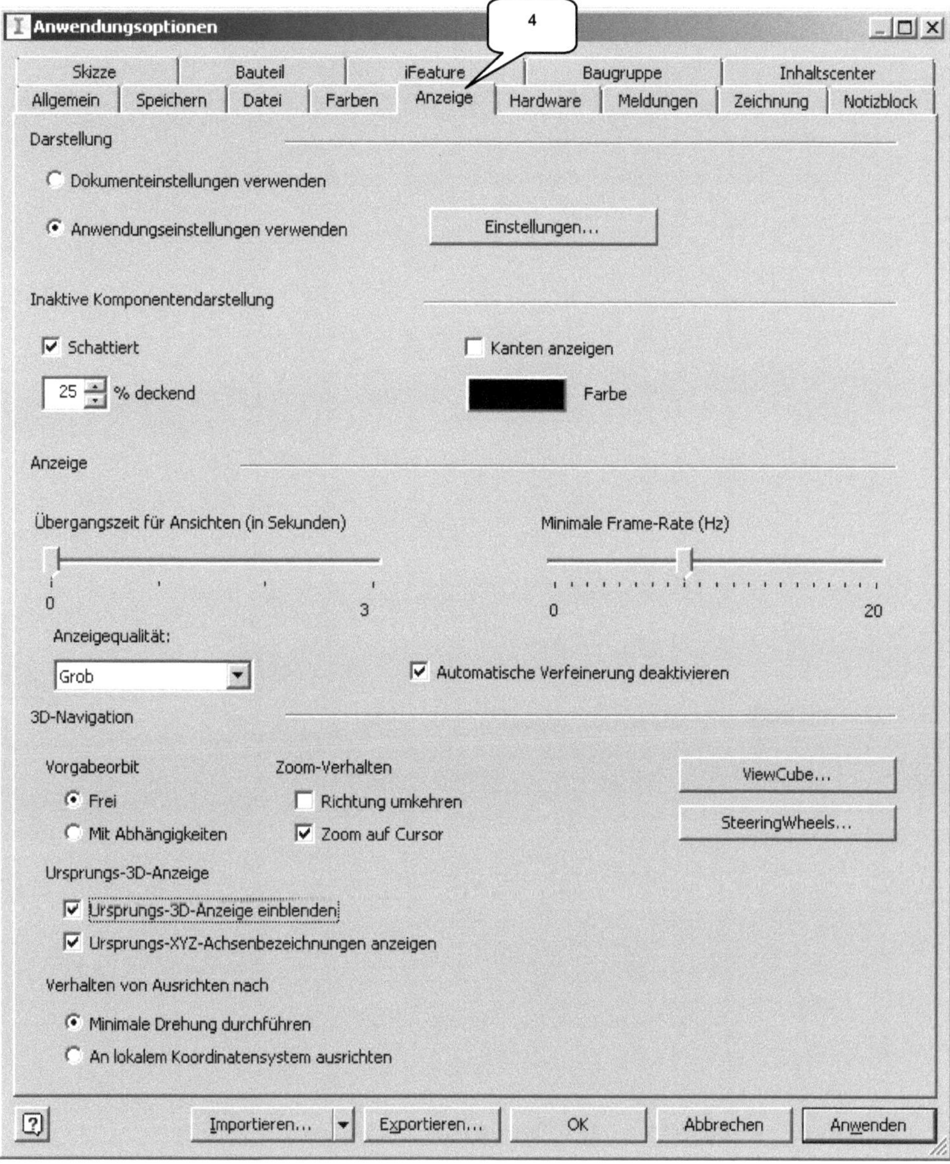
4
Anwendungsoptionen
Skizze
Bauteil
iFeature
Baugruppe
Inhaltscenter
Allgemein
Speichern
Datei
Farben
Anzeige
Hardware
Meldungen
Zeichnung
Notizblock
Darstellung
Dokumenteinstellungen verwenden
Anwendungseinstellungen verwenden
Einstellungen...
Inaktive Komponentendarstellung
Schattiert
Kanten anzeigen
25 % deckend
Farbe
Anzeige
Übergangszeit für Ansichten (in Sekunden)
Minimale Frame-Rate (Hz)
0
3
0
20
Anzeigequalität:
Grob
Automatische Verfeinerung deaktivieren
3D-Navigation
Vorgabeorbit
Zoom-Verhalten
ViewCube...
Frei
Richtung umkehren
Mit Abhängigkeiten
Zoom auf Cursor
SteeringWheels...
Ursprungs-3D-Anzeige
Ursprungs-3D-Anzeige einblenden
Ursprungs-XYZ-Achsenbezeichnungen anzeigen
Verhalten von Ausrichten nach
Minimale Drehung durchführen
An lokalem Koordinatensystem ausrichten
Importieren...
Exportieren...
OK
Abbrechen
Anwenden

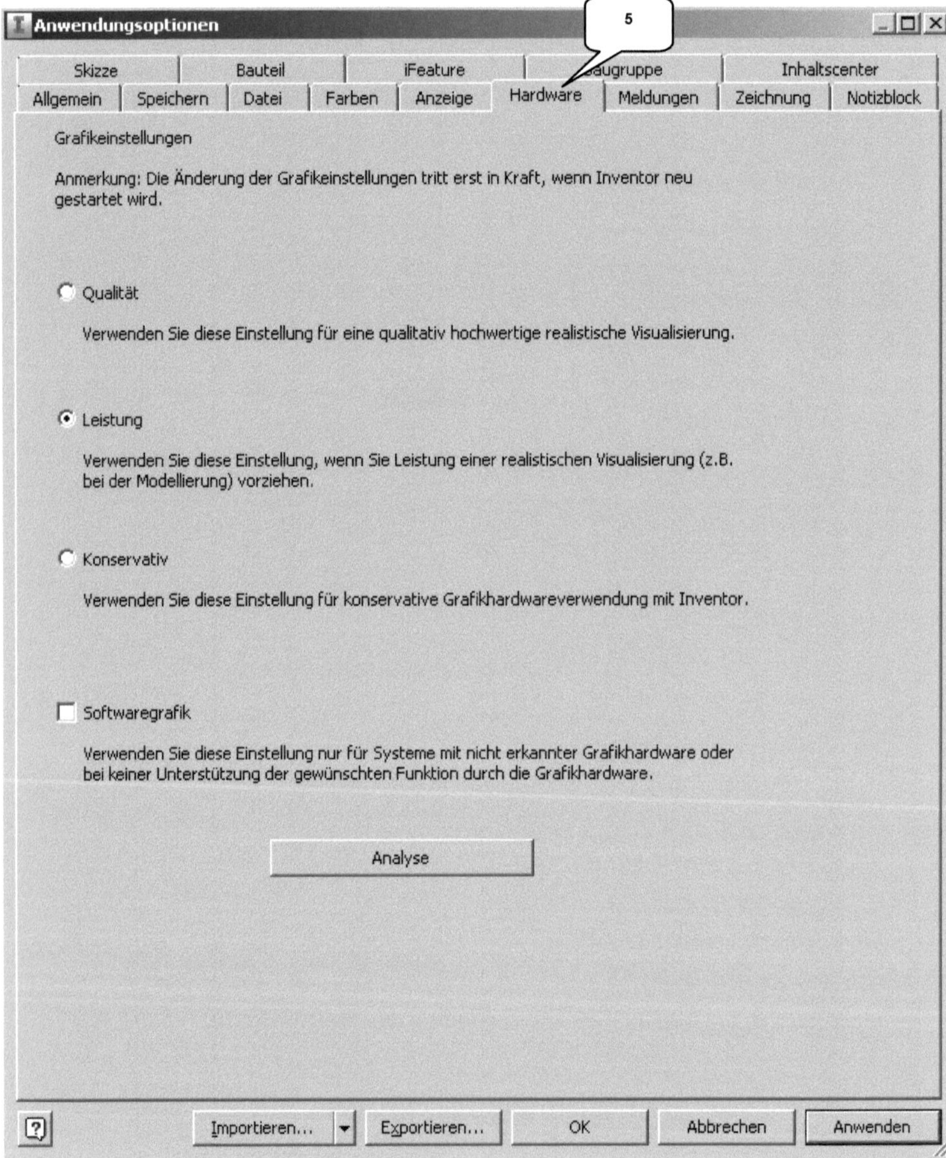
Anwendungsoptionen

5

Skizze | Bauteil | iFeature | Baugruppe | Inhaltscenter
Allgemein | Speichern | Datei | Farben | Anzeige | Hardware | Meldungen | Zeichnung | Notizblock

Grafikeinstellungen

Anmerkung: Die Änderung der Grafikeinstellungen tritt erst in Kraft, wenn Inventor neu gestartet wird.

Qualität

Verwenden Sie diese Einstellung für eine qualitativ hochwertige realistische Visualisierung.

Leistung

Verwenden Sie diese Einstellung, wenn Sie Leistung einer realistischen Visualisierung (z.B. bei der Modellierung) vorziehen.

Konservativ

Verwenden Sie diese Einstellung für konservative Grafikhardwareverwendung mit Inventor.

Softwaregrafik

Verwenden Sie diese Einstellung nur für Systeme mit nicht erkannter Grafikhardware oder bei keiner Unterstützung der gewünschten Funktion durch die Grafikhardware.

Analyse

Importieren... | Exportieren... | OK | Abbrechen | Anwenden

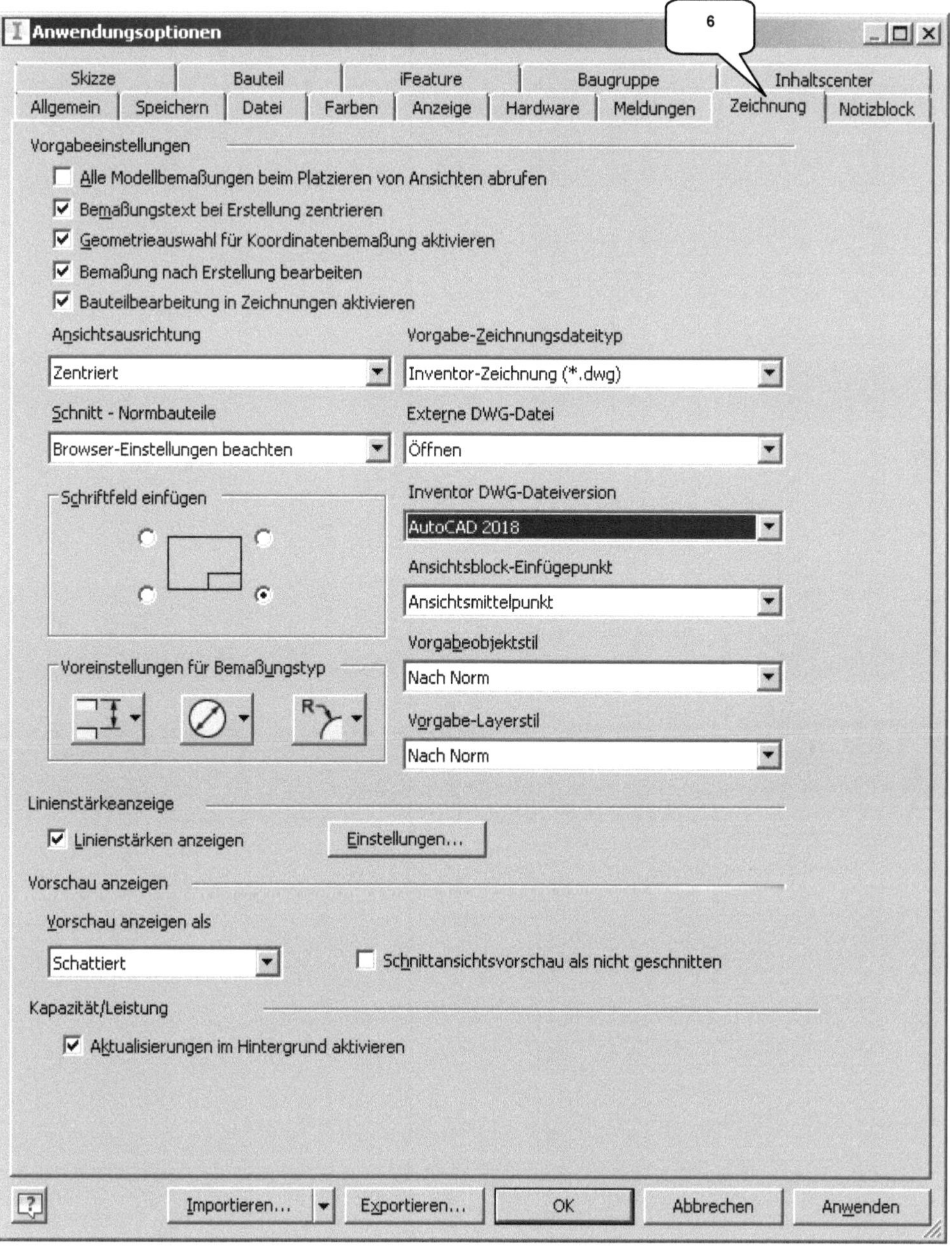
6
Anwendungsoptionen
Skizze
Bauteil
iFeature
Baugruppe
Inhaltscenter
Allgemein
Speichern
Datei
Farben
Anzeige
Hardware
Meldungen
Zeichnung
Notizblock
Vorgabeeinstellungen
Alle Modellbemaßungen beim Platzieren von Ansichten abrufen
Bemaßungstext bei Erstellung zentrieren
Geometrieauswahl für Koordinatenbemaßung aktivieren
Bemaßung nach Erstellung bearbeiten
Bauteilbearbeitung in Zeichnungen aktivieren
Ansichtsausrichtung
Zentriert
Vorgabe-Zeichnungsdateityp
Inventor-Zeichnung (*.dwg)
Schnitt - Normbauteile
Browser-Einstellungen beachten
Externe DWG-Datei
Öffnen
Schriftfeld einfügen
Inventor DWG-Dateiversion
AutoCAD 2018
Ansichtsblock-Einfügepunkt
Ansichtsmittelpunkt
Voreinstellungen für Bemaßungstyp
Vorgabeobjektstil
Nach Norm
R
Vorgabe-Layerstil
Nach Norm
Linienstärkeanzeige
Linienstärken anzeigen
Einstellungen...
Vorschau anzeigen
Vorschau anzeigen als
Schattiert
Schnittansichtsvorschau als nicht geschnitten
Kapazität/Leistung
Aktualisierungen im Hintergrund aktivieren
Importieren...
Exportieren...
OK
Abbrechen
Anwenden

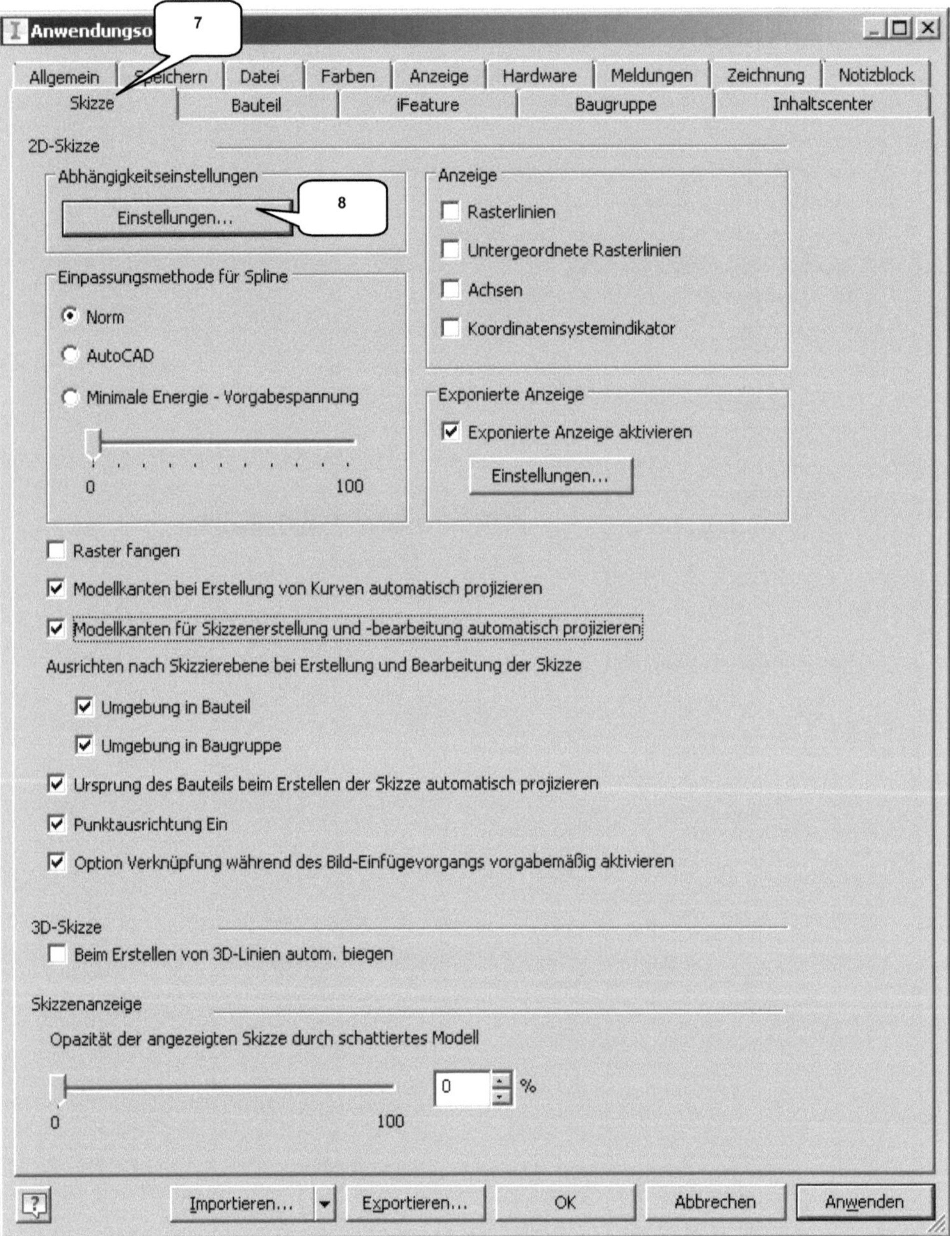
Anwendungso
7
Allgemein   Speichern   Datei   Farben   Anzeige   Hardware   Meldungen   Zeichnung   Notizblock
Skizze   Bauteil   iFeature   Baugruppe   Inhaltscenter
2D-Skizze
Abhängigkeitseinstellungen
Einstellungen...
8
Einpassungsmethode für Spline
Norm
AutoCAD
Minimale Energie - Vorgabespannung
0   100
Anzeige
Rasterlinien
Untergeordnete Rasterlinien
Achsen
Koordinatensystemindikator
Exponierte Anzeige
Exponierte Anzeige aktivieren
Einstellungen...
Raster fangen
Modellkanten bei Erstellung von Kurven automatisch projizieren
Modellkanten für Skizzenerstellung und -bearbeitung automatisch projizieren
Ausrichten nach Skizzierebene bei Erstellung und Bearbeitung der Skizze
Umgebung in Bauteil
Umgebung in Baugruppe
Ursprung des Bauteils beim Erstellen der Skizze automatisch projizieren
Punktausrichtung Ein
Option Verknüpfung während des Bild-Einfügevorgangs vorgabemäßig aktivieren
3D-Skizze
Beim Erstellen von 3D-Linien autom. biegen
Skizzenanzeige
Opazität der angezeigten Skizze durch schattiertes Modell
0   100
0   %
Importieren...   Exportieren...   OK   Abbrechen   Anwenden

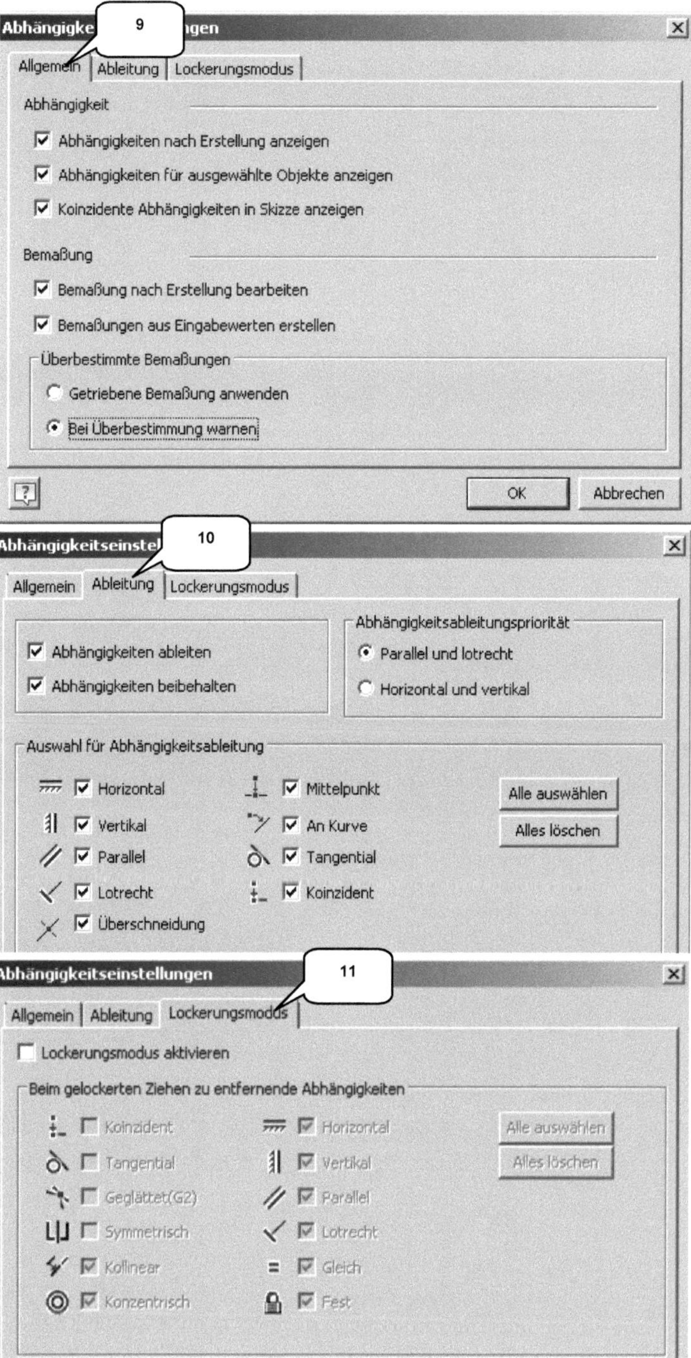
Abhängigke...   9   ...gen
Allgemein | Ableitung | Lockerungsmodus
Abhängigkeit
Abhängigkeiten nach Erstellung anzeigen
Abhängigkeiten für ausgewählte Objekte anzeigen
Koinzidente Abhängigkeiten in Skizze anzeigen
Bemaßung
Bemaßung nach Erstellung bearbeiten
Bemaßungen aus Eingabewerten erstellen
Überbestimmte Bemaßungen
Getriebene Bemaßung anwenden
Bei Überbestimmung warnen
OK   Abbrechen

Abhängigkeitseinstel...   10
Allgemein | Ableitung | Lockerungsmodus
Abhängigkeiten ableiten
Abhängigkeiten beibehalten
Abhängigkeitsableitungspriorität
Parallel und lotrecht
Horizontal und vertikal
Auswahl für Abhängigkeitsableitung
Horizontal   Mittelpunkt   Alle auswählen
Vertikal   An Kurve   Alles löschen
Parallel   Tangential
Lotrecht   Koinzident
Überschneidung

Abhängigkeitseinstellungen   11
Allgemein | Ableitung | Lockerungsmodus
Lockerungsmodus aktivieren
Beim gelockerten Ziehen zu entfernende Abhängigkeiten
Koinzident   Horizontal   Alle auswählen
Tangential   Vertikal   Alles löschen
Geglättet(G2)   Parallel
Symmetrisch   Lotrecht
Kollinear   Gleich
Konzentrisch   Fest

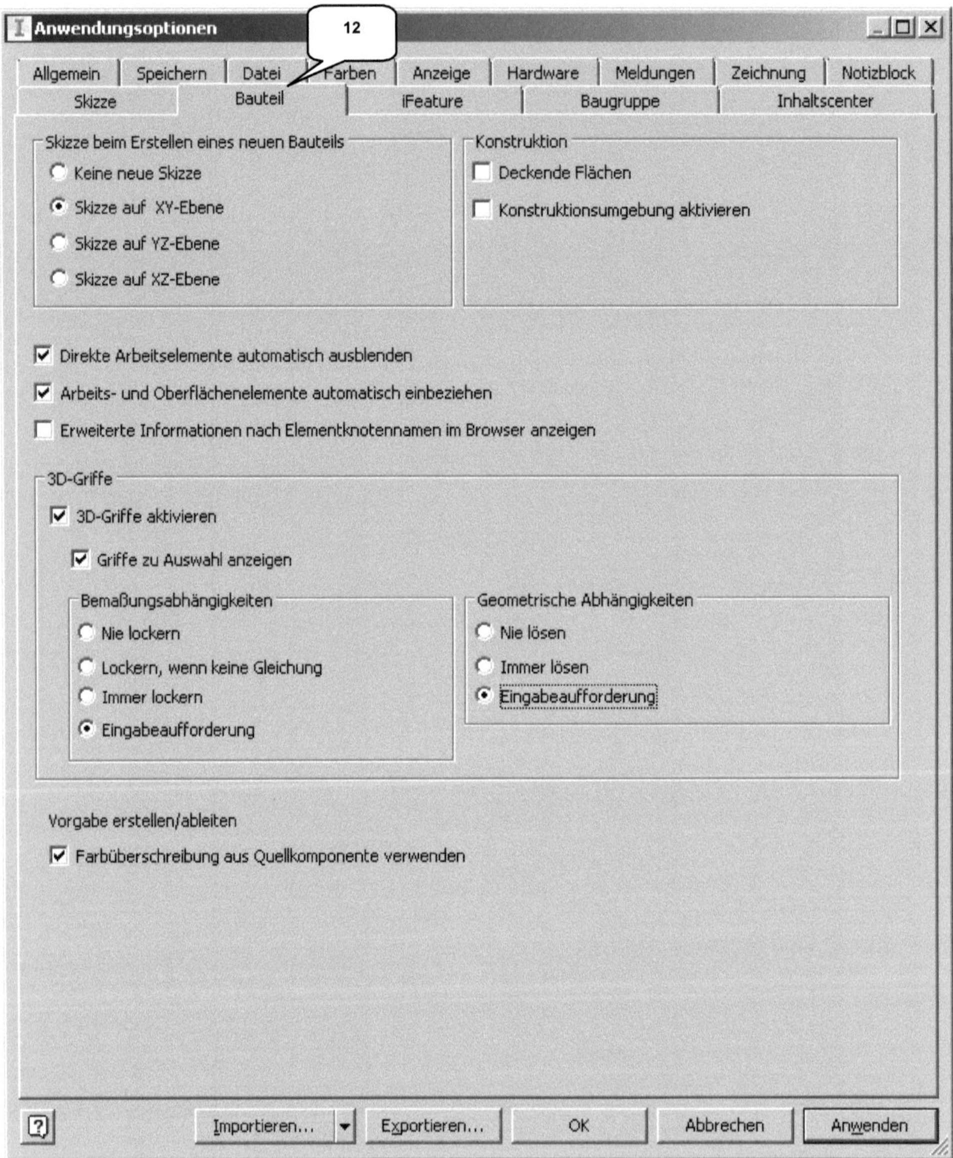

Anwendungsoptionen
12
Allgemein | Speichern | Datei | Farben | Anzeige | Hardware | Meldungen | Zeichnung | Notizblock
Skizze | Bauteil | iFeature | Baugruppe | Inhaltscenter
Skizze beim Erstellen eines neuen Bauteils
Keine neue Skizze
Skizze auf XY-Ebene
Skizze auf YZ-Ebene
Skizze auf XZ-Ebene
Konstruktion
Deckende Flächen
Konstruktionsumgebung aktivieren
Direkte Arbeitselemente automatisch ausblenden
Arbeits- und Oberflächenelemente automatisch einbeziehen
Erweiterte Informationen nach Elementknotennamen im Browser anzeigen
3D-Griffe
3D-Griffe aktivieren
Griffe zu Auswahl anzeigen
Bemaßungsabhängigkeiten
Nie lockern
Lockern, wenn keine Gleichung
Immer lockern
Eingabeaufforderung
Geometrische Abhängigkeiten
Nie lösen
Immer lösen
Eingabeaufforderung
Vorgabe erstellen/ableiten
Farbüberschreibung aus Quellkomponente verwenden
Importieren... | Exportieren... | OK | Abbrechen | Anwenden

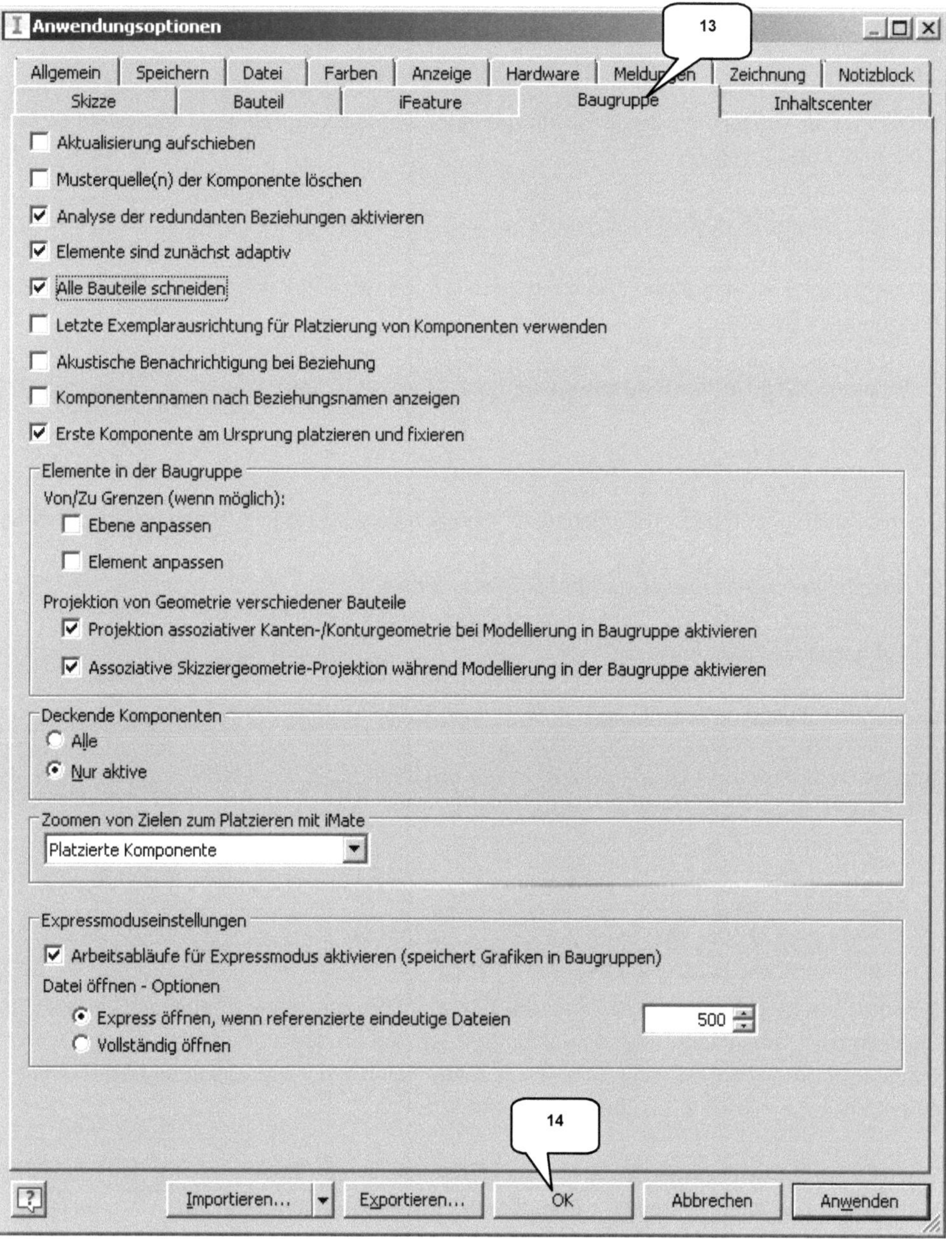

Anwendungsoptionen
13
Allgemein | Speichern | Datei | Farben | Anzeige | Hardware | Meldungen | Zeichnung | Notizblock
Skizze | Bauteil | iFeature | Baugruppe | Inhaltscenter
Aktualisierung aufschieben
Musterquelle(n) der Komponente löschen
Analyse der redundanten Beziehungen aktivieren
Elemente sind zunächst adaptiv
Alle Bauteile schneiden
Letzte Exemplarausrichtung für Platzierung von Komponenten verwenden
Akustische Benachrichtigung bei Beziehung
Komponentennamen nach Beziehungsnamen anzeigen
Erste Komponente am Ursprung platzieren und fixieren
Elemente in der Baugruppe
Von/Zu Grenzen (wenn möglich):
Ebene anpassen
Element anpassen
Projektion von Geometrie verschiedener Bauteile
Projektion assoziativer Kanten-/Konturgeometrie bei Modellierung in Baugruppe aktivieren
Assoziative Skizziergeometrie-Projektion während Modellierung in der Baugruppe aktivieren
Deckende Komponenten
Alle
Nur aktive
Zoomen von Zielen zum Platzieren mit iMate
Platzierte Komponente
Expressmoduseinstellungen
Arbeitsabläufe für Expressmodus aktivieren (speichert Grafiken in Baugruppen)
Datei öffnen - Optionen
Express öffnen, wenn referenzierte eindeutige Dateien   500
Vollständig öffnen
14
Importieren...   Exportieren...   OK   Abbrechen   Anwenden

5 Grundlegende Vorbereitungen

Bevor mit der Umsetzung des Projekts gestartet werden kann sind die folgenden Schritte zwingend umzusetzen:

5.1 Projektordner erstellen

Auf dem PC ist an geeigneter Stelle ein neuer Ordner (der Projektordner) mit folgender Bezeichnung zu erstellen:

> *Inventor-2018-Übung-Belastungsanalyse*

5.2 Download der Übungsdateien

Die zum Buch gehörenden Übungsdateien sind von der folgenden Website herunterzuladen:

> *http://www.cad-trainings.de/html/Download.html*
> Dort das Buch *Inventor® 2018 - Belastungsanalyse* suchen
> Auf den Download-Link klicken
> Die ZIP-Datei im Projektordner (s. o.) speichern
> Die ZIP-Datei darin entpacken

5.3 Aktivierung des Einzelbenutzerprojekts

Inventor® arbeitet in Projekten, was die Koordination zusammenhängender Dateien und Einstellungen vereinfacht. Eine Projektdatei (*.ipj) sichert alle Informationen und Querverweise eines Projekts. Das ist wichtig, wenn später komplexe Baugruppen archiviert oder von einem PC auf einen anderen übertragen werden sollen.

Im Register *Erste Schritte* (Befehlsgruppe *Starten*) ist der Befehl **Projekte** zu öffnen, um das benötigte Projekt *Inventor-2018-Belastungsanalyse.ipj* zu aktivieren.

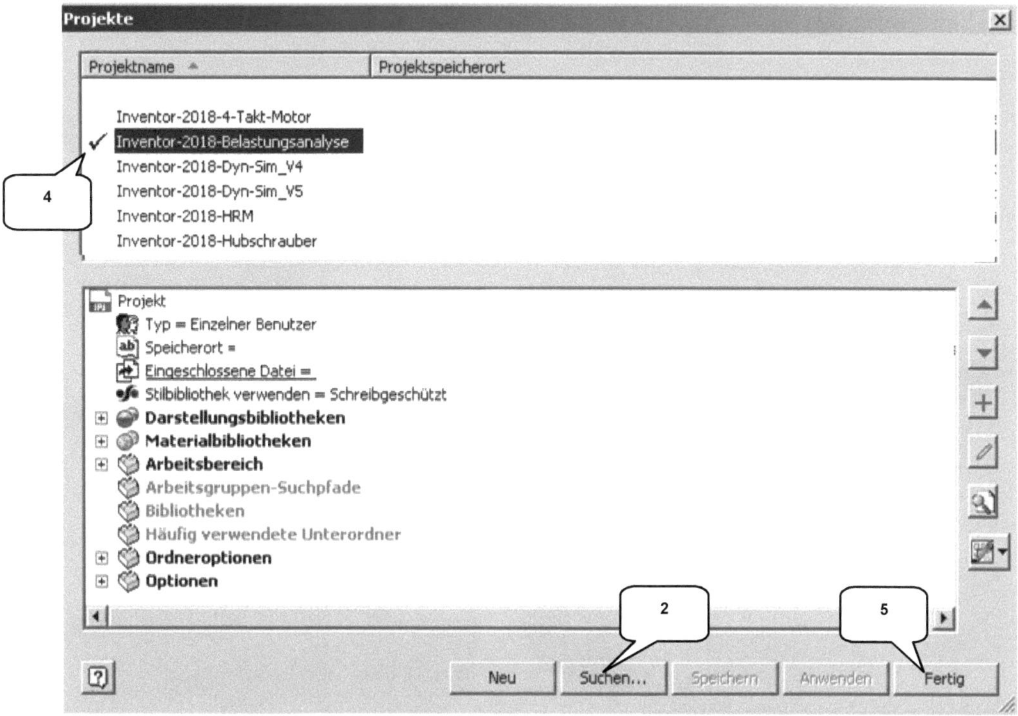

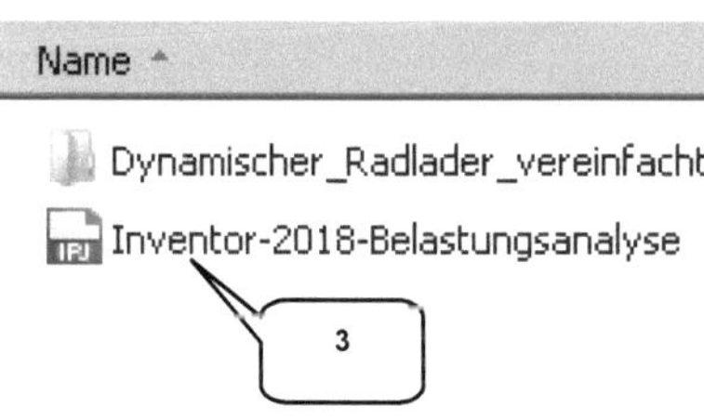

> Register *Erste Schritte*

 Projekte (1)
> *Suchen* (2)
> Pfad zum Projektordner wählen
> Dateiname:
  Inventor-2018-Belastungsanalyse.ipj (3)
> Öffnen *Öffnen*

Das Projekt wird automatisch aktiviert, was durch einen kleinen *Haken* in der entsprechenden Zeile (4) signalisiert wird.

> Fertig *Fertig* (5)

5.4 Die Baugruppe im Überblick

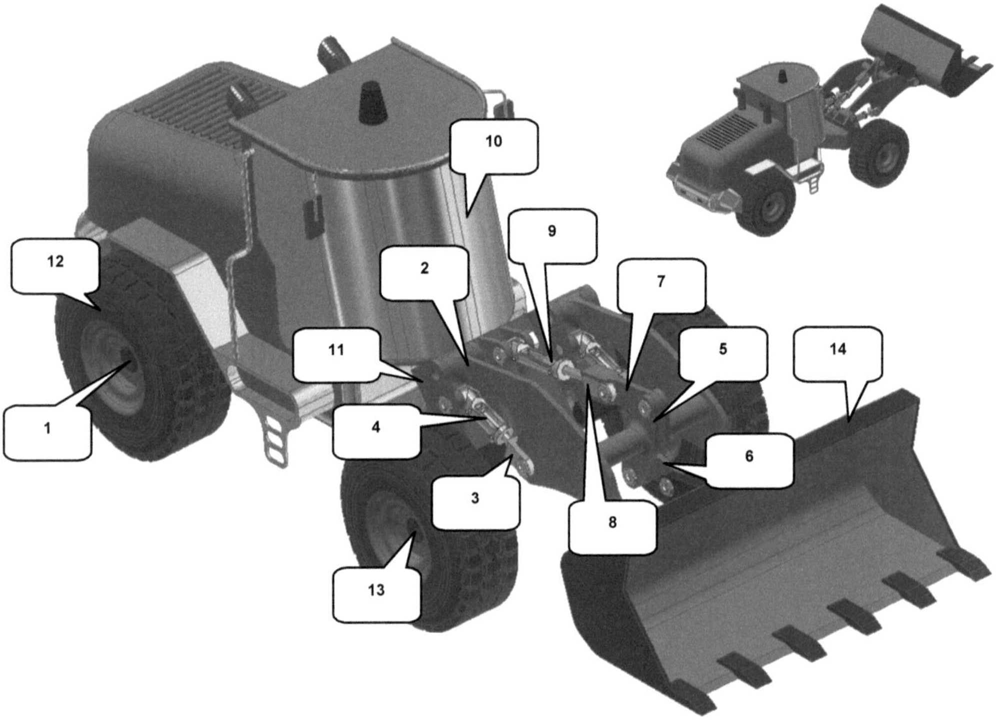

1) Hinterradachse	6) Kippschwinge	11) Maschinenrahmen
2) Hubrahmen	7) Kippzylinder-Fixierung	12) Rad
3) Hubzylinder-Kolben	8) Kippzylinder-Kolben	13) Radbolzen
4) Hubzylinder-Zylinder	9) Kippzylinder-Zylinder	14) Schaufel
5) Kipphebel	10) Maschinengehäuse	

6 Die Umgebung der Belastungsanalyse

6.1 Funktionen der Belastungsanalyse

Weil die Fertigungskosten eines Bauteils erheblich während der Konstruktionsphase beeinflusst werden, sollten bereits hier möglichst viele Varianten eines Bauteils untersucht und miteinander verglichen werden. Die theoretisch ermittelte optimale Variante des Bauteils kann dann anschließend als Prototyp gefertigt werden, um weitere Analysen daran durchzuführen.

Im Bereich der Inventor® Belastungsanalyse können Bauteile und Baugruppen auf ihr Verhalten im Lastfall untersucht werden. Dabei können verschiedene Materialeigenschaften und Konstruktionsvarianten miteinander verglichen werden, lokal ermittelte Bereiche mit höheren Spannungen genauer untersucht und die optimierten Ergebnisse zurück in das Bauteil übertragen werden. Alle Simulationsergebnisse können als Bewegungsablauf animiert und aufgezeichnet, bzw. als Simulationsbericht exportiert werden.

6.2 Arten der Inventor®-Belastungsanalyse

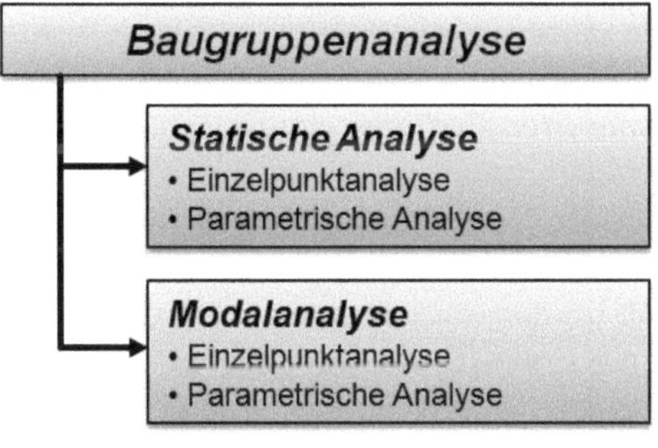

Die Belastungsanalyse ermöglicht grundsätzlich die Studie an Bauteilen und Baugruppen, wobei eine Baugruppenanalyse letztendlich auch auf eine Optimierung ausgewählter Bauteile ausgerichtet ist.

Baugruppen und Bauteile können als:

> *Statische Analyse (Einzelpunkt)*[1]
> *Statische Studie (parametrisch)*[2]
> *Modalanalyse (Einzelpunkt)*[3]
> *Modalanalyse (parametrisch)*[4]

untersucht werden.

Wurden alle konstruktiven Schwachstellen

---

[1] Objektstudie mit fest definierten Randbedingungen.
[2] Objektstudie mit variablen Randbedingungen.
[3] Objektstudie zu den Eigenschwingungen mit fest definierten Randbedingungen.
[4] Objektstudie zu den Eigenschwingungen mit variablen Randbedingungen.

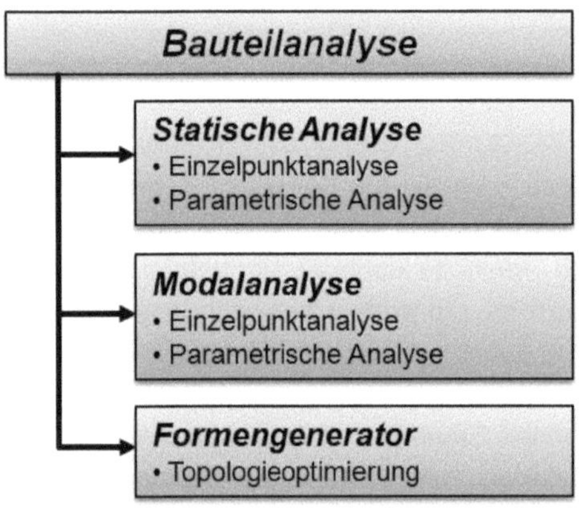

eines Bauteils ermittelt und korrigiert, so kann es weiterhin anhand einer:

> **Topologieoptimierung**[5]

Mit dem Inventor®-Formen Generator gestaltet werden. Hier wird geprüft, inwieweit eine Gewichts- und Massenreduktion möglich ist, ohne die Stabilität des Bauteils kritisch zu beeinflussen.

6.3 Grundlegender Aufbau des Analysebereiches
6.3.1 Baugruppe DYNAMISCHER_RADLADER_VEREINFACHT öffnen

In der folgenden Übung soll das Bauteil **Hubrahmen.ipt** analysiert werden. Es wurde zu diesem Zweck bereits im Bereich der dynamischen Simulation analysiert (siehe Buch Autodesk® Inventor® 2018 - Dynamische Simulation), konfiguriert und für den Export in den Bereich der Belastungsanalyse vorbereitet. Um diese, für das Bauteil bereits definierten Randbedingungen auch in der Umgebung der Belastungsanalyse verfügbar zu machen, muss allerdings die gesamte Baugruppe **Dynamischer_Radlader_vereinfacht.iam** geöffnet werden (würde nur das Bauteil geöffnet werden, wären keine Randbedingungen wie Lasten oder Auflager verfügbar).

An dieser Stelle sollte auch noch einmal geprüft werden, ob das korrekte Projekt geöffnet wurde.

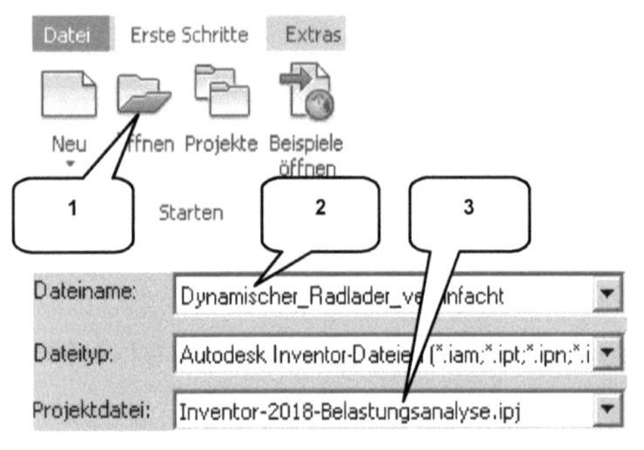

📂 **Öffnen** (1)
> Order: Projektordner wählen
> Dateiname:
  Dynamischer_Radlader_vereinfacht (2)
> Dateityp: *.iam
> Überprüfen des Projektes (Inventor-
  2018-Belastungsanalyse.ipj) (3)
>  **Öffnen**

---

[5] Berechnungsverfahren zur Gewichts- und Massenreduktion von Bauteilen unter Beachtung der Randbedingungen.

6.3.2   Befehlsgruppen in der Belastungsanalyse

Im Bereich der **Belastungsanalyse** sollten die **Befehlsgruppen** zuerst auf ihre Vollständigkeit kontrolliert werden.

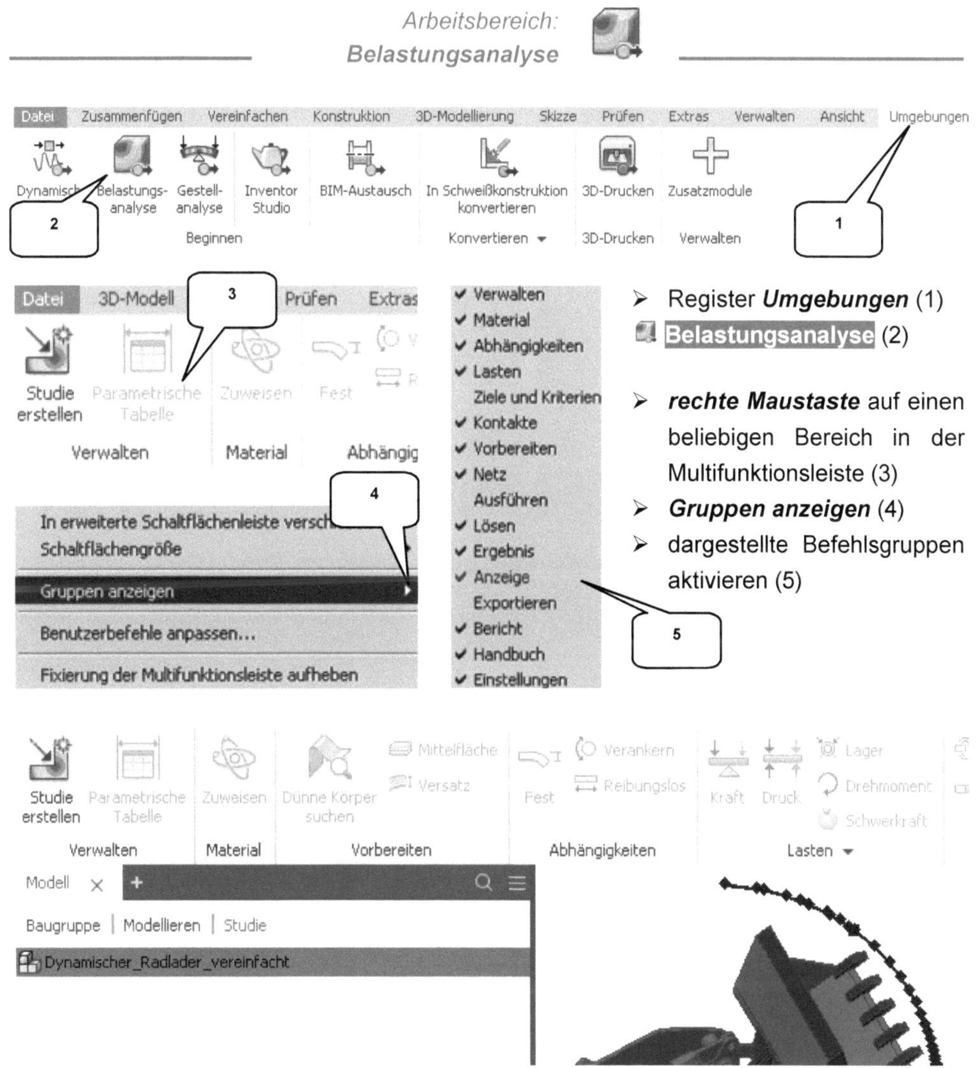

> Register **Umgebungen** (1)
> **Belastungsanalyse** (2)
>
> **rechte Maustaste** auf einen beliebigen Bereich in der Multifunktionsleiste (3)
> **Gruppen anzeigen** (4)
> dargestellte Befehlsgruppen aktivieren (5)

Die folgenden **Befehlsgruppen** finden Sie im Bereich der **Belastungsanalyse**.

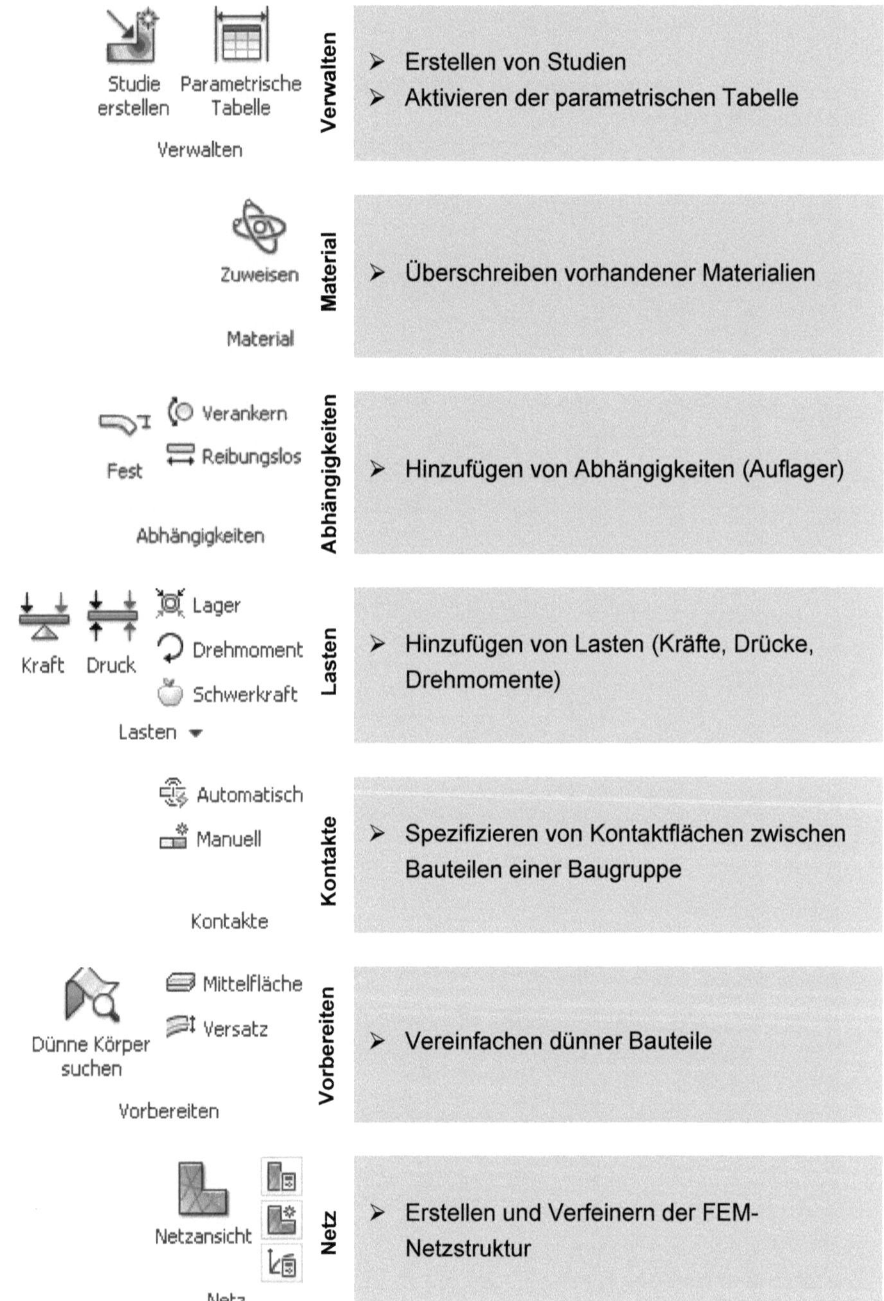

> Erstellen von Studien
> Aktivieren der parametrischen Tabelle

> Überschreiben vorhandener Materialien

> Hinzufügen von Abhängigkeiten (Auflager)

> Hinzufügen von Lasten (Kräfte, Drücke, Drehmomente)

> Spezifizieren von Kontaktflächen zwischen Bauteilen einer Baugruppe

> Vereinfachen dünner Bauteile

> Erstellen und Verfeinern der FEM-Netzstruktur

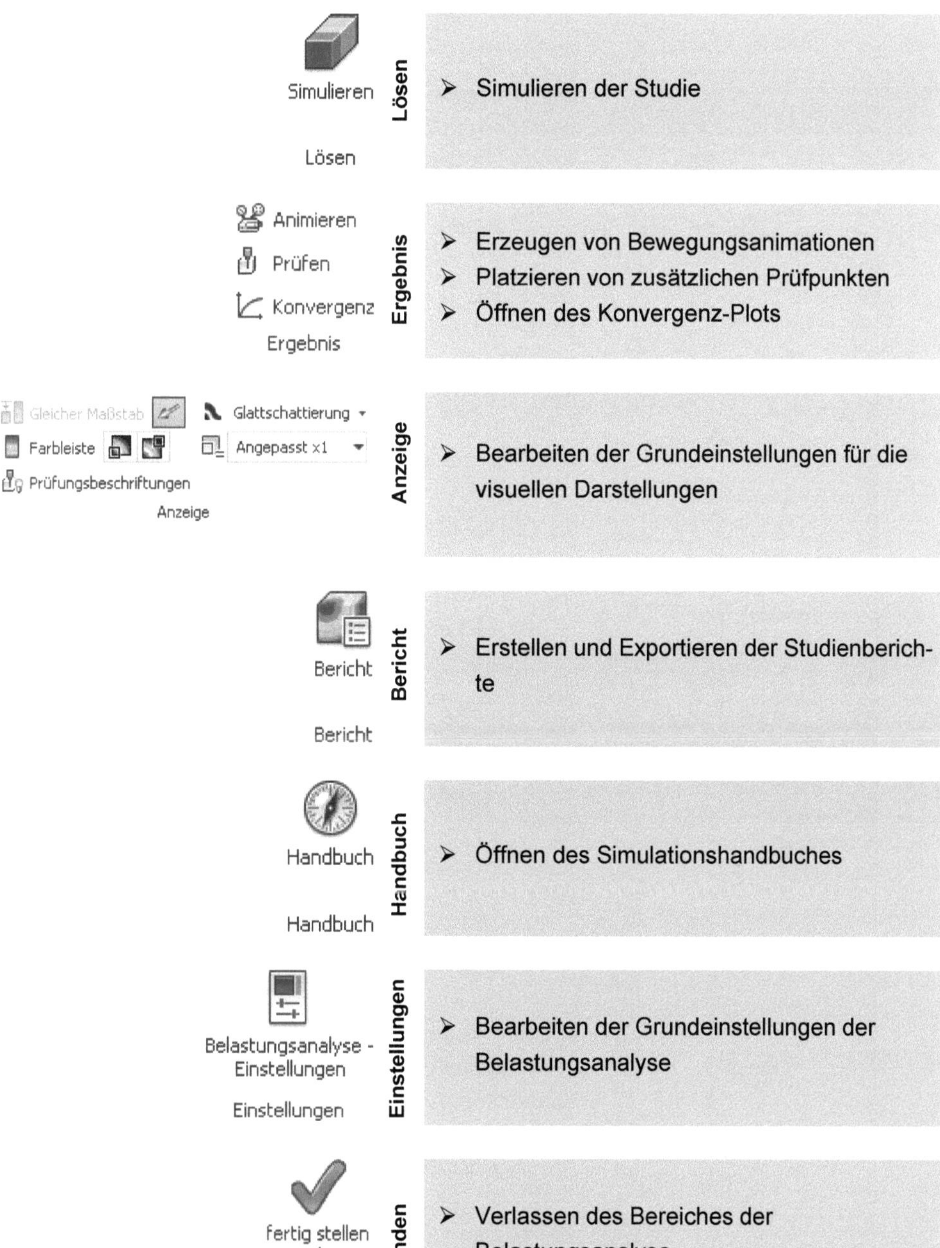

Simulieren
Lösen
Lösen
Simulieren der Studie
Animieren
Prüfen
Konvergenz
Ergebnis
Ergebnis
Erzeugen von Bewegungsanimationen
Platzieren von zusätzlichen Prüfpunkten
Öffnen des Konvergenz-Plots
Gleicher Maßstab
Farbleiste
Prüfungsbeschriftungen
Glattschattierung
Angepasst x1
Anzeige
Anzeige
Bearbeiten der Grundeinstellungen für die visuellen Darstellungen
Bericht
Bericht
Bericht
Erstellen und Exportieren der Studienberichte
Handbuch
Handbuch
Handbuch
Öffnen des Simulationshandbuches
Belastungsanalyse - Einstellungen
Einstellungen
Einstellungen
Bearbeiten der Grundeinstellungen der Belastungsanalyse
fertig stellen
Analyse
Beenden
Beenden
Verlassen des Bereiches der Belastungsanalyse

6.3.3 Browser

Der **Browser** der Belastungsanalyse spiegelt alle Eingabewerte und die Ergebnisse einer Simulation wider. Die folgenden **Ordner** können darin vorhanden sein:

> **Studie** (1)

Die Studie findet man (nach der Bauteil- bzw. Baugruppenbezeichnung) an oberster Stelle im Browser. Sie enthält die grundlegenden Eigenschaften, wie z. B. Name oder Typ.

> **Material** (2)

Im Ordner **Material** werden alle Bauteile einer Baugruppe aufgelistet, deren Material überschrieben wurde.

> **Abhängigkeiten** (3)

Im Ordner **Abhängigkeiten** werden alle Randbedingungen hinterlegt, mit denen die Bauteile befestigt wurden.

> **Lasten** (4)

Im Ordner **Lasten** werden alle Belastungen hinterlegt, die auf die Bauteile wirken.

> **Kontakte** (5)

Werden Baugruppen analysiert, dann sind im Ordner **Kontakte** alle Kontaktbedingungen zwischen den Bauteilen hinterlegt.

> **Netz** (6) und **Ergebnisse** (7)

Die beiden Ordner **Netz** und **Ergebnisse** beinhalten die Netzstruktur und die Berechnungsergebnisse.

7 Studien statisch bestimmter Bauteile

7.1 Randbedingungen definieren

Von **statisch bestimmten Bauteilen** soll in diesem Zusammenhang gesprochen werden, wenn Bauteile innerhalb von Baugruppen bereits im Bereich der dynamischen Simulation analysiert und dort für den Export in den Bereich der Belastungsanalyse vorbereitet wurden.

Einmal davon abgesehen, dass die Aufbereitung einer Baugruppe im Bereich der dynamischen Simulation sehr aufwändig ist, können Bauteile im Bereich der Belastungsanalyse sehr schnell analysiert werden, weil ihnen lediglich noch ein passendes Material zugewiesen werden muss. Denn es müssen weder Abhängigkeiten noch Lasten gesetzt werden, weil das Bauteil bereits aus dem Bereich der dynamischen Simulation heraus durch verschiedene Kräfte und Momente vollständig statisch bestimmt präsentiert wird.

Eine solche Bestimmung der Kräfteverhältnisse im Bereich der dynamischen Simulation ist auch äußerst präzise. D.h. die Berechnungsergebnisse werden immer wesentlich genauer sein, als würden alle Lasten und Auflager erst im Bereich der Belastungsanalyse definiert werden.

7.1.1 Grundlagen: Neue Studie erstellen

Mit dem Erstellen einer **neuen Studie** wird die grundlegende Richtung der Analyse festgelegt. D.h. auf welche Eigenschaften ein Bauteil bzw. einer Baugruppe eigentlich untersucht werden soll.

Studienbezeichnung und **Konstruktionsziel** werden zuerst definiert. Weiterhin sind der **Studientyp**, bei Baugruppen die **Kontakteigenschaften** und gegebenenfalls weitere Einstellungen im **Modellzustand** festgelegt.

Die Eigenschaften einer Studie können jederzeit wieder geändert und bearbeitet werden indem mit der **rechten Maustaste** im Browser auf die Studie geklickt und die Option **Studieneigenschaften bearbeiten** des Kontextmenüs gewählt wird.

7.1.2 Einzelpunkt-Studie erstellen

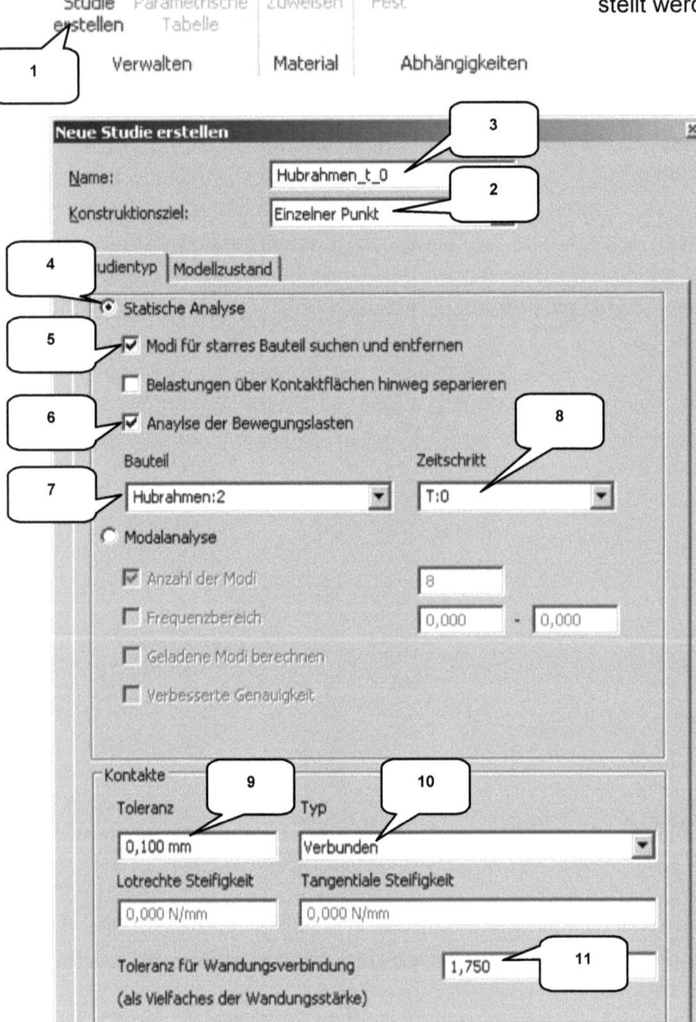

Im Bereich der Belastungsanalyse muss zuerst eine neue ⌦ **Studie** erstellt werden.

Als **Konstruktionsziel** kann die Option **Einzelner Punkt** übernommen werden und als Bezeichnung **Hubrahmen_t_0**. Weiterhin soll eine **statische Analyse** des Bauteils erfolgen, wobei zusätzlich die Option **Modi für starres Bauteil suchen und entfernen**[6] zu aktivieren ist. Um einen bestimmten Zeitpunkt der Analyse auswählen zu können, der bereits im Bereich der dynamischen Simulation vorbereitet wurde, müssen zusätzlich die Option **Analyse der Bewegungslasten** aktiviert, das Bauteil **Hubrahmen:2** ausgewählt und der **Zeitschritt T:0** festgelegt werden. Die Einstellungen im Bereich **Kontakte** sind ebenfalls zu prüfen.

---

[6] Die Option „Modi für starres Bauteil suchen und entfernen" hilft dem Programm, statisch nicht einwandfrei definierte Randbedingungen um fehlende Abhängigkeiten zu ergänzen und somit überflüssige Freiheitsgrade zu eliminieren. Das verhindert unnötige Fehlermeldungen und minimiert die benötigte Rechenkapazität.

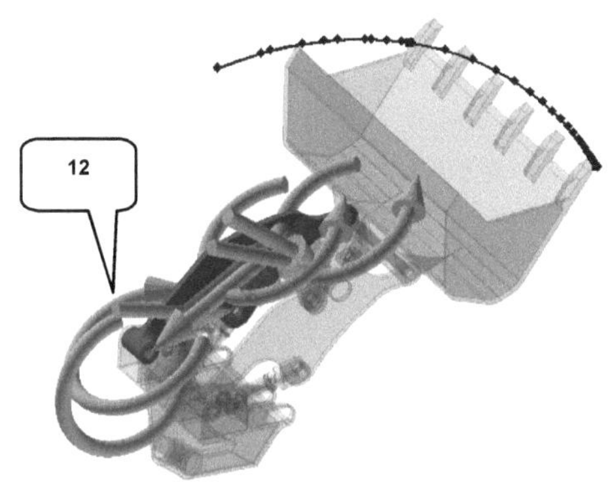

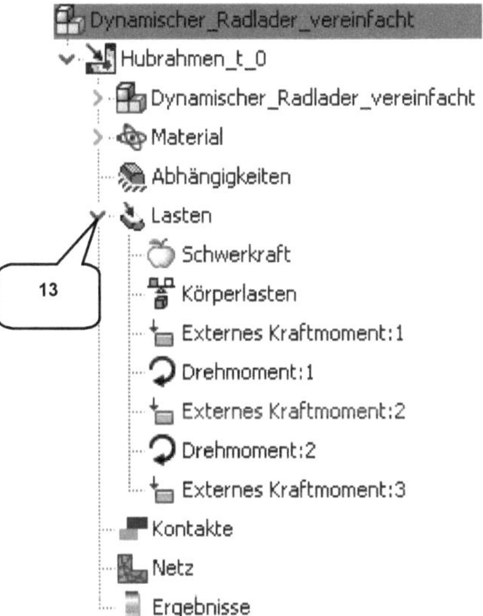

Studie erstellen (1)

> Konstruktionsziel: Einzelner Punkt (2)

> Name: Hubrahmen_t_0 (3)

> Studientyp: Statische Analyse (4)

> Aktivieren: Modi für starres Bauteil ... (5)

> Aktivieren: Analyse für Bewegungslast. (6)

> Bauteil: Hubrahmen:2 (7)

> Zeitschritt: T:0 (8)

> Toleranz: 0,1 mm (9)

> Typ: Verbunden (10)

> Toleranz für Wandungsverb.: 1,75 (11)

>   OK   *OK*

Wurde die Studie erstellt so aktiviert das Programm auch die restlichen Befehle. Außerdem wird die Darstellung der Baugruppe verändert: Das zu analysierende Bauteil wird farblich dargestellt und alle zum Simulationszeitpunkt wirkenden Lasten werden mit gelben Pfeilen (12) symbolisiert.

Wird im Browser der Ordner *Lasten* (13) erweitert, so findet man darin alle Kräfte und Momente. Sie wurden bereits im Bereich der dynamischen Simulation ermittelt ($\sum F_{x,y,z}=0$; $\sum M_{x,y,z}=0$) und in den Bereich der Belastungsanalyse übertragen.

7.1.3 Grundlagen: Handbuch

Handbuch (1)

Startet man den Befehl *Handbuch* so wird der Browser geöffnet. Hier kann zwischen zwei verschiedenen Optionen auswählt werden:

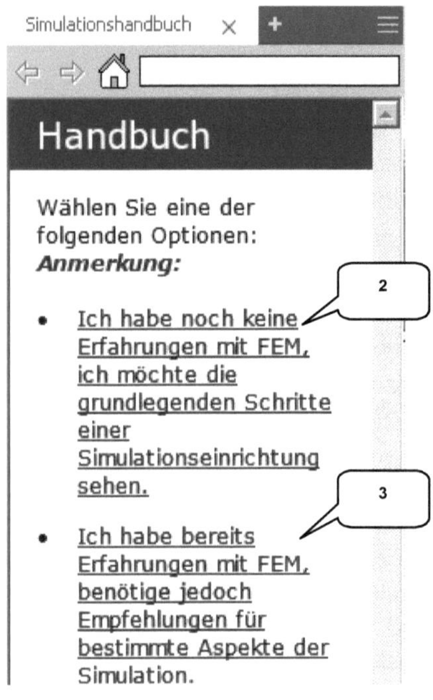

1) **Ich habe noch keine Erfahrungen mit FEM...** (2) öffnet im Browser einen FEM-Grundlagenbereich, worin grundlegende Schritte zum Einrichten und Ausfüllen einer FEM-Analyse erklärt werden. Hierbei geht es z. B. um das Erstellen einer Simulation, das Zuweisen von Materialien oder das Definieren von Abhängigkeiten bis hin zur eigentlichen Simulation.

2) **Ich habe bereits Erfahrungen mit FEM...** (3) wird im Browser einen erweiterten Auswahlbereich öffnen. Hier können weiterführende Handbücher zu den Bereichen: Belastungen, Abhängigkeiten, Kontakte, Netzdarstellung und der Auswertung der Berechnungsergebnisse geöffnet werden.

7.1.4 Grundlagen: Belastungsanalyse-Einstellungen

Belastungsanalyse-Einstellung. (1)

Der Befehl **Belastungsanalyse - Einstellungen** ermöglicht die Definition der (wie der Name schon sagt) grundlegenden Einstellungen für den Bereich der Belastungsanalyse.

Im Register **Allgemein** (2) werden die Standardvorgaben des **Studientyps** (statische Analyse oder Modalanalyse) (3), des **Vorgabeziels** (Einzelpunktanalyse oder parametrische Analyse) (4) ausgewählt, sowie Vorgaben zur Behandlung von **Kontaktflächen** (5) für die Analyse von Baugruppen definieren.

Im Register **Berechnung** (6) werden die Randbedingungen der Berechnungseigenschaften festgelegt. Die **maximale Anzahl der H-Verfeinerungen** (7) kann zwischen 0 und 5 variieren (0 entspricht einem geringen Grad der Verfeinerung - also sehr großen Netzelementen - und 5 entspricht einem sehr hohen Grad der Verfeinerung - also einem sehr feinen Netz).

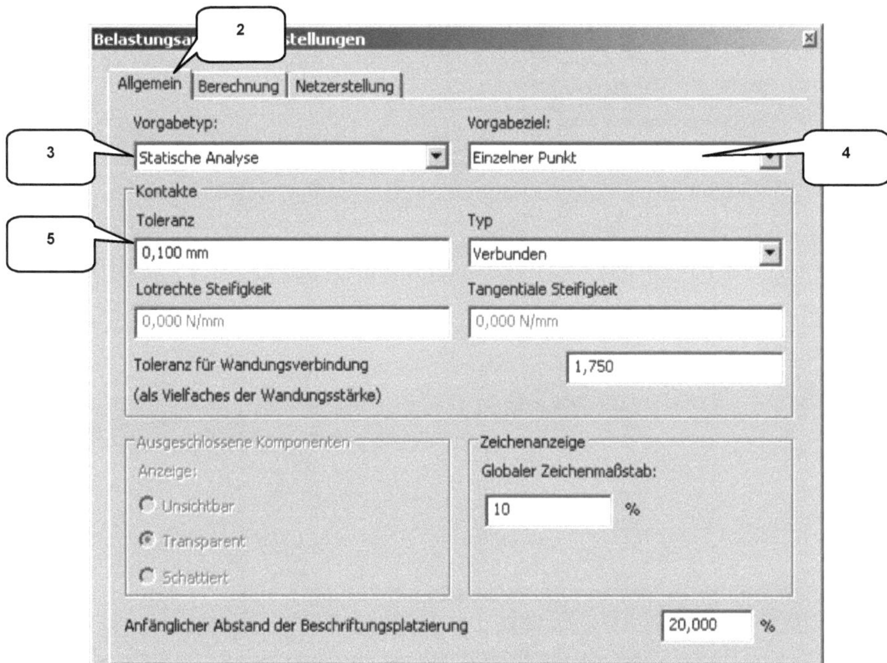

Die Berechnungen werden anhand des vorgegebenen H-Wertes solange verfeinert, bis die **Stopp-Bedingung** (8) erfüllt wurde. Sie wird als Prozentangabe (von 0...100%) hinterlegt und beeinflusst ebenfalls die Genauigkeit der Rechenergebnisse.

Eine weitere Option der Beeinflussung der Berechnungsgenauigkeit ist die Definition des **Schwellenwerts für H-Verfeinerungen** (9). Er definiert die Häufigkeit der Verfeinerungen lokaler Bereiche. Dieser Wert kann zwischen 0 und 1 festgelegt werden, wobei 0 einer maximalen Verfeinerung (viele Bereiche mit erhöhter lokaler Netzdichte) und 1 wenigen Verfeinerungen (wenige Bereiche mit erhöhter lokaler Netzdichte) entspricht. Der Standardwert liegt bei 0,75.

Im Register **Netzerstellung** (10) werden die geometrischen Vorgaben für die Erstellung der einzelnen Netzelemente festgelegt: Je kleiner die Elementgrößen definiert werden, desto genauer sind zwar die Berechnungsergebnisse, desto höher ist allerdings auch der Rechen- und damit verbundene Zeitaufwand.

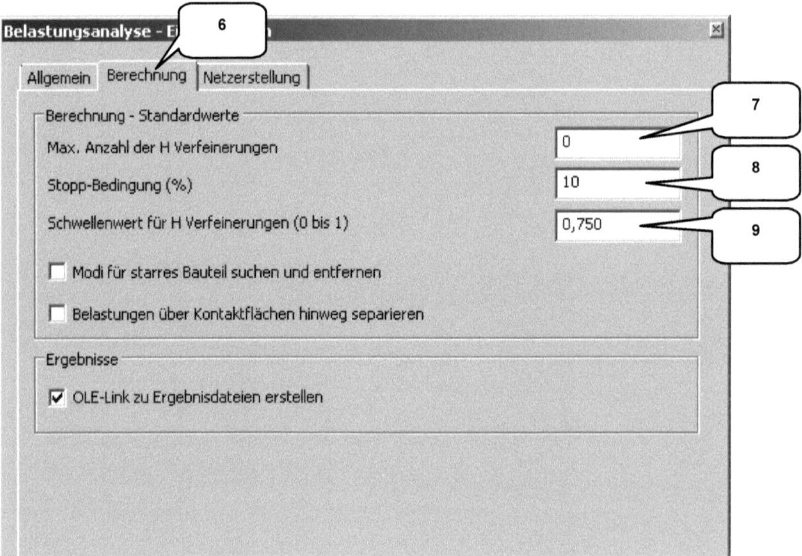
6
7
8
9
Belastungsanalyse - E...
Allgemein | Berechnung | Netzerstellung |
Berechnung - Standardwerte
Max. Anzahl der H Verfeinerungen   0
Stopp-Bedingung (%)   10
Schwellenwert für H Verfeinerungen (0 bis 1)   0,750
Modi für starres Bauteil suchen und entfernen
Belastungen über Kontaktflächen hinweg separieren
Ergebnisse
OLE-Link zu Ergebnisdateien erstellen

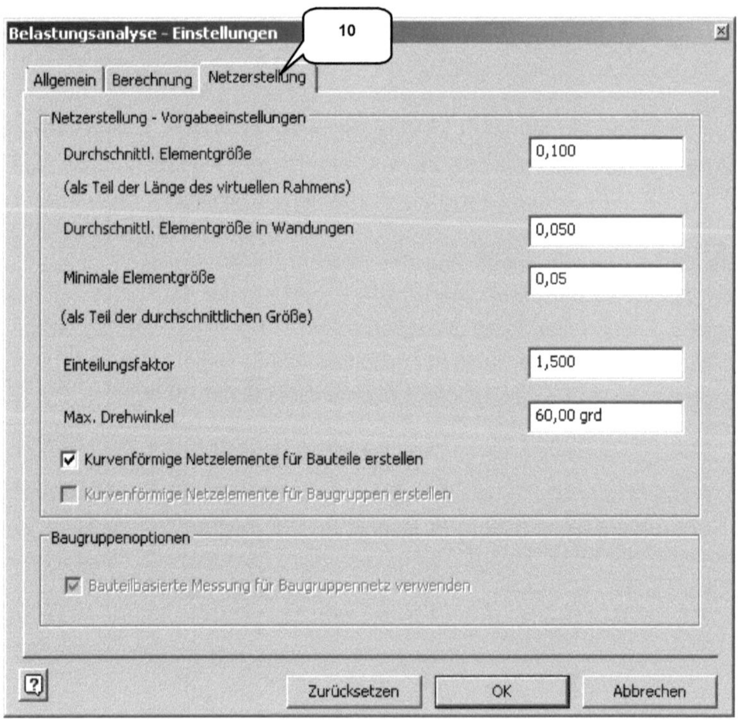
10
Belastungsanalyse - Einstellungen
Allgemein | Berechnung | Netzerstellung |
Netzerstellung - Vorgabeeinstellungen
Durchschnittl. Elementgröße   0,100
(als Teil der Länge des virtuellen Rahmens)
Durchschnittl. Elementgröße in Wandungen   0,050
Minimale Elementgröße   0,05
(als Teil der durchschnittlichen Größe)
Einteilungsfaktor   1,500
Max. Drehwinkel   60,00 grd
Kurvenförmige Netzelemente für Bauteile erstellen
Kurvenförmige Netzelemente für Baugruppen erstellen
Baugruppenoptionen
Bauteilbasierte Messung für Baugruppennetz verwenden
Zurücksetzen   OK   Abbrechen

7.1.5 Grundlagen: Material zuweisen

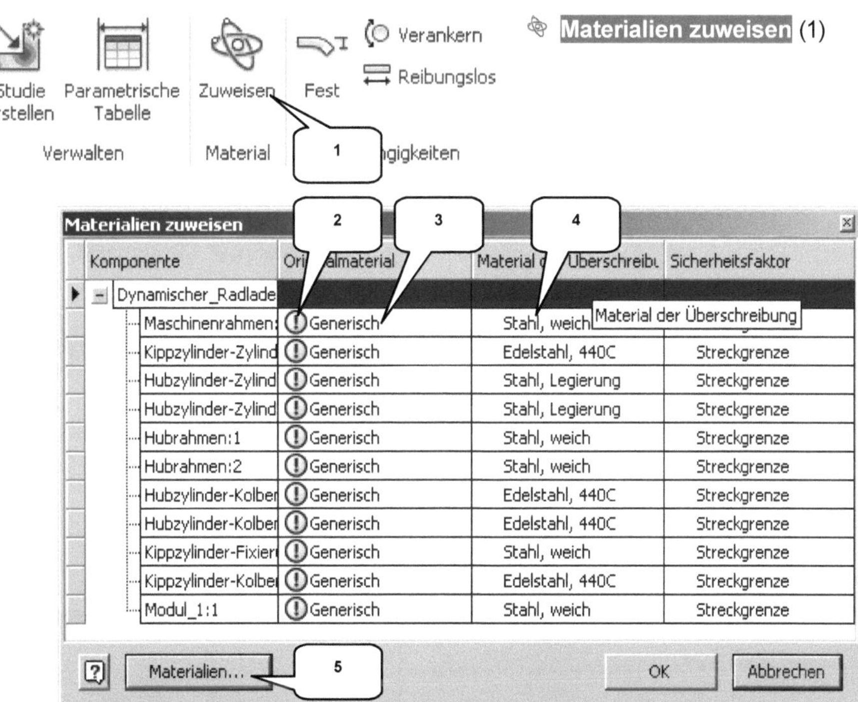

Wurden die Materialeigenschaften von Bauteilen nicht bereits in den iProperties (Eigenschaften) eines Bauteils definiert, so kann das nachträglich mit dem Befehl *Material zuweisen* im Bereich der Belastungsanalyse erledigt werden.

Nicht definierte oder zur Studie unbrauchbare Materialien werden durch ein ① *Hinweis-Symbol* (2) gekennzeichnet. Im Befehlsfenster werden die ggf. vorhandenen *Originalmaterialien* (3) aufgelistet und können hier auch überschrieben werden. Dabei kann das neue Material entweder über ein *Pop-Up-Menü* (4) ausgewählt, oder über den *Materialienbrowser* (5) definiert werden.

7.1.6 Materialien zuweisen

Zunächst sollten die **Materialien** über-prüft werden.

Materialien zuweisen (1)

Im geöffneten Befehlsfenster werden jetzt alle Bauteile der Baugruppe aufgelistet. Auch wenn letztendlich nur ein einziges Bauteil einer Studie unterzogen werden soll, müssen dennoch alle Bauteile mit einem gültigen Material versehen werden.

Die ① **Hinweis-Symbole** in der Spalte **Originalmaterial** weisen darauf hin, dass derzeit keine gültigen Materialien vorhanden sind: jedes Bauteilmaterial muss also überschrieben werden. Hierfür ist mit der linken Maustaste auf die entsprechende Zelle zu klicken und das jeweilige Material aus dem Menü auszuwählen.

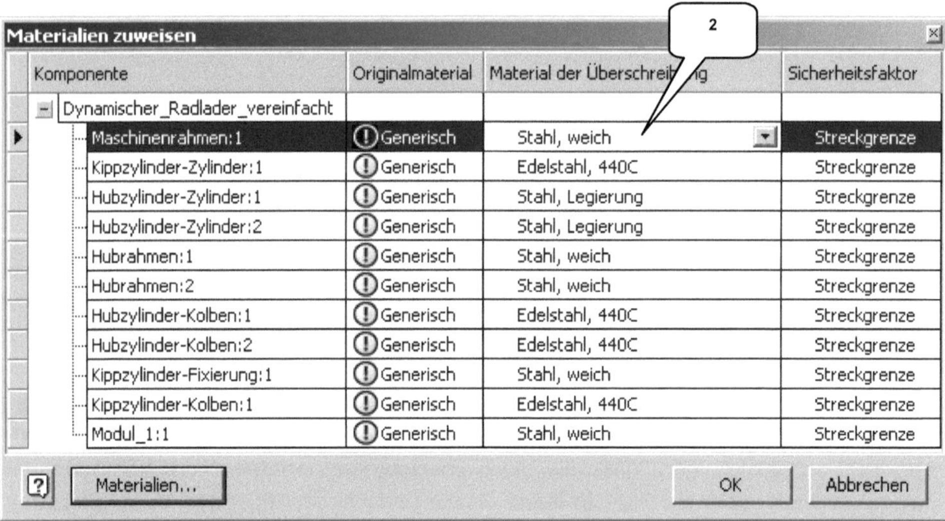

Materialien zuweisen

Komponente	Originalmaterial	Material der Überschreibung	Sicherheitsfaktor
Dynamischer_Radlader_vereinfacht			
Maschinenrahmen:1	① Generisch	Stahl, weich	Streckgrenze
Kippzylinder-Zylinder:1	① Generisch	Edelstahl, 440C	Streckgrenze
Hubzylinder-Zylinder:1	① Generisch	Stahl, Legierung	Streckgrenze
Hubzylinder-Zylinder:2	① Generisch	Stahl, Legierung	Streckgrenze
Hubrahmen:1	① Generisch	Stahl, weich	Streckgrenze
Hubrahmen:2	① Generisch	Stahl, weich	Streckgrenze
Hubzylinder-Kolben:1	① Generisch	Edelstahl, 440C	Streckgrenze
Hubzylinder-Kolben:2	① Generisch	Edelstahl, 440C	Streckgrenze
Kippzylinder-Fixierung:1	① Generisch	Stahl, weich	Streckgrenze
Kippzylinder-Kolben:1	① Generisch	Edelstahl, 440C	Streckgrenze
Modul_1:1	① Generisch	Stahl, weich	Streckgrenze

Materialien...   OK   Abbrechen

> Markierte Zelle anklicken (2)
> Material: Stahl, weich
> Spalte **Material der Überschreibung** komplett übernehmen wie dargestellt
> ⊙k **OK**

7.2 Durchführen der Simulation
7.2.1 Grundlagen: Simulieren

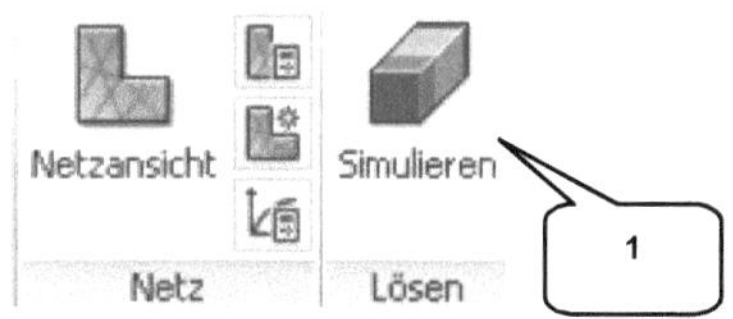

 **Simulieren** (1)

Der Befehl **Simulieren** startet die Berechnung des Programms anhand der vorgegebenen Lasten und Auflager.

Bei einer Einzelpunktstudie wird im gleichnamigen Befehlsfenster automatisch die Option **Nur aktueller Konfigurationssatz** (2) aktiviert (die Simulation erfolgt dann anhand festgelegter Parameter). Bei parametrischen Studien stehen weiterhin die Optionen **Kompletter Konfigurationssatz** (3) (alle Parameterkombinationen werden berechnet) und **Intelligenter Konfigurationssatz** (4) (die Basiskonfiguration und der Rest wird interpoliert) zur Verfügung.

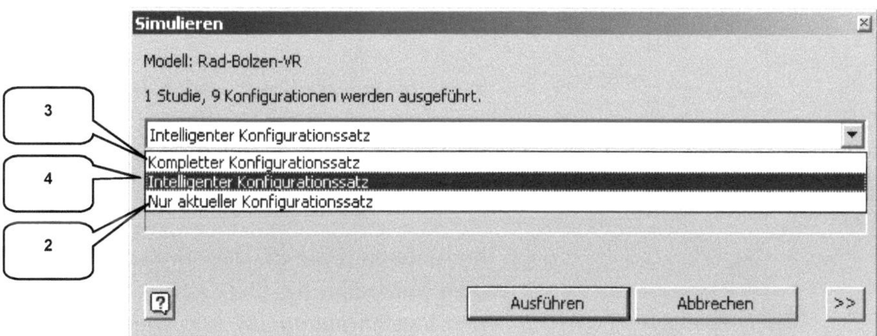

7.2.2 Simulation ausführen

Nachdem die Materialien zugeordnet wurden, kann die Simulation bereits gestartet werden.

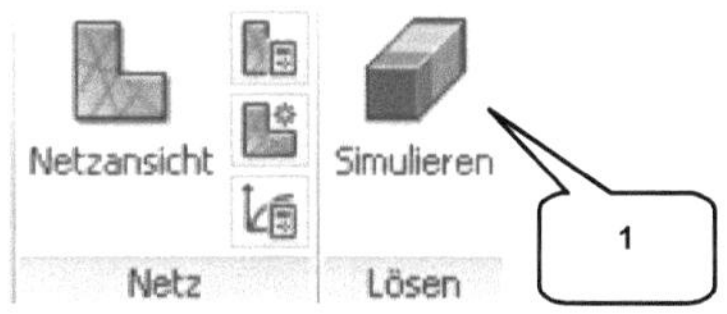

 **Simulieren** (1)
> **Ausführen**

7.3   Ergebnisanalyse

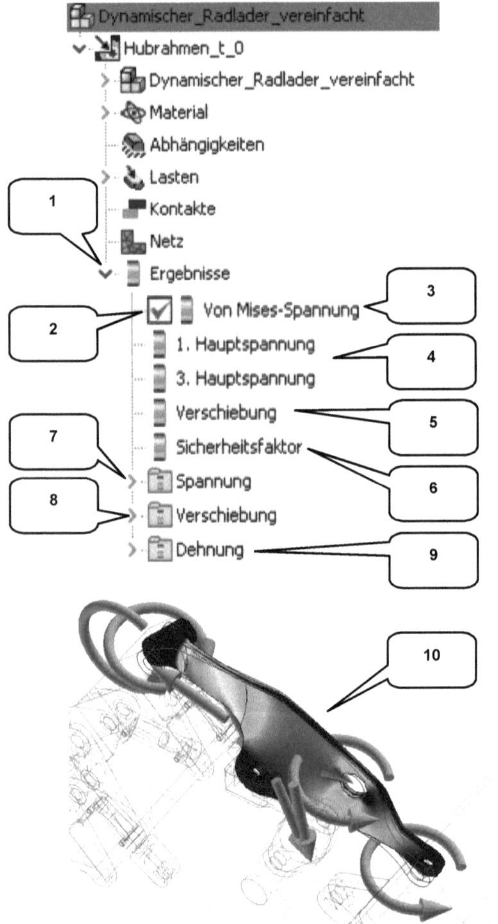

Nachdem die Simulation vollständig durchgeführt wurde kann im Browser der Ordner **Ergebnisse** (1) erweitert werden. Er enthält alle Berechnungsergebnisse einer Simulation, welche per Doppelklick darauf aktiviert werden können. Welches der Ergebnisse aktuell aktiviert ist, wird durch das ☑ **Haken-Symbol** gekennzeichnet (2).

Außer bei Modalanalysen werden nach einer Simulation automatisch die Ergebnisse der **Von Mises-Spannung**[7] (3) (auch Vergleichsspannung bzw. Gestaltänderungshypothese) im Browser aktiviert und im Zeichenbereich dargestellt.

Weiterhin können die **1.** und **3. Hauptspannung** (4), die **Verschiebung** (5) (Verformung) und der **Sicherheitsfaktor** (6) angezeigt werden.

Im unteren Bereich des Browsers findet man außerdem die drei Ordner **Spannung** (7), **Verschiebung** (8) und **Dehnung** (9). Sie beinhalten die verschiedenen Normal- und Schub- und Tangentialspannungen.

HINWEIS: Sollte das Bauteil (10) nach der Simulation lediglich **grau** und nicht **farblich** dargestellt werden, so muss die entsprechende Grundeinstellung überprüft werden: Hierfür ist im Register **Ansicht** des Programms zu kontrollieren, ob in der Befehlsgruppe **Darstellung** die Option **Texturen** aktiviert ist.

---

[7] Die Von Mises-Spannung (nach Richard Edler von Mises) ist die am häufigsten verwendete Methode zur Berechnung von Belastungszuständen in Bauteilen.

7.3.1 Kräfte und Momente

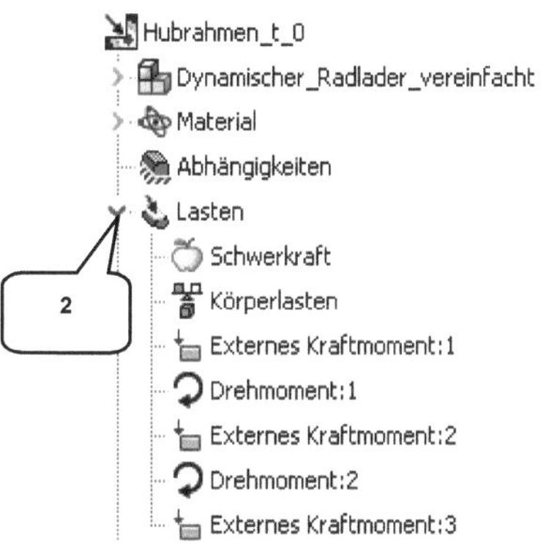

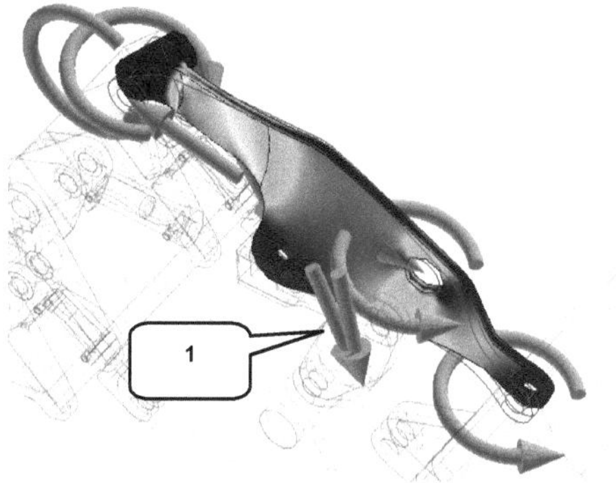

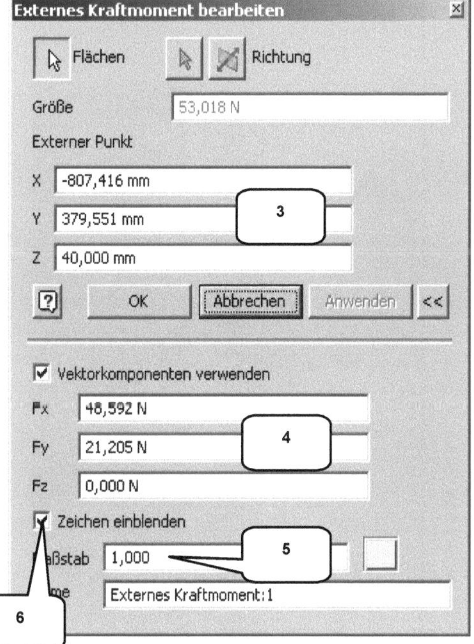

Betrachtet man den Arbeitsbereich des Programms, so ist zu erkennen, dass alle zum Zeitpunkt der Simulation auf das Bauteil **Hubrahmen** wirkenden Lasten durch verschiedene **Pfeile** (1) dargestellt werden, deren rein symbolische Darstellung nicht aussagekräftig ist.

Ihre genaue Größe, Position und Wirkrichtung kann nur bestimmt werden, wenn im Browser der Ordner **Lasten** (2) erweitert und die entsprechende Kraft oder das entsprechende Drehmoment bearbeitet wird (**rechte Maustaste > Bearbeiten**). Im Befehlsfenster können dann der theoretisch berechnete Kraftangriffspunkt (3) und die einzelnen Kraftvektoren (4) entnommen werden.

Sollten die symbolisch dargestellten Kraftvektoren den Blick auf das Bauteil zu sehr verdecken, können die Pfeile entweder im Fenster über den Faktor **Maßstab** (5) verkleinert, oder generell ausgeblendet werden (6).

7.3.2 Grundlagen: Begrenzungsbedingungen

Sollen nicht nur ein symbolischer Kraftvektor, sondern alle Lasten- und Auflagerbedingungen zeitgleich ausgeblendet werden, so können die *Begrenzungsbedingungen* deaktiviert werden.

7.3.3 Begrenzungsbedingungen deaktivieren

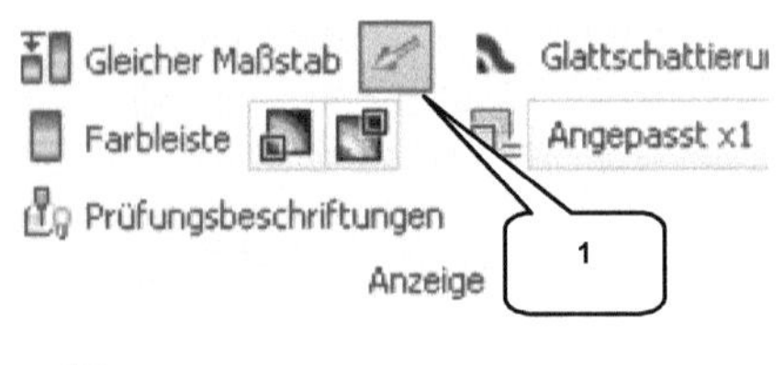

Die *Begrenzungsbedingungen* sind zu deaktivieren.

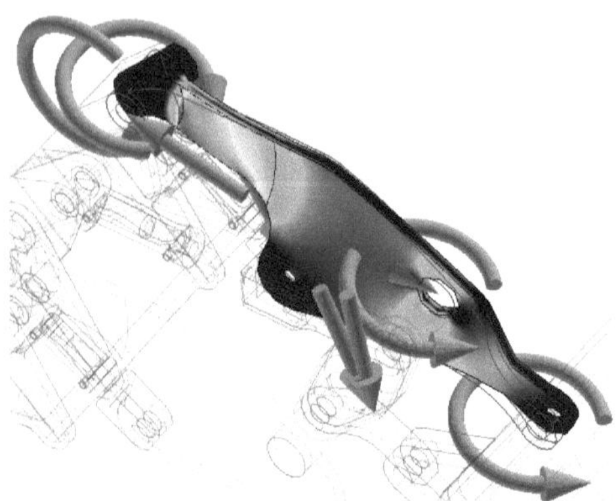

a) <u>aktivierte</u> Begrenzungsbedingungen

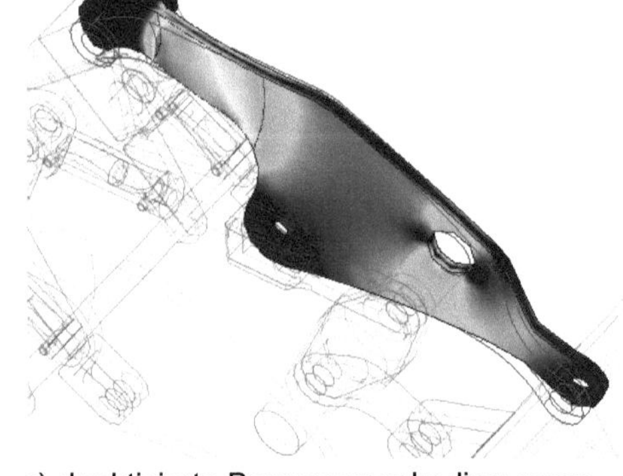

a) <u>deaktivierte</u> Begrenzungsbedingungen

7.3.4 Grundlagen: Schattierungen

Wurde eine Simulation erfolgreich ausgeführt, so werden die Berechnungsergebnisse auch im Bauteil/ in der Baugruppe selbst farblich dargestellt. Das Farbspektrum reicht dabei von Blau (geringe Werte) bis rot (erhöhte Werte).

Eine *Farbleiste* (2) zeigt passend zum Farbverlauf die ermittelten Berechnungsergebnisse an. Die *Farbübergänge* auf dem Bauteil selbst können in drei verschiedenen Optionen dargestellt werden:

> Option: *Glattschattierung* (mit weichen Farbübergängen) (3)
> Option: *Konturschatten* (mit harten Farbübergängen) (4)
> Option: *Keine Schattierung* (einfarbig) (5)

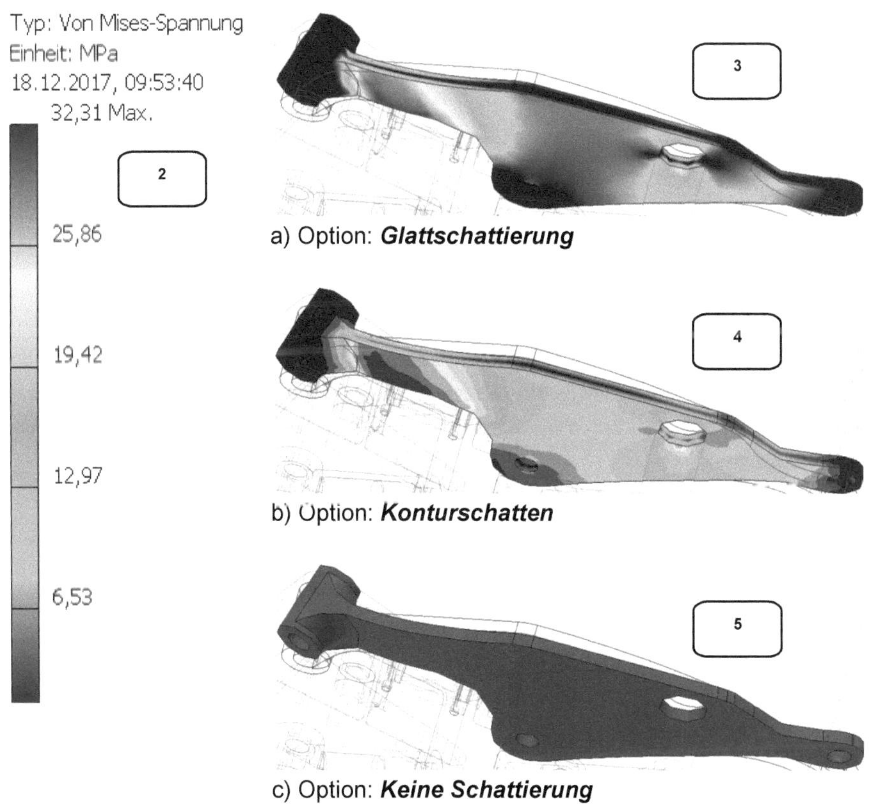

a) Option: *Glattschattierung*

b) Option: *Konturschatten*

c) Option: *Keine Schattierung*

7.3.5 Grundlagen: Farbleisteneinstellungen

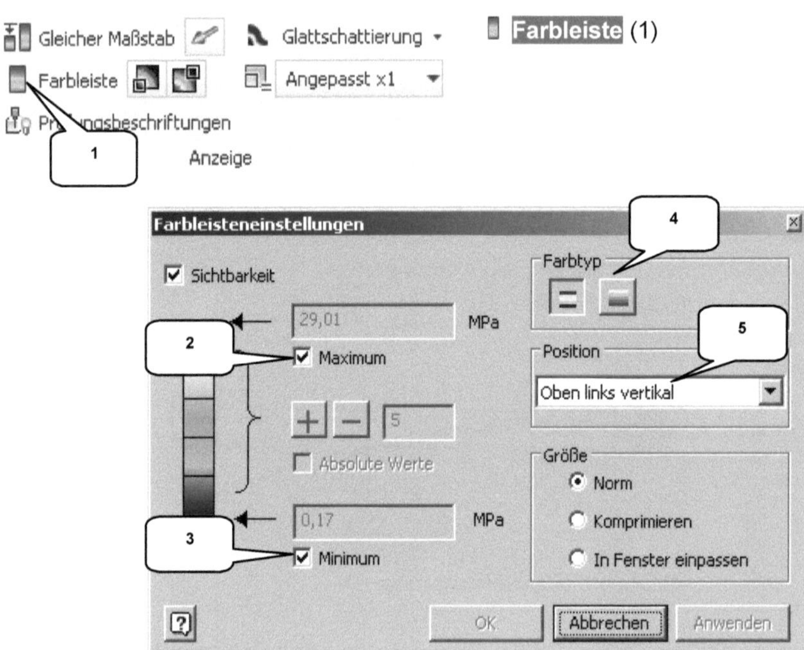

Nach Befehlsstart öffnet sich das Fenster *Farbleisteneinstellungen*. Hier können u. a. der *Maximal-* (2) und der *Minimalwert* (3) begrenzt (Einschränken der Farbverlauf-Bandbreite), der *Farbtyp* von farbig auf schwarz-weiß geändert (4) oder die *Positionierung* der Farbleiste (5) eingestellt werden.

7.3.6 Grundlagen: Gleicher Maßstab

Die Option *Gleicher Maßstab* wird z. B. bei der parametrischen Untersuchung von Bauteilen aktiviert. Die Farbleiste bezieht sich dann nicht mehr auf einzelne Ergebniswerte, sondern richtet sich nach den maximalen und minimalen Ergebnissen parametrischer Sätze.

7.3.7 Grundlagen: Verschiebungsanzeige

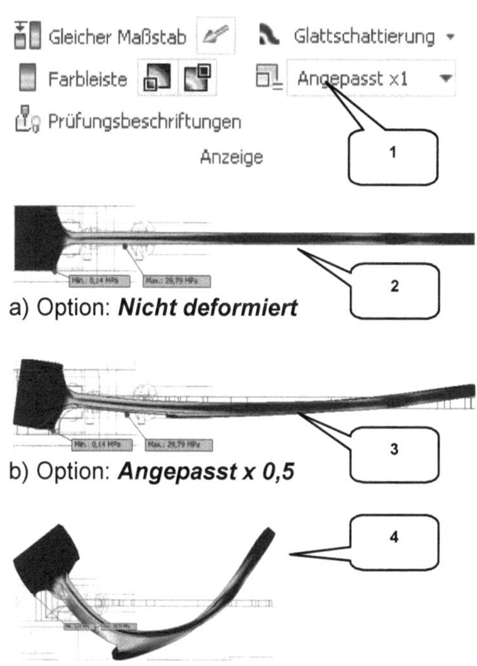

a) Option: **Nicht deformiert**

b) Option: **Angepasst x 0,5**

c) Option: **Angepasst x 5**

Verschiebungsanzeige (1)

Zur Darstellung der **Verformungen** eines Bauteils kann festgelegt werden, mit welchem Faktor die optisch dargestellte Verformung zur tatsächlich stattfindenden Verformung angezeigt werden soll.

Die folgenden **Optionen** stehen zur Verfügung:

> Option: **Nicht deformiert** (2)
> Option: **Angepasst x 0,5** (3)
> Option: **Angepasst x 5** (4)

7.3.8 Grundlagen: Maximal- und Minimalwertdarstellungen

Bei der **Maximalwertdarstellung** kennzeichnet das Programm den Bereich des berechneten Maxlmalwertes, je nachdem welches Ergebnis im Browser aktiviert wurde (z. B. Spannung oder Verschiebung). Bei der **Minimalwertdarstellung** kennzeichnet das Programm den kleinsten Wert.

> **Maximalwert** (1)
> **Minimalwert** (2)

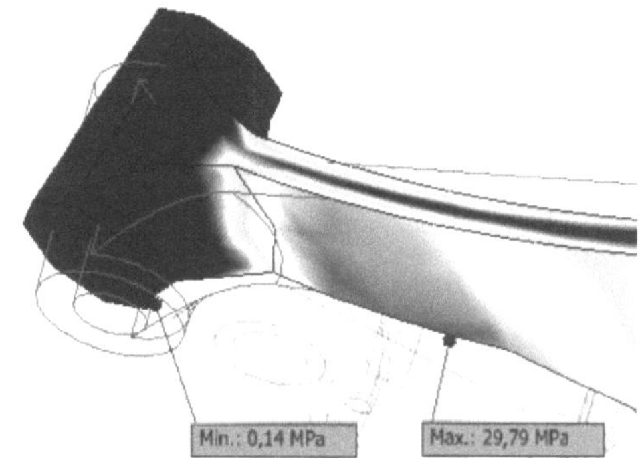

7.3.9 Maximalwert der Von Mises-Spannung lokalisieren

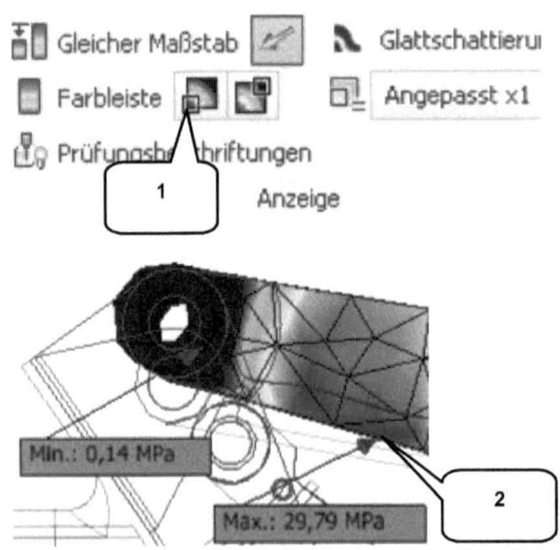

Der Bereich des Maximalwertes der Von Mises-Spannung soll jetzt lokalisiert werden, wofür die entsprechende Option zu aktivieren ist.

> Aktivieren: **Maximalwert** (1)

Im aktuellen Beispiel wurde der Maximalwert der Von Mises-Spannung an der Position (2) mit ca. **30 MPa**[8] ermittelt.

7.3.10 Grundlagen: Netzeinstellungen und Netzansicht

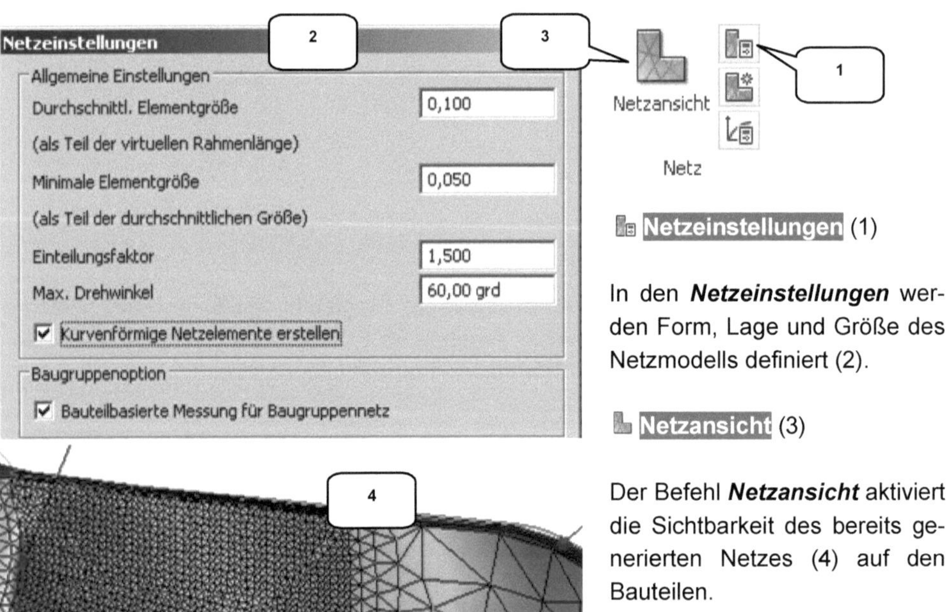

Netzeinstellungen (1)

In den **Netzeinstellungen** werden Form, Lage und Größe des Netzmodells definiert (2).

Netzansicht (3)

Der Befehl **Netzansicht** aktiviert die Sichtbarkeit des bereits generierten Netzes (4) auf den Bauteilen.

---

[8] Position und Größe von Maximal- und Minimalwert können stark variieren. Je höher der eingestellte Grad der Netzverfeinerung desto höher auch die jeweiligen Maximalwert. Die vom Programm ermittelten Maximalwerte sollten also immer in Relation zur definierten Netzverfeinerung betrachtet werden und können nicht unbearbeitet in weiterführende Berechnungen übernommen werden.

7.3.11 Netzdarstellung aktivieren

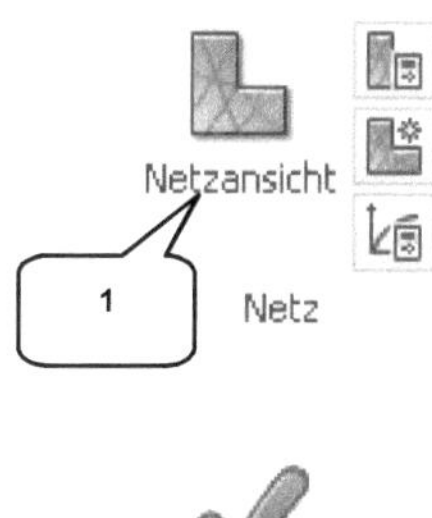

Die allgemeinen Netzeinstellungen müssen nicht erneut überprüft werden, da diese bereits in den **Belastungsanalyse-Einstellungen** (vorangegangenes Kapitel) definiert wurden. Darauf basierend hat das Programm bereits ein Netz erstellt, welches nur noch mittels Befehl **Netzansicht** (1) aktiviert werden muss. Betrachtet man das Netz genauer, so ist zu erkennen, dass das Netz bei großen Oberflächen relativ grob und bei kleineren Oberflächen (wie z. B. Rundungen oder in der Nähe von Kanten und Bohrungen) etwas feiner generiert wurde. Das Programm entscheidet hier allein anhand der geometrischen Form eines bestimmten Bereiches, bzw. der lokalen Größe einer Oberfläche.

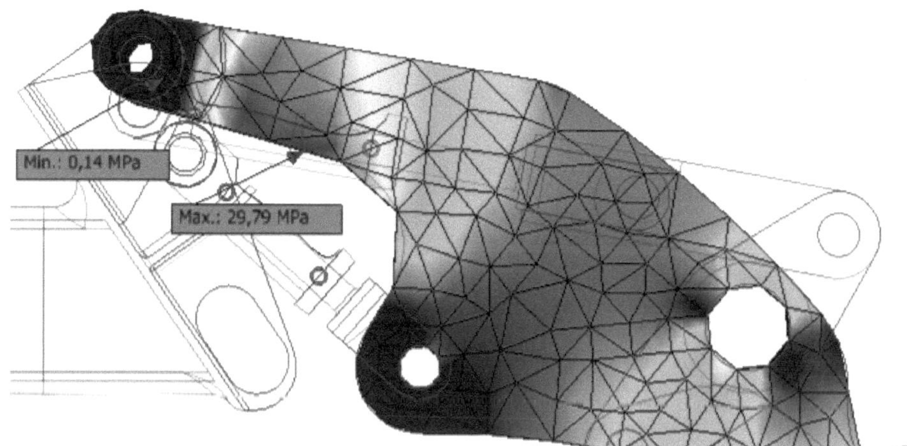

Wie auch in diesem Beispiel ist es allerdings nicht so, dass sehr stark beanspruchte Bauteilbereiche vom Programm automatisch erkannt und dort mit einem feineren Netz versehen werden da lediglich die Bauteilgeometrie dabei eine Rolle spielt. Genau diese Bereiche sind es allerdings, die speziell betrachtet werden müssen und daher auch mit einem feineren Netz zu versehen sind. Leider bietet das Programm keine Möglichkeit, bestimmte Teilbereiche einer gesamten Fläche zu verfeinern. Das ist nur an Bauteilecken und -kanten möglich. Lokal begrenzte Netzverfeinerungen von Flächenbereichen innerhalb einer großen Fläche können ausschließlich dann vorgenommen werden, wenn die Bauteiloberflächen vorab im Modellbereich dafür vorbereitet wurden. Hierfür muss der Bereich der Belastungsanalyse vorerst wieder verlassen werden.

✔ **Fertigstellen** (2)

7.4 Kontakt- und Kraftangriffsflächen präzisieren
7.4.1 Bauteil HUBRAHMEN bearbeiten

Um von der Baugruppe in den Bearbeitungsbereich des Hubrahmens zu gelangen, kann dieser per **Doppelklick** aktiviert werden. Anschließend muss auf einer der Seitenflächen eine neue **Skizze** erstellt, die vorhandene Bauteilgeometrie **projiziert** und ein **Kreis** gezeichnet werden. Sobald der Kreis gezeichnet wurde kann der Skizzenbereich bereits wieder **verlassen** werden.

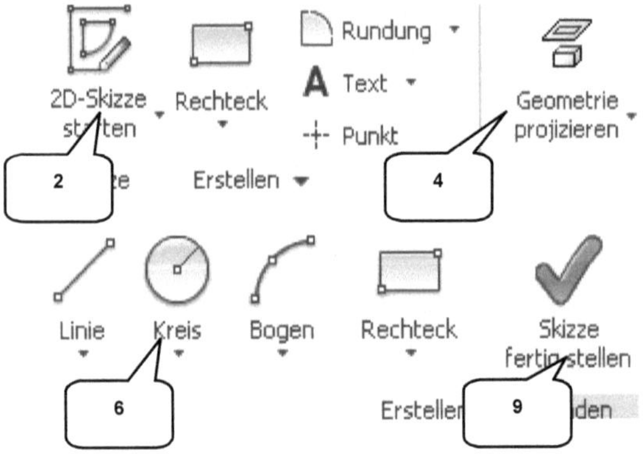

> Doppelklick auf **Hubrahmen** (1)

2D-Skizze erstellen (2)
> Markierte Seitenfläche wählen (3)

Geometrie projizieren (4)
> Markierte Fläche wählen (5)

Kreis durch Mittelpunkt (6)
> Mittelpunkt der Bohrung wählen (7)
> Durchmesser: 140 mm (8)

Fertigstellen (9)

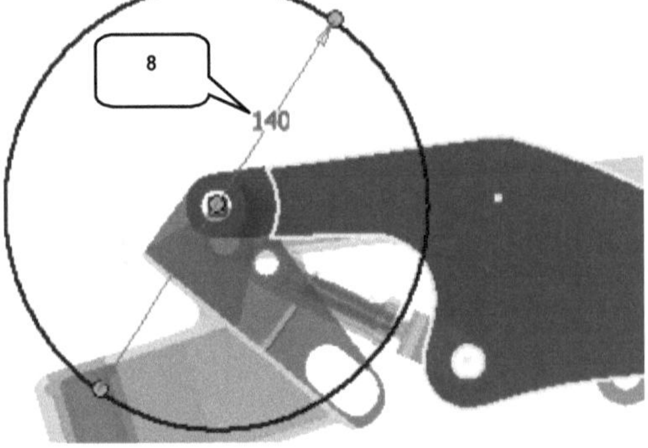

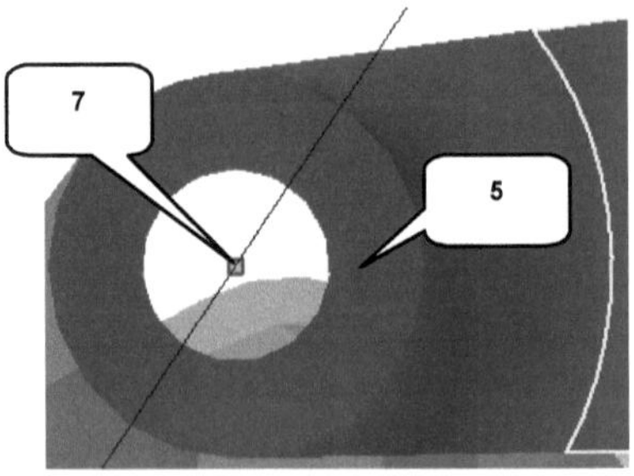

7.4.2 Oberflächen trennen

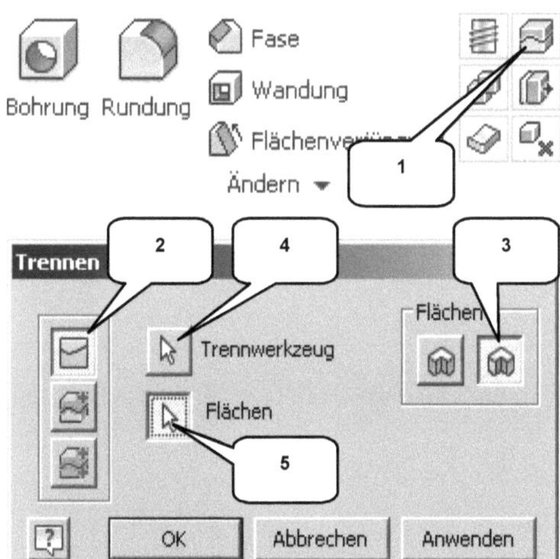

Anhand des Kreises soll die Seitenfläche jetzt *geteilt* werden. Die dadurch resultierenden Teilflächen ermöglichen später im Bereich der Belastungsanalyse eine präzise Auswahl der mit einem feineren FEM-Netz zu versehenden Oberflächen.

Trennen (1)

> Option: Fläche trennen (2)
> Option: Auswählen (3)
> Trennwerkzeug: Kreis wählen (4)
> Flächen: Seitenfläche wählen (5)
> ⎯ᵒᴷ⎯ *OK*

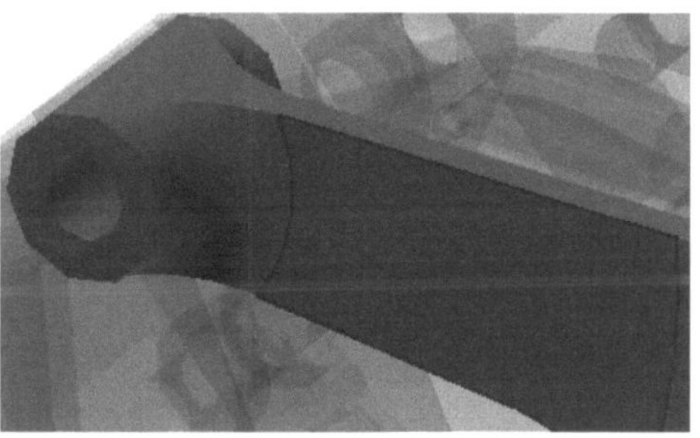

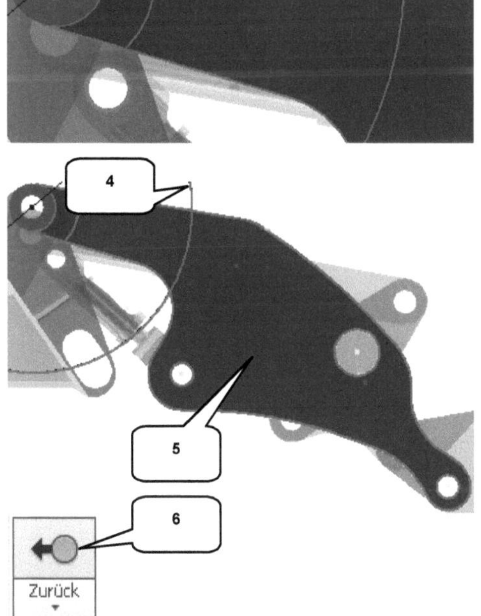

Zur Kontrolle kann jetzt noch einmal mit dem Mauspfeil über die Seitenfläche (5) gefahren werden: War die Trennung der Fläche erfolgreich, müsste sich die neue Teilfläche jetzt rot hervorheben. In diesem Fall kann das Bauteil *gespeichert* und in den Baugruppenbereich *zurückgekehrt* werden.

Speichern (Bauteil)

Zurück (zur Baugruppe) (6)

7.4.3 Umgebung der Belastungsanalyse aktivieren

Arbeitsbereich:
Belastungsanalyse 

> Register *Umgebungen* (1)

Belastungsanalyse (2)

7.4.4 Grundlagen: Lokale Netzsteuerung

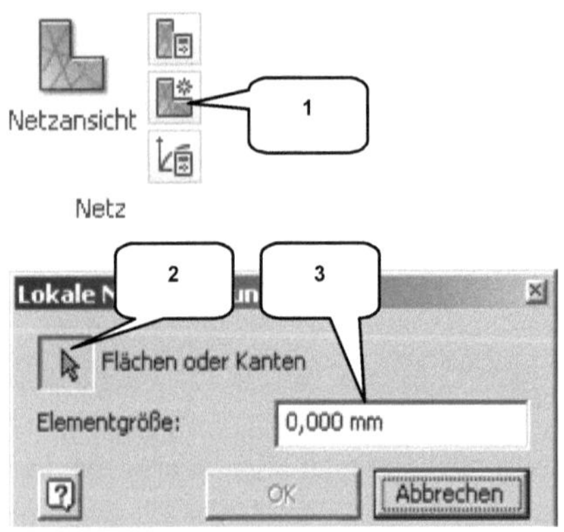

Lokale Netzsteuerung (1)

Um ausgewählte Bereiche eines Bauteils mit einem feineren FEM-Netz versehen zu können, müssen diese Bereiche manuell ausgewählt und mit dem Befehl *Lokale Netzsteuerung* bearbeitet werden. Hierbei können Körperkanten umschließende Bereiche oder Oberflächen ausgewählt werden (2). Weiterhin ist die gewünschte Elementgröße (Maschengröße) zu definieren (3).

7.4.5 Netzstruktur lokal verfeinern

Der Hubrahmen soll jetzt im Bereich der maximalen Von Mises-Spannung mit einem feineren FEM-Netz versehen werden. Hierfür ist der Befehl *Lokale Netzsteuerung* zu starten. Die Größe der Maschen in diesem Bereich (Elementgröße) soll 1 mm betragen.

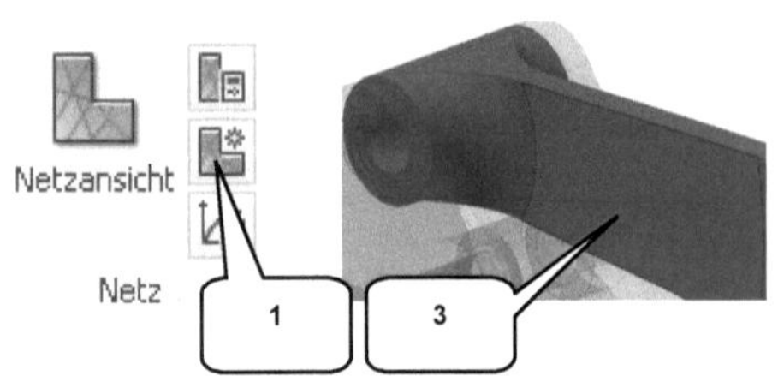

Lokale Netzsteuerung (1)
> Elementgröße: 1 mm (2)
> Markierte Fläche wählen (3)
> **OK** *OK*

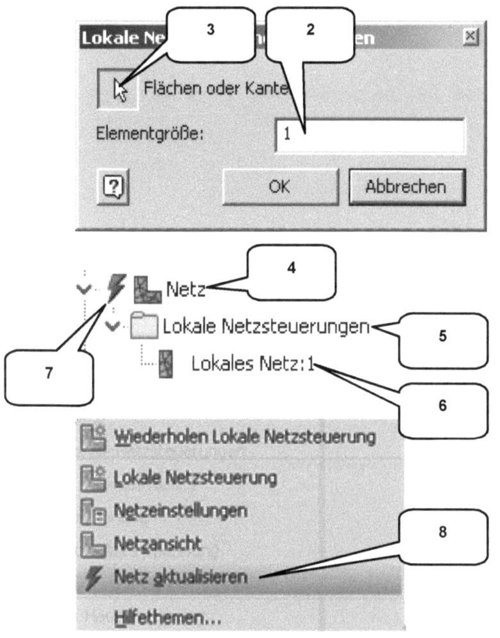

Sobald der Befehl beendet wurde erscheint im Browser des Programms innerhalb des Ordners *Netz* (4) ein neuer Ordner *Lokale Netzsteuerungen* (5). Erweitert man diesen Ordner, so findet man darin die zuletzt erzeugte *Netzverfeinerung* (6). Sie kann über das Kontextmenü der rechten Maustaste bearbeitet werden, wenn z. B. die Maschengröße geändert, oder weitere Flächen hinzugefügt werden sollen. Ein *Blitzsymbol* (7) weist darauf hin, dass aktuell eine Regenerierung der Netzansicht notwendig ist. Um diese auszuführen, muss mit der rechten Maustaste auf den Ordner *Netz* geklickt und im Kontextmenu die Option *Netz aktualisieren* ausgewählt werden.

> *Rechte Maustaste* auf Ordner *Netz* (4)
> *Netz aktualisieren* (8)

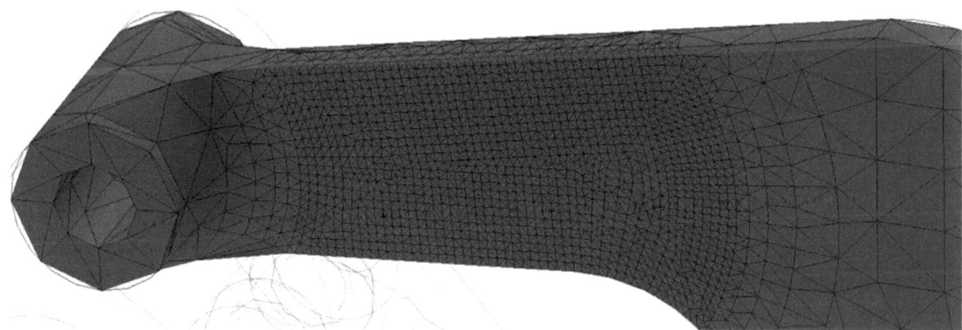

Sobald das Netz aktualisiert wurde, ist die Netzverfeinerung deutlich sichtbar am Bauteil zu erkennen (9). Sollte diese Verfeinerung noch immer nicht ausreichend sein, kann die bereits umgesetzte lokale Netzverfeinerung im Browser (6) erneut bearbeitet werden (über das Kontextmenü der rechten Maustaste).

HINWEIS: Die Maschengröße sollte nicht zu klein gewählt werden, da extrem feine Netzstrukturen einerseits falsche Berechnungsergebnisse durch unrealistisch hohe Spannungsspitzen mit sich bringen und zum anderen der PC extreme Rechenleistungen erbringen muss, also sehr lange Rechenzeiten zu erwarten sind.

7.4.6 Simulation ausführen

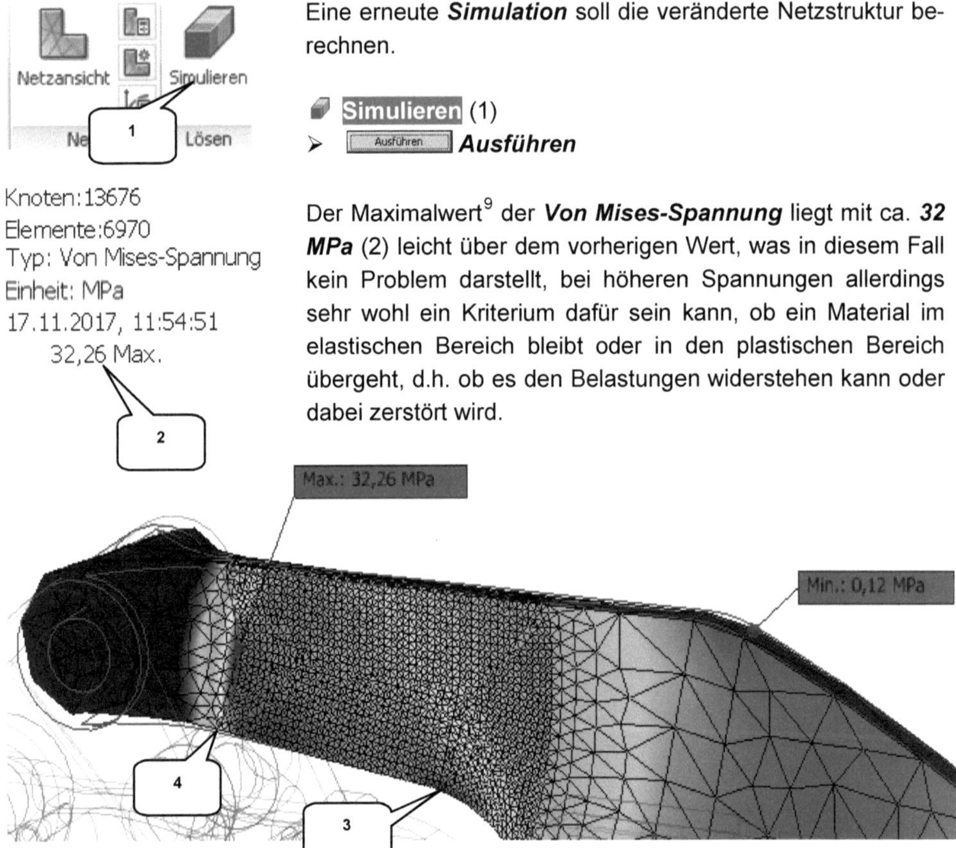

Eine erneute **Simulation** soll die veränderte Netzstruktur berechnen.

Simulieren (1)

> **Ausführen** *Ausführen*

Der Maximalwert[9] der **Von Mises-Spannung** liegt mit ca. **32 MPa** (2) leicht über dem vorherigen Wert, was in diesem Fall kein Problem darstellt, bei höheren Spannungen allerdings sehr wohl ein Kriterium dafür sein kann, ob ein Material im elastischen Bereich bleibt oder in den plastischen Bereich übergeht, d.h. ob es den Belastungen widerstehen kann oder dabei zerstört wird.

Wesentlich interessanter ist hier die Tatsache, dass der Bereich der maximalen ermittelten Von Mises-Spannung offensichtlich von Position (3) zur Position (4) verschoben wurde. Es gibt also offensichtlich verschiedene Bereiche lokal erhöhter Spannungen, welche betrachtet werden sollten.

---

[9] Die Rechenergebnisse selbst können von Computer zu Computer stark variieren, was auf verschiedene Ursachen zurückzuführen ist und eine Reproduzierbarkeit der Ergebnisse erschwert. Der eigentliche Fokus sollte bei derartigen Studien daher nicht auf die Verlässlichkeit der ermittelten Maximalwerte, sondern vielmehr auf ihre Lokalisierung gelegt werden.

7.5 Prüfpunkte platzieren
7.5.1 Grundlagen: Prüfen

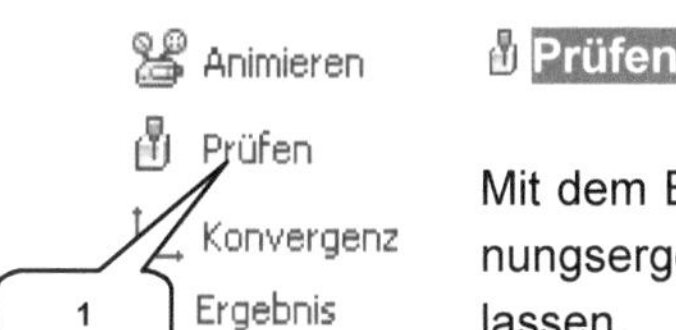

Prüfen (1)

Mit dem Befehl **Prüfen** bietet das Programm die Möglichkeit, die Berechnungsergebnisse jedes beliebigen Punktes eines Bauteils darstellen zu lassen.

7.5.2 Prüfpunkte hinzufügen

Betrachtet man den **Farbverlauf** entlang des Bauteils, so ist zu erkennen, dass mehrere stark belastete (rot gefärbte) Bereiche vorhanden sind. Ein rot gefärbter Bereich ist z. B. mit der Positionsnummer (1) gekennzeichnet. Hier wurde bereits der maximale Wert der Von Mises-Spannung ermittelt. Ein weiterer rot gefärbter Bereich ist mit der Positionsnummer (2) gekennzeichnet. Hier soll ein zusätzlicher Prüfpunkt einen aktuellen Ergebniswert ermitteln.

Animieren

Prüfen — 3

Konvergenz

Ergebnis

Prüfen (3)
> Prüfpunkt auf Pos. (2) ablegen
> Taste: **ESC**

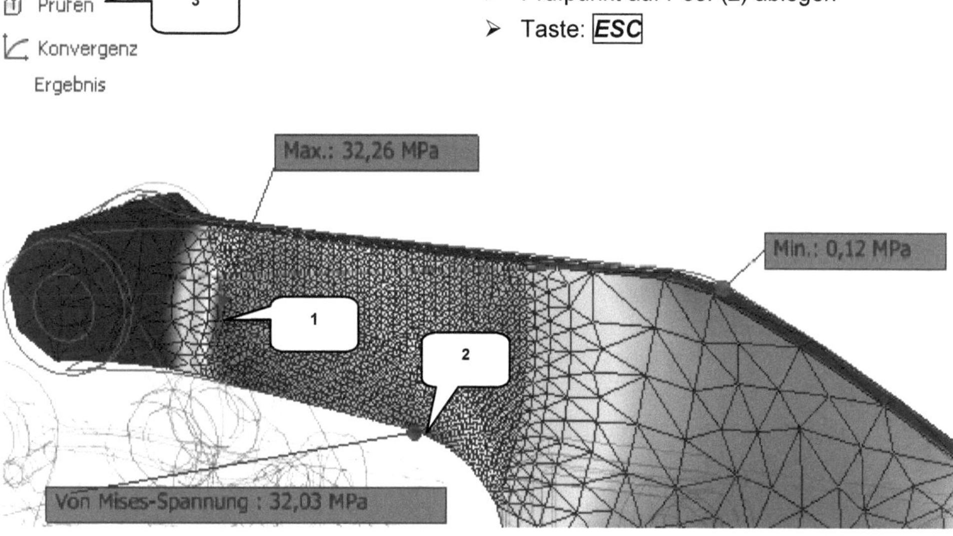

Mit ca. **32 MPa** weicht der zusätzliche Messpunkt tatsächlich nur geringfügig vom Maximalwert ab. Der Bereich scheint also fast genauso stark beansprucht zu werden.

7.6 Ergebnisinterpretation

Vergleicht man das Ergebnis des zusätzlich hinzugefügten Messpunktes mit dem Maximalwert, so ist zu erkennen, dass die dort ermittelte Spannung nur geringfügig von der Maximalspannung abweicht. Es lohnt also durchaus, das Bauteil nach einer Simulation genauer zu betrachten, um herauszufinden, wo genau kritische Bereiche vorhanden sind.

Grundlegend sollte die folgende *Vorgehensweise* bei der Studie von Bauteilen bzw. Baugruppen eingehalten werden:

1. Ein Bauteil/ eine Baugruppe wird im Bereich der Belastungsanalyse durch alle notwendigen Randbedingungen (Lasten und Auflager) bestimmt und mit Materialien versehen.
2. Eine Simulation wird durchgeführt und die Netzstruktur nach kritischen Bereichen untersucht.
3. Besonders kritische Bereiche werden mit einer lokalen Netzverfeinerung versehen.
4. Eine erneute Simulation liefert präzisere Ergebnisse zur besseren Lokalisierung der Schwachstellen.

Das *Problem* ist folgendes: Je feiner das Netz an bestimmten Stellen generiert wird, desto größer sind natürlich auch die Spannungen je Netzelement (das Programm versucht den Maximalwert ja auf einen einzelnen Punkt zu beziehen). Die ermittelten Ergebnisse (insbesondere Spannungen) steigen dadurch unkontrolliert an und sind somit nicht mehr aussagekräftig. Aus diesem Grund sollten bei der Definition der Netzelemente und der lokalen Netzsteuerung die folgenden *Grundsätze* beachtet werden:

a. *Durchschnittswerte bilden*: Um brauchbare Ergebnisse (insbesondere bei Spannungen) zu erhalten, sollten stets im unmittelbaren Umfeld des Spitzenwertes weitere Vergleichswerte bestimmt werden um Durchschnittswerte bilden zu können.
b. *Realistische Verfeinerung der Netzstruktur*: Die lokale Netzverfeinerung sollte sich im Bereich von maximal 0,5 mm bis 1 mm bewegen. Die Lokalisierung der Problemzonen ist damit gewährleistet und die Berechnungsergebnisse liegen in einem akzeptablen Rahmen.
c. *Zusätzliche Analyseprogramme verwenden*: Zur Bestätigung der Berechnungsergebnisse sollten generell zusätzliche Analyseprogramme genutzt werden. Sie können teilweise sogar ins Programm integriert werden (z. B. Ansys®).

7.6.1 Grundlagen: Animieren

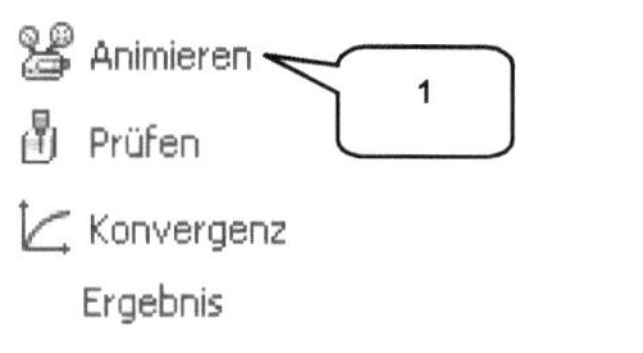

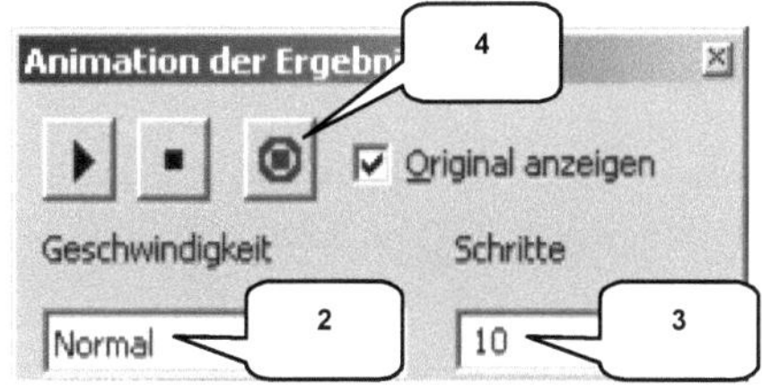

Animieren (1)

Wurde ein Bauteil/ eine Baugruppe erfolgreich simuliert, so kann das Bewegungsverhalten nachträglich **animiert** werden. Hierbei kann die **Geschwindigkeit** (2) eingestellt und die Anzahl der darzustellenden **Bilder** (3) festgelegt werden. Weiterhin gibt es die Möglichkeit die Animation als **Video** abzuspeichern (4).

7.6.2 Simulationsergebnisse animieren

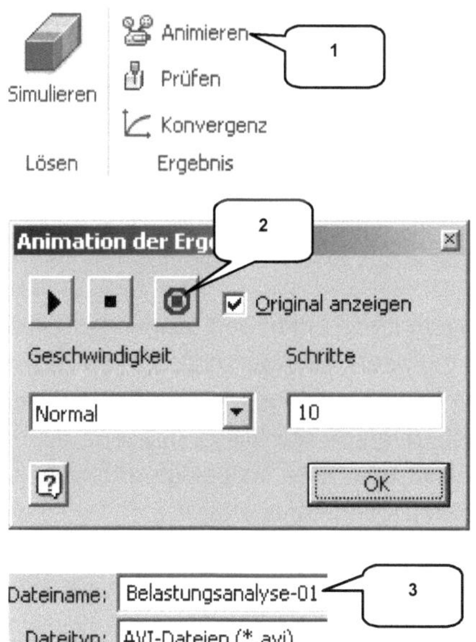

Die Ergebnisse sollen jetzt **animiert** und zusätzlich als Video gespeichert werden.

Animieren (1)
- ➤ **Aufnahme** (2)
- ➤ Dateiname:
  Belastungsanalyse-01 (3)
- ➤ Dateityp: *.avi
- ➤ Speichern **Speichern**
- ➤ Komprimierung: Microsoft VIdeo 1
- ➤ Qualität: 100 %
- ➤ OK **OK**

Das Video sollte jetzt im Projektordner zur Verfügung stehen und über den **Arbeitsplatz** per Doppelklick geöffnet werden können.

7.6.3 Grundlagen: Konvergenzeinstellungen und -plot

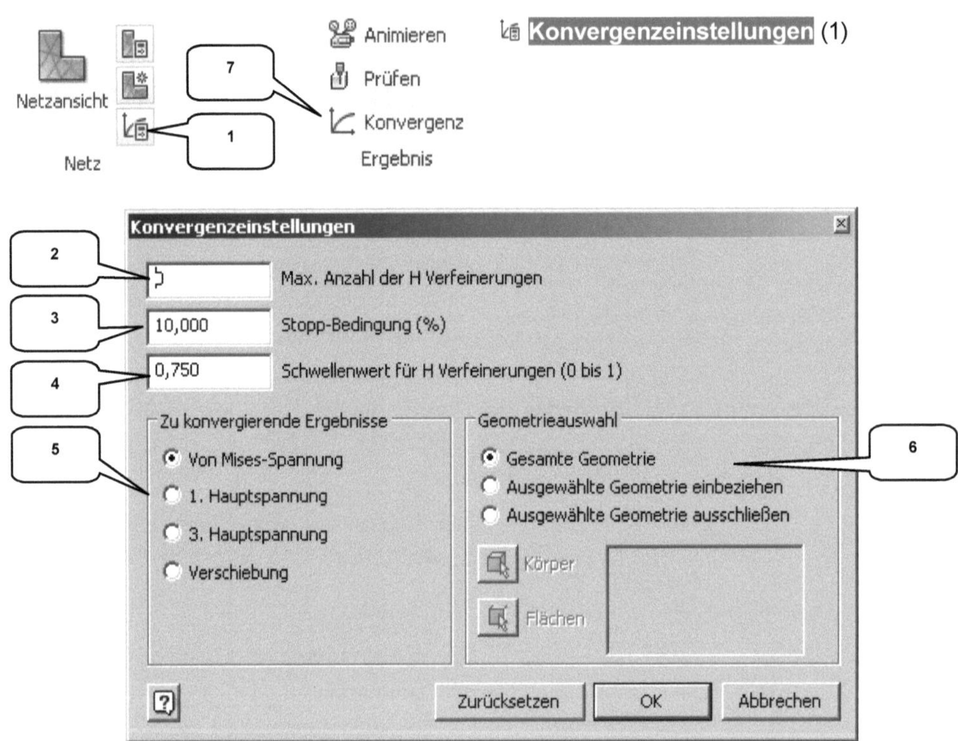

Simulationsergebnisse werden durch die Annäherung an einen Grenzwert (Konvergenz) berechnet. Die Richtlinien dafür werden in den **Konvergenzeinstellungen** definiert. Bei jedem Rechenschritt vergleicht das Programm das aktuelle Ergebnis mit den letzten Ergebnissen und analysiert dabei die Differenz der Maximalwerte. Unterschreitet diese Differenz bei einem bestimmten Rechenschritt einen festgelegten Wert bzw. eine festgelegte prozentuale Größe, so wird die Berechnung gestoppt und das Näherungsergebnis erstellt.

Im Eingabefeld der **maximalen Anzahl der H-Verfeinerungen** (2) wird definiert, wie viele Rechenschritte maximal durchgeführt werden sollen. In den **Stopp-Bedingungen** (3) kann die prozentuale Größe definiert werden, bei der eine Berechnung gestoppt werden soll. Der **Schwellenwert für H-Verfeinerungen** (4) legt fest, an wie vielen Bereichen der Bauteilgeometrie Verfeinerungen durchgeführt werden sollen (je kleiner der Wert, desto mehr Verfeinerungen). Weiterhin kann festgelegt werden, welche Berechnungsergebnisse im Konvergenz-Plot (5) dargestellt werden sollen (Von Mises-Spannung, Hauptspannungen, Verschiebung) und ob nur ausgewählte Volumenkörper oder bestimmte Flächen zu berechnen sind (6).

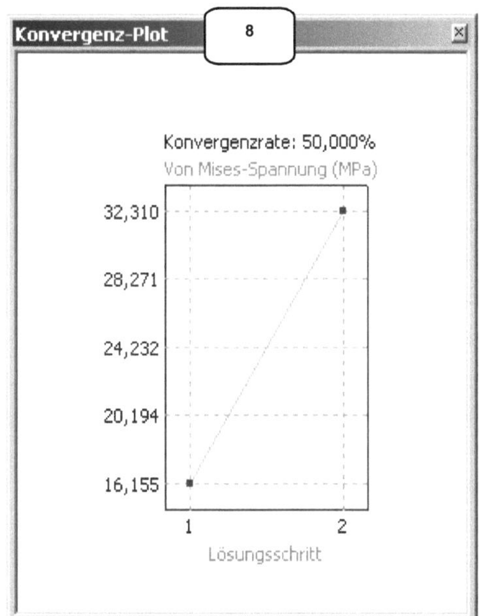

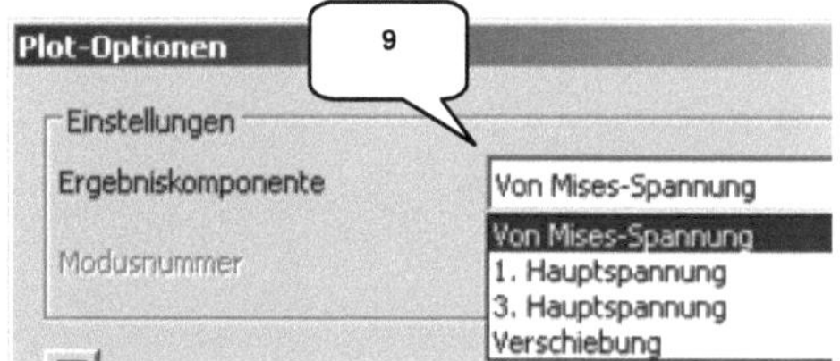

Konvergenzplot (7)

Wurden die Konvergenzeinstellungen definiert, so kann der **Konvergenz-Plot** geöffnet werden. Er enthält eine grafische Darstellung der Berechnungsergebnisse im Verhältnis zum Lösungsschritt (8). Klickt man mit der **rechten Maustaste** auf das Ergebnisfenster (8), so öffnen sich die **Plot-Optionen** (9) worin die Ergebnisdarstellung ausgewählt werden kann.

7.7 Konstruktionselemente von Studien ausschließen
7.7.1 Studie kopieren

Die aktuelle Studie soll jetzt kopiert werden, um eine weitere Studie mit geänderten Randbedingungen durchführen zu können. Der Vorteil beim Kopieren von Studien ist, dass nicht alle Grundeinstellungen (z. B. die Materialdefinition) erneut vorgenommen werden müssen.

Um eine Studie kopieren zu können, ist im Browser mit der **rechten Maustaste** auf die bereits vorhandene Studie zu klicken und im Kontextmenü die Option **Studie kopieren** auszuwählen. Anschließend kann sie bearbeitet werden, um z. B. ihre Bezeichnung und den zu analysierenden Zeitschritt zu ändern.

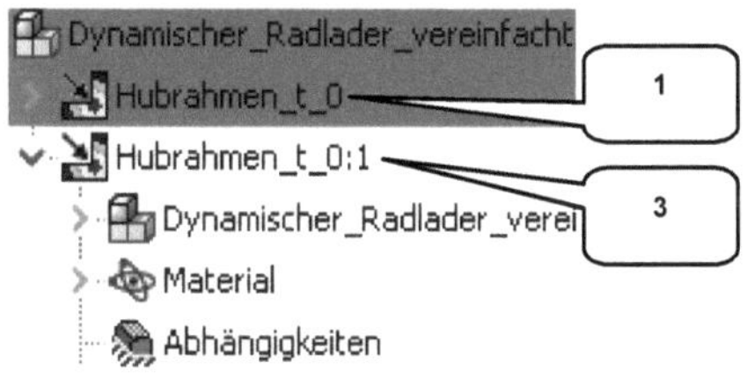

> **Rechte Maustaste** auf **Hubrahmen_t_0** (1)
> **Studie kopieren** (2)
> **Rechte Maustaste** auf **Kopie** (3)
> **Studieneigenschaften bearbeiten** (4)
> Name: Hubrahmen_t_0,91 (5)
> Zeitschritt: T:0,91 (6)
> OK **OK**

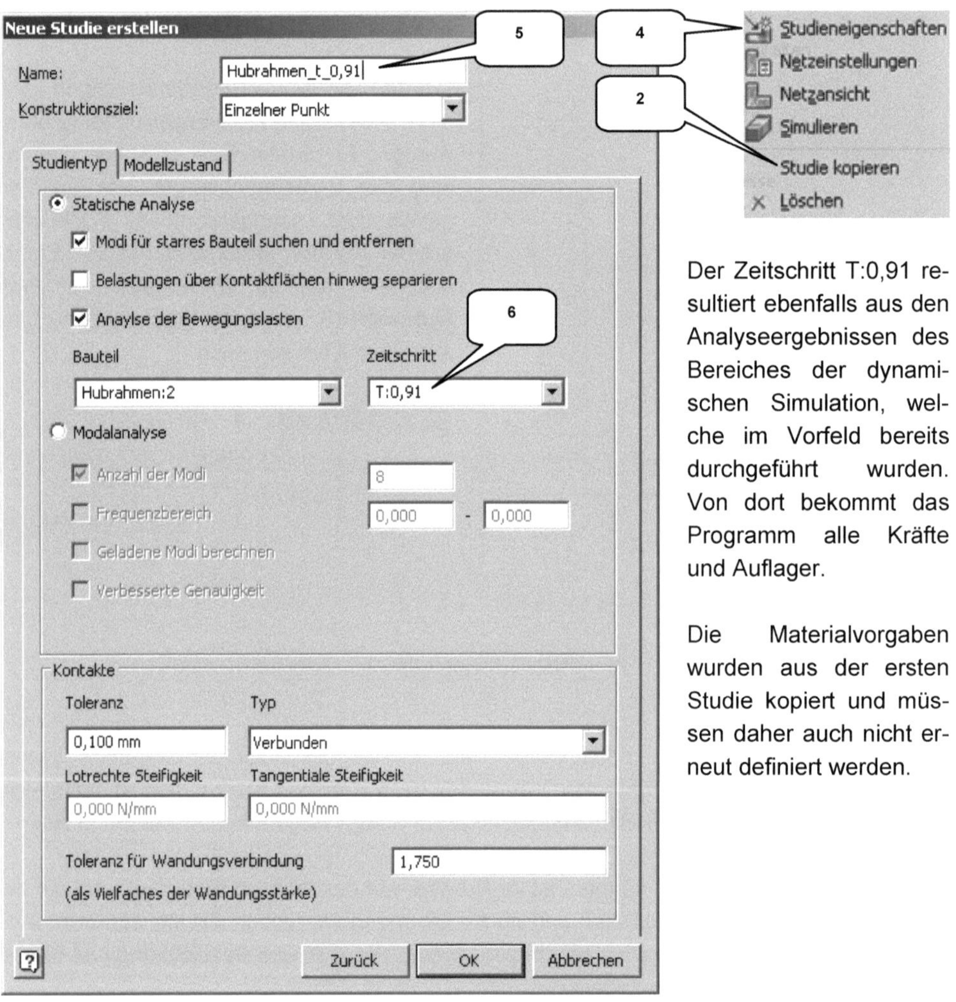

Der Zeitschritt T:0,91 resultiert ebenfalls aus den Analyseergebnissen des Bereiches der dynamischen Simulation, welche im Vorfeld bereits durchgeführt wurden. Von dort bekommt das Programm alle Kräfte und Auflager.

Die Materialvorgaben wurden aus der ersten Studie kopiert und müssen daher auch nicht erneut definiert werden.

HINWEIS: Sollte das Kopieren der Studie nicht zum gewünschten Ergebnis führen (die Kopie wird im Browser nicht erzeugt), so kann einfach eine neue Studie erzeugt werden. Das anschließende Definieren der Materialien darf dann allerdings nicht vergessen werden.

7.7.2   Simulation ausführen und aufzeichnen

Eine **Simulation** soll die Berechnungsergebnisse anhand der veränderten Lasten und Auflager ermitteln.

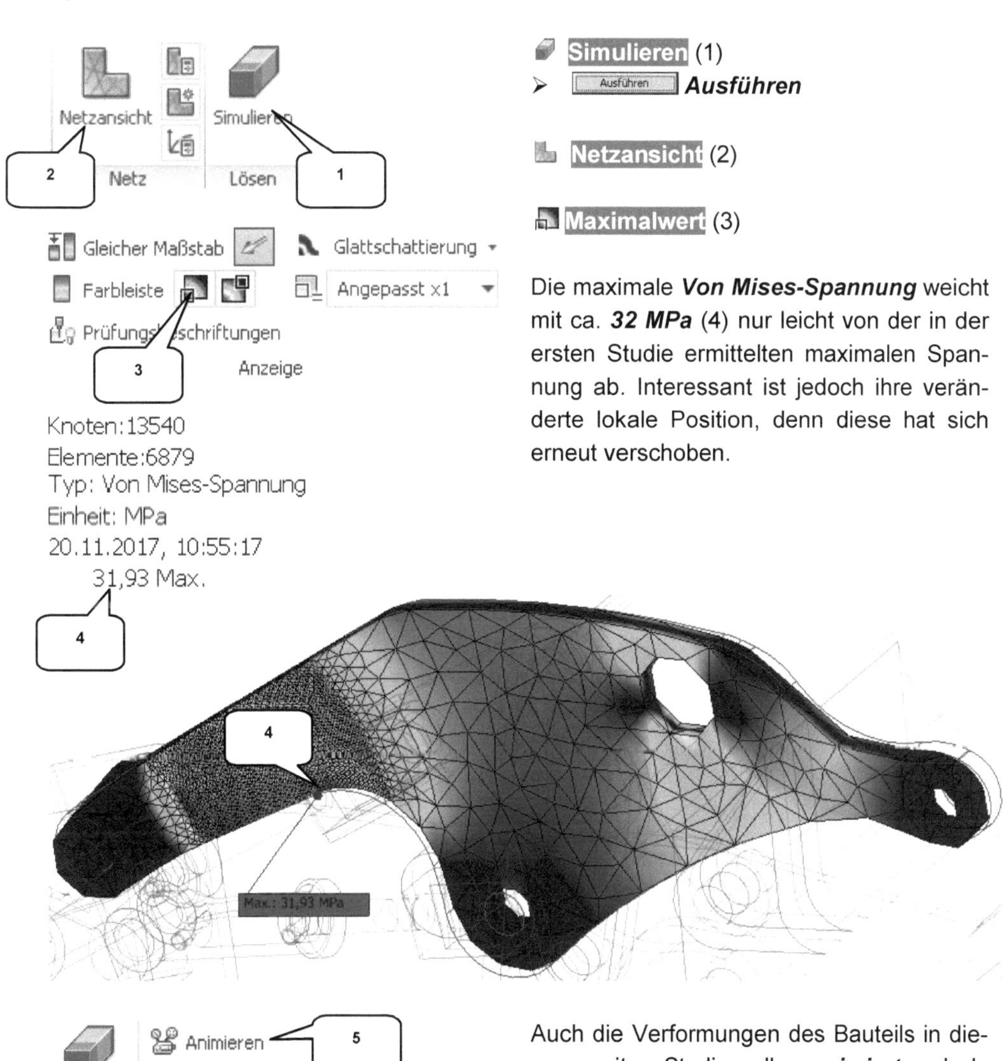

Simulieren (1)
> **Ausführen**   Ausführen

Netzansicht (2)

Maximalwert (3)

Die maximale **Von Mises-Spannung** weicht mit ca. **32 MPa** (4) nur leicht von der in der ersten Studie ermittelten maximalen Spannung ab. Interessant ist jedoch ihre veränderte lokale Position, denn diese hat sich erneut verschoben.

Auch die Verformungen des Bauteils in dieser zweiten Studie sollen **animiert** und als **Video** aufgezeichnet werden.

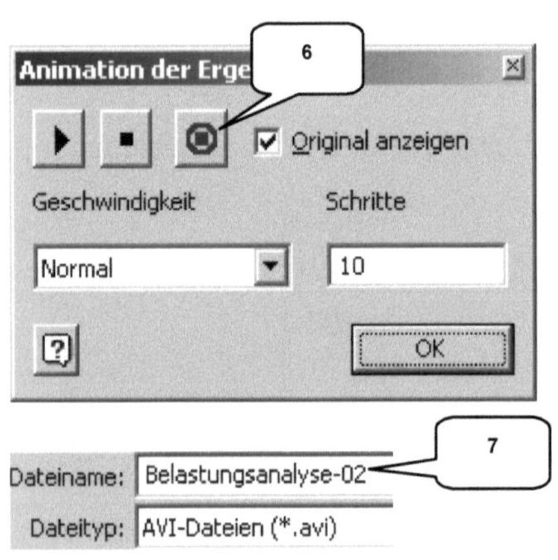

- **Animieren** (5)
  - ➢ **Aufnahme** (6)
  - ➢ Dateiname:
    Belastungsanalyse-02 (7)
  - ➢ Dateityp: *.avi
  - ➢ Speichern **Speichern**
  - ➢ Komprimierung: Microsoft Video 1
  - ➢ Qualität: 100 %
  - ➢ OK **OK**

Speichern (Baugruppe)

7.7.3 Rundungen von Studie ausschließen

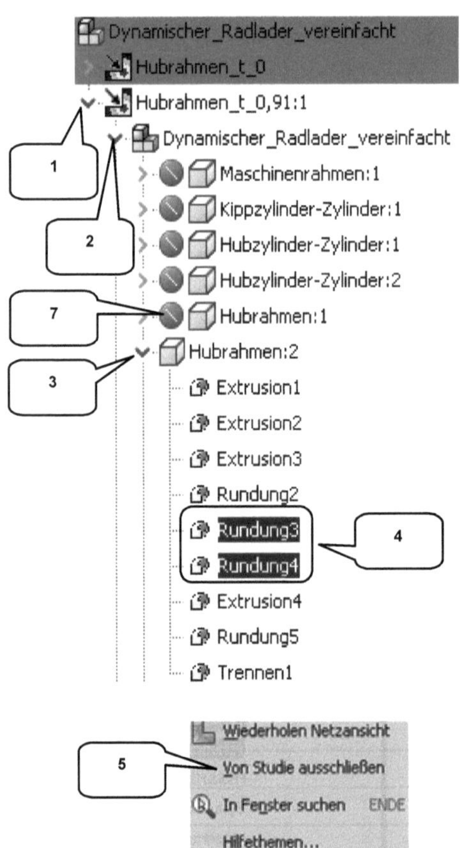

Um verschiedene Konstruktionsvarianten im Bereich der Belastungsanalyse miteinander vergleichen zu können, werden häufig verschiedene Bauteilvarianten konstruiert und analysiert. Oftmals sind es aber nur kleine Details einer Konstruktion, bei denen es nicht gewiss ist, ob sie zur Stabilität des Bauteils wesentlich beitragen. In solchen Fällen gibt es eine relativ schnelle Lösung: das *Ausschließen von Konstruktionsdetails* von einer Studie. Dabei können bestimmte geometrische Elemente (z. B. Extrusionen, Rundungen, Bohrungen usw.) für eine bestimmte Studie temporär deaktiviert werden.

In der folgenden Übung soll der *abgerundete Übergang* im Kontaktbereich der Bauteile Maschinenrahmen und Hubrahmen *unterdrückt* (von der Studie ausgeschlossen) werden, um im Vergleich zur bisherigen Konstruktion die Unterschiede in der Auswirkung der Studie in Erfahrung zu bringen.

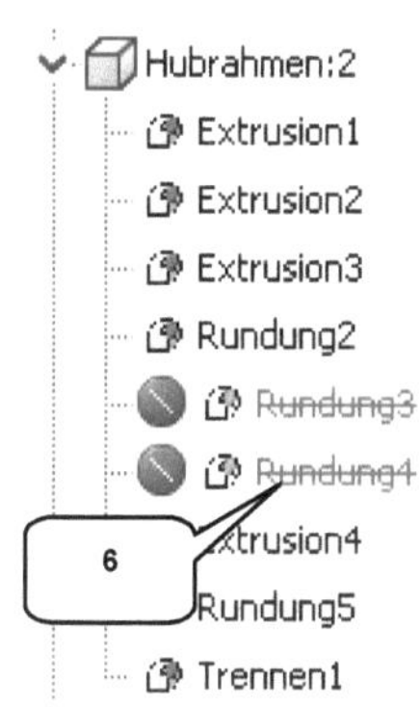

> Studie *Hubrahmen_t_0,91* erweitern (1)
> Baugruppe *Dynamischer_ Radlader_ vereinfacht* erweitern (2)
> Bauteil *Hubrahmen:2* erweitern (3)
> *Rundungen 3* und *4* markierten (4)
> *Rechte Maustaste* auf eine der markierten Rundungen
> *Von Studie ausschließen* (5)

Wurden die beiden Rundungen erfolgreich deaktiviert, so werden sie im Browser *grau* und *durchgestrichen* (6) dargestellt.

HINWEIS: Eventuell muss anstelle des Bauteils *Hubrahmen:2* das Bauteil *Hubrahmen:1* bearbeitet werden (es kommt darauf an welches Bauteil verwendet wurde). Der richtige Hubrahmen ist daran zu erkennen, dass ihm im Browser kein Symbol der ● *Ableitung* (7) vorangestellt wurde.

7.7.4 Simulation ausführen und aufzeichnen

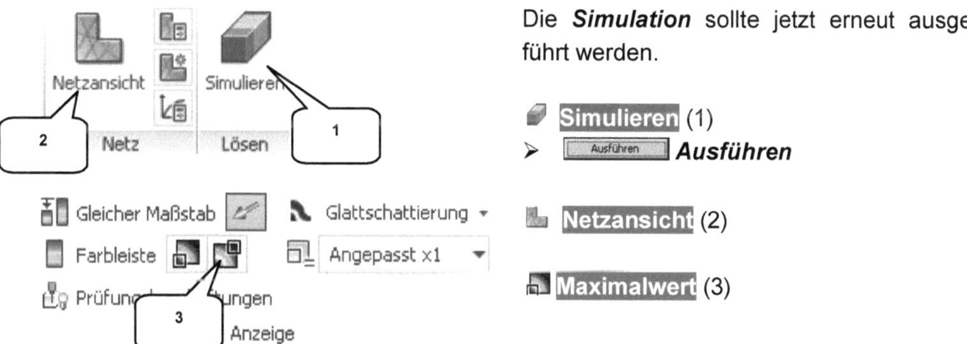

Die *Simulation* sollte jetzt erneut ausgeführt werden.

● **Simulieren** (1)
> **Ausführen** *Ausführen*

Netzansicht (2)

Maximalwert (3)

In den Berechnungsergebnissen ist festzustellen, dass die maximale *Von Mises-Spannung* mit ca. *39 MPa* (4) nur geringfügig von der vorherigen maximalen Spannung abweicht. Interessanter ist hier die erneut veränderte Position der maximalen Spannung. Sie tritt jetzt in einem Bereich auf, an dem vorher die Rundungen angeordnet waren. Würden die beiden Rundungen also konstruktiv entfernt werden, würde das zu einer Umverteilung des kritischen Bereiches führen, weil die Rundungen den Kraftfluss sehr gut in den inneren Bereich des Bauteils weiterleiten.

Auch dieses Simulationsergebnis soll animiert und als *Video* gespeichert werden. Die Baugruppe ist anschließend zu *speichern* und zu *schließen*.

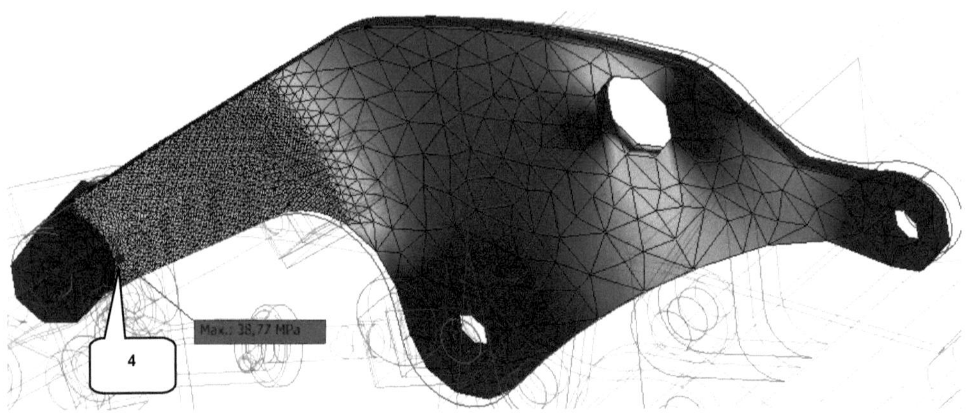

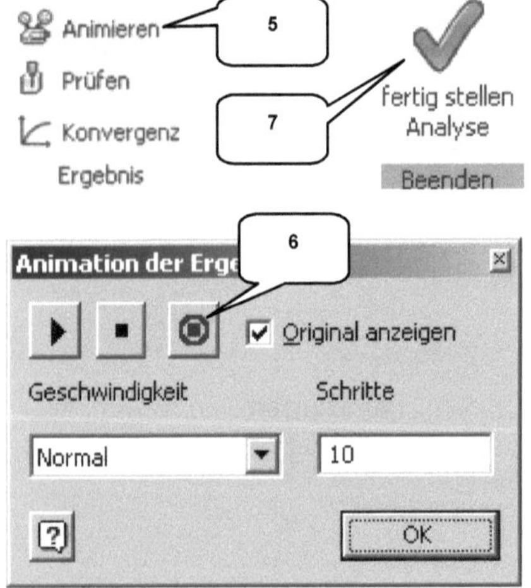

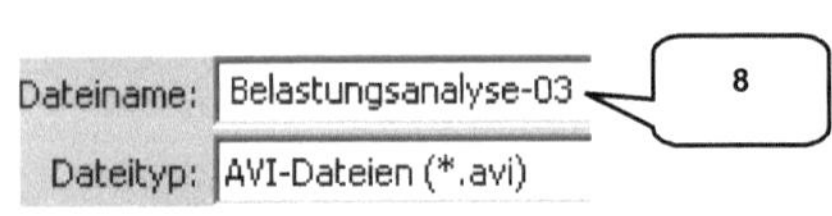

Animieren (5)

> *Aufnahme* (6)

> Dateiname:
> Belastungsanalyse-03 (7)

> Dateityp: *.avi

> **Speichern** *Speichern*

> Komprimierung: Microsoft Video 1

> Qualität: 100 %

> **OK** *OK*

Die Baugruppe kann jetzt *gespeichert* und *geschlossen* werden.

Fertigstellen (8)

Speichern (Baugruppe)
Schließen (Baugruppe)

8 Studien statisch unbestimmter Bauteile

8.1 Einzelpunkt-Studie erstellen
8.1.1 Bauteil HUBZYLINDER_KOLBEN öffnen

Als **statisch unbestimmt** werden in diesem Zusammenhang Bauteile bezeichnet, die nicht bereits durch vorhandene Kräfte und Auflager im Bereich der dynamischen Simulation (also durch die Randbedingungen einer komplexen Baugruppe) bestimmt wurden. Sie sind als einzelnes Bauteil (nicht aus einer Baugruppe heraus) geöffnet und in den Bereich der Belastungsanalyse übertragen worden. Sämtliche Randbedingungen müssen hier also erst noch definiert werden. Diese Vorgehensweise wird häufig verwendet, wenn ein Bauteil relativ schnell im Bereich der Belastungsanalyse analysiert werden soll.

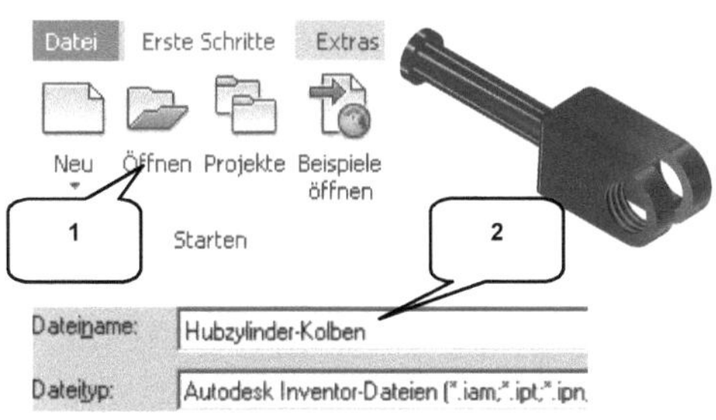

In der folgenden Übung soll der **Kolben** des **Hubzylinders** analysiert werden, wofür das Bauteil jetzt zu öffnen ist.

 **Öffnen** (1)
- ➢ Order: Projektordner wählen
- ➢ Dateiname: Hubzylinder-Kolben (2)
- ➢ Dateityp: *.ipt
- ➢ 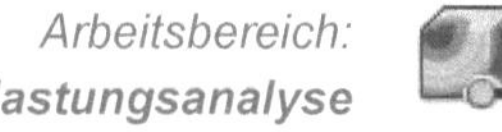 **Öffnen**

8.1.2 Umgebung der Belastungsanalyse aktivieren

Arbeitsbereich:
Belastungsanalyse

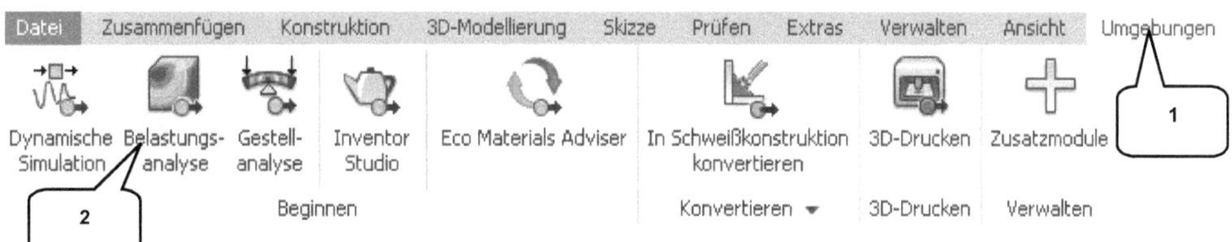

- ➢ Register **Umgebungen** (1)
- **Belastungsanalyse** (2)

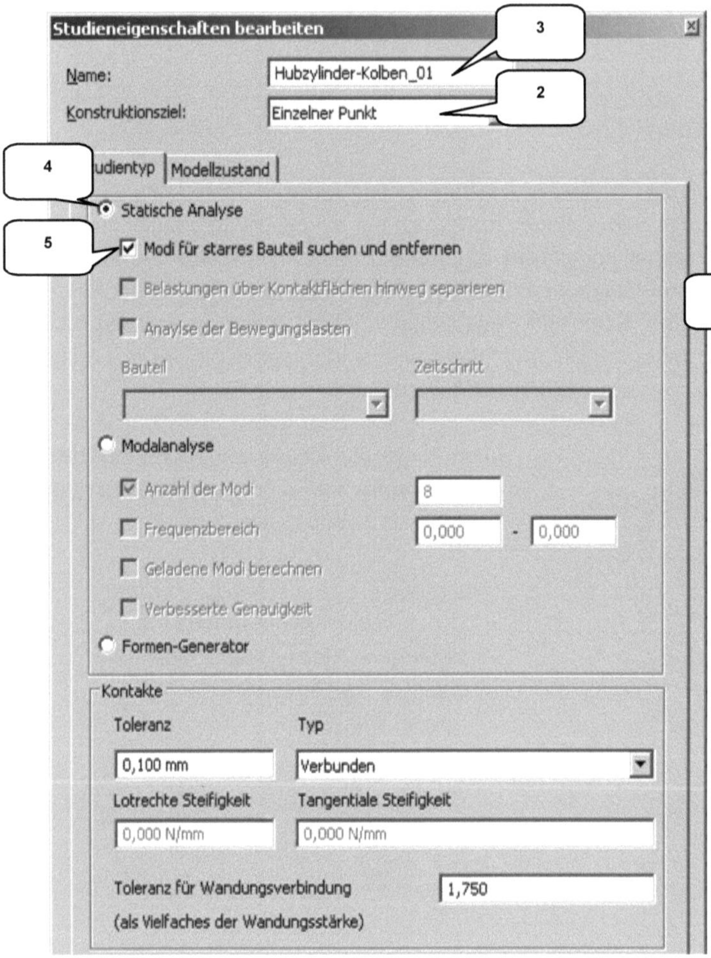

Im Bereich der Belastungsanalyse muss zunächst eine neue **Studie** in Form einer **statischen Einzelpunktanalyse** erstellt werden.

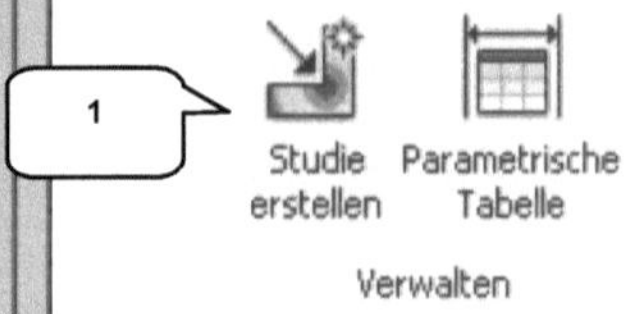

Neue Studie (1)

➢ Konstruktionsziel: Einzelner Punkt (2)

➢ Name: Hubzylinder-Kolben_01 (3)

➢ Studientyp: Statische Analyse (4)

➢ Aktivieren: Modi für starres Bauteil ... (5)

➢ `OK` **OK**

8.1.3 Materialien zuweisen

Für diese Studie soll dem Bauteil das **Material** Edelstahl mit der Bezeichnung **X105CrMo17** (amerikanische Bezeichnung: **440 C**) zugeordnet werden.

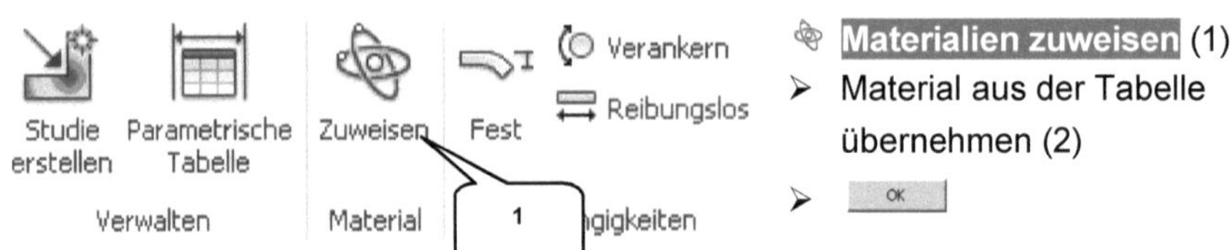

Materialien zuweisen (1)

➢ Material aus der Tabelle übernehmen (2)

➢ `OK`

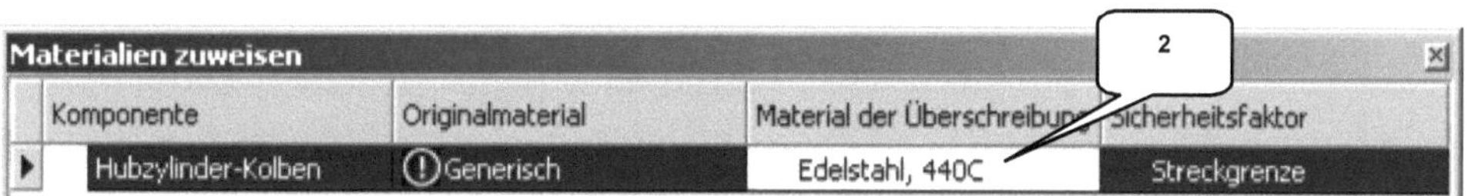

8.2 Belastungen platzieren
8.2.1 Grundlagen: Kraft und Druck

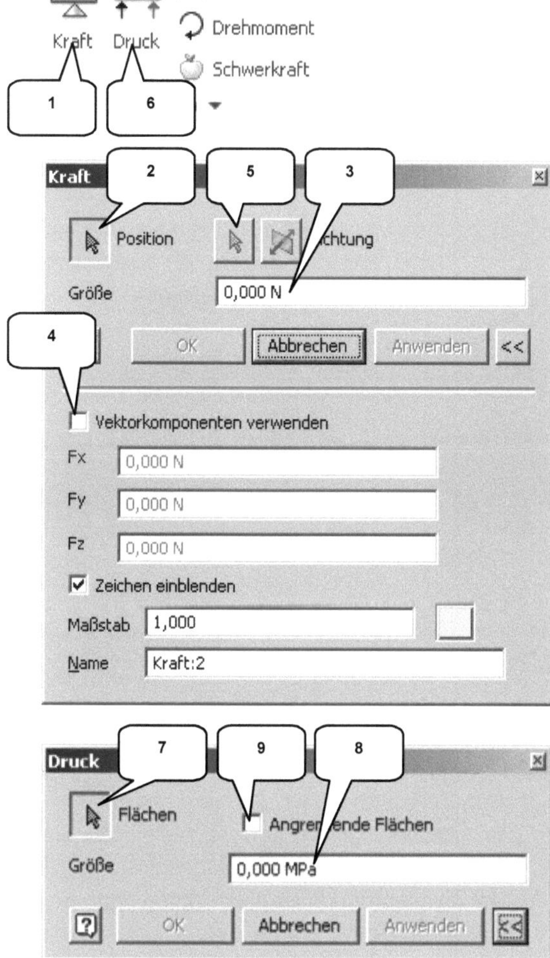

Kraft (1)

Der Befehl *Kraft* ermöglicht das Platzieren einer Kraft, die von außen auf ein Bauteil wirkt. Sie kann entweder auf einer Fläche, einer Kante oder auch einer Ecke positioniert werden (2). Ihre Größe kann entweder über das entsprechende Eingabefeld (3), oder über die Vektorkomponenten (4) definiert werden. Die Wirrichtung einer Kraft kann über die Vektorkomponenten oder entlang einer Körperkante (5) definiert werden.

Druck (6)

Um einen *Druck* auf eine Fläche auszuüben, muss die Fläche (7) ausgewählt und ihre Größe (8) definiert werden. Ihre Wirkrichtung ist generell lotrecht zur Bauteiloberfläche (bei nichtplanaren Flächen lotrecht zu jeweiligen Tangente eines Flächenpunktes). Weiterhin kann definiert werden, ob tangential an die ausgewählte Bauteiloberfläche angrenzende Flächen ebenfalls mit einem Druck zu beaufschlagen sind (9).

8.2.2 Grundlagen: Lagerbelastung und Drehmoment

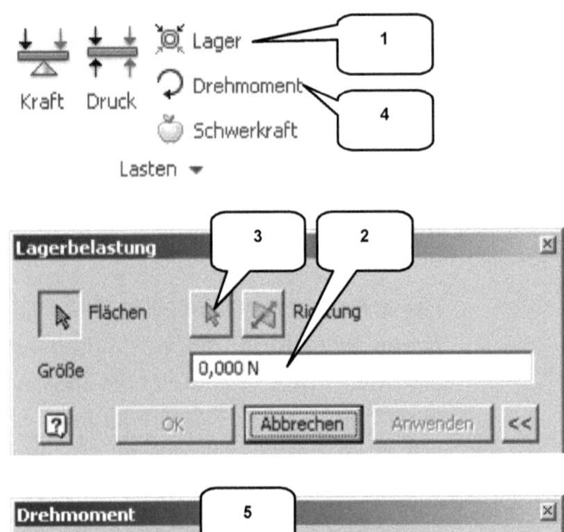

☒ **Lagerbelastung** (1)

Bei einer ***Lagerbelastung*** werden zylindrische Bauteiloberflächen mit einer Kraft (2) versehen, deren Wirrichtung entweder entlang einer Körperkante (3) oder anhand von Vektorkomponenten definiert werden kann.

↻ **Drehmoment** (4)

Drehmomente können auf Bauteiloberflächen, Kanten und Ecken platziert werden. Ihre Rotationsachse wird über eine Körperkante (5) oder mittels Vektorkomponenten definiert.

8.2.3 Grundlagen: Schwerkraft

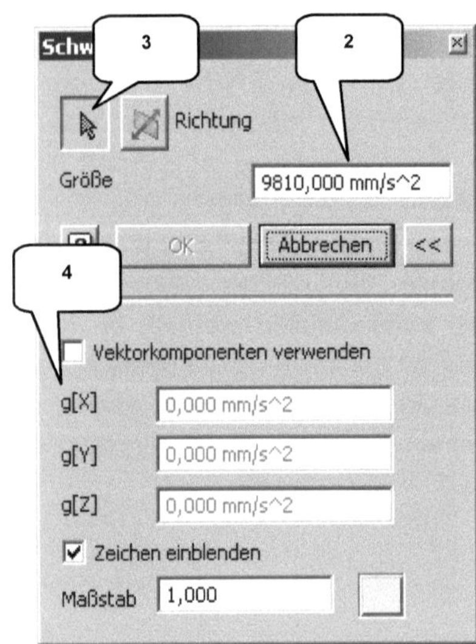

☺ **Schwerkraft** (1)

Zur Berechnung der ***Schwerkraft*** müssen im gleichnamigen Befehlsfenster Größe (2) und Richtung der Normalfallbeschleunigung definiert werden. Ihre Wirrichtung kann dabei entlang einer Körperkante (3) oder aber anhand von Vektorkomponenten (4) definiert werden.

8.2.4 Grundlagen: Externes Kraftmoment

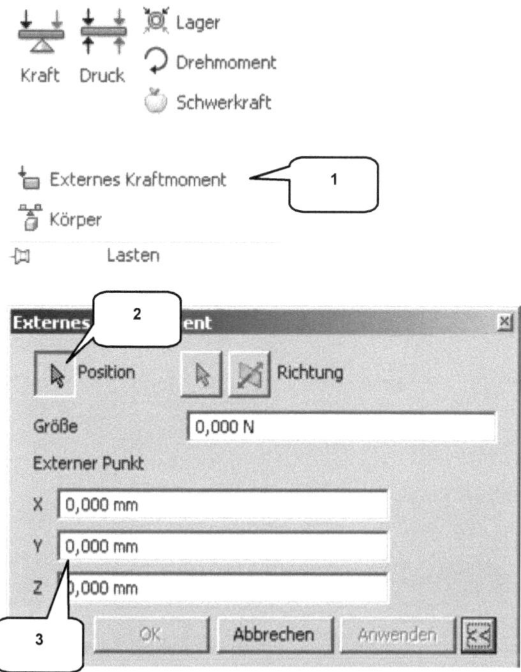

Externes Kraftmoment (1)

Externe Kraftmomente können wie normale Drehmomente auf Bauteiloberflächen platziert und ihre Wirkrichtung durch die Vorgabe einer Körperkante (2) oder einer zylindrischen Fläche (zur Ermittlung der Rotationsachse), oder durch die Vorgabe von Vektorkomponenten definiert werden. Weiterhin kann der Kraftangriffspunkt des Moments (3) über die Vorgabe eines Koordinatenpunktes (X, Y, Z) definiert werden (Simulation einer theoretischen Punktlast).

8.2.5 Grundlagen: Körperlasten

Körperlasten (1)

Mit dem Befehl ***Körperlasten*** können Beschleunigungs- und Zentrifugalkräfte in eine Simulation integriert werden. ***Beschleunigungskräfte*** werden im Register ***Linear*** (2) definiert. Dort können Größe und Wirkrichtung definiert werden, sobald die Option aktiviert wurde (3).

Wenn Zentrifugalkräfte in die Simulation mit einbezogen werden sollen, muss das Register ***Winkel*** (4) geöffnet und die Option aktiviert werden (5). Hier können entweder konstante Zentrifugalkräfte oder beschleunigte Zentrifugalkräfte anhand einer Körperkante oder mittels Vektorkomponenten definiert werden.

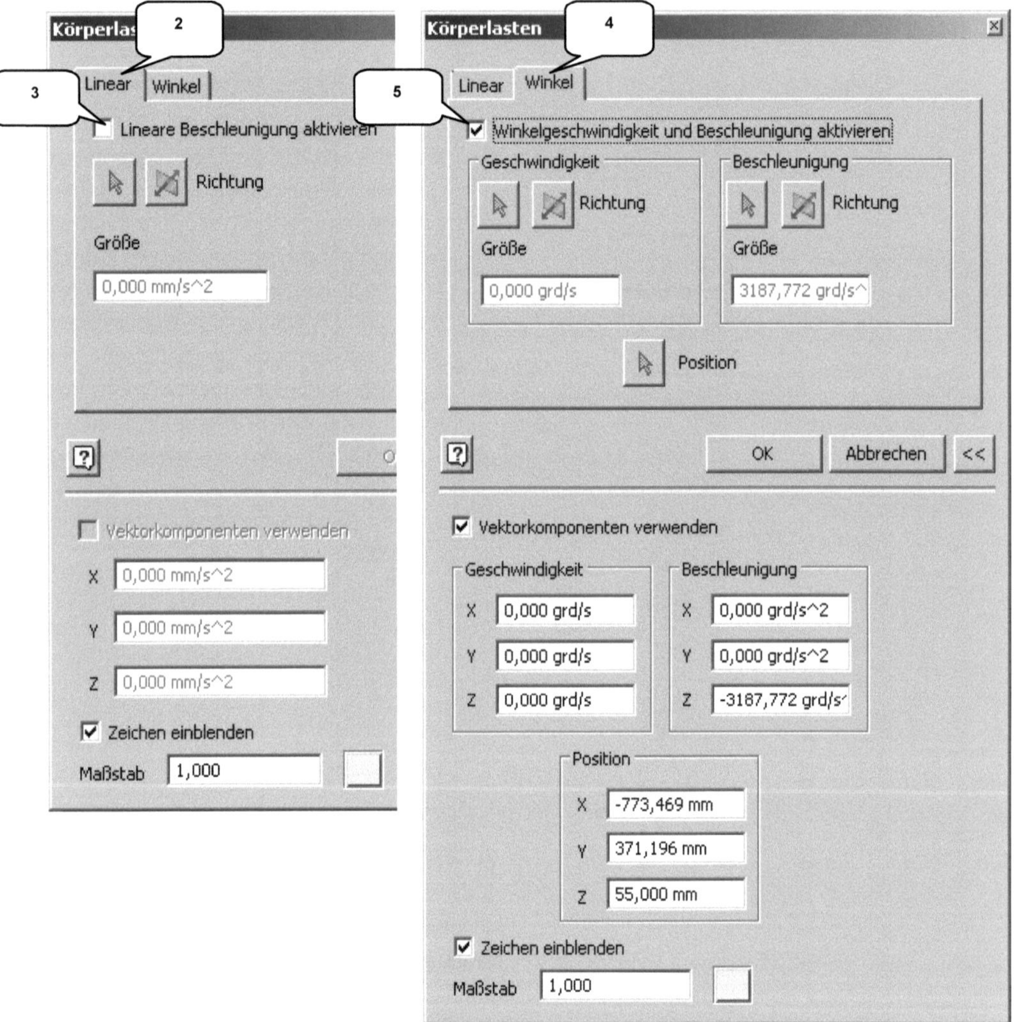

8.2.6 Einspann- und Belastungssituation des Bauteils KOLBEN

Um das Bauteil simulieren zu können, müssen vorab alle zur Berechnung relevanten Randbedingungen über die Analyse der Einspann- und Belastungssituation des Kolbens bestimmt werden.

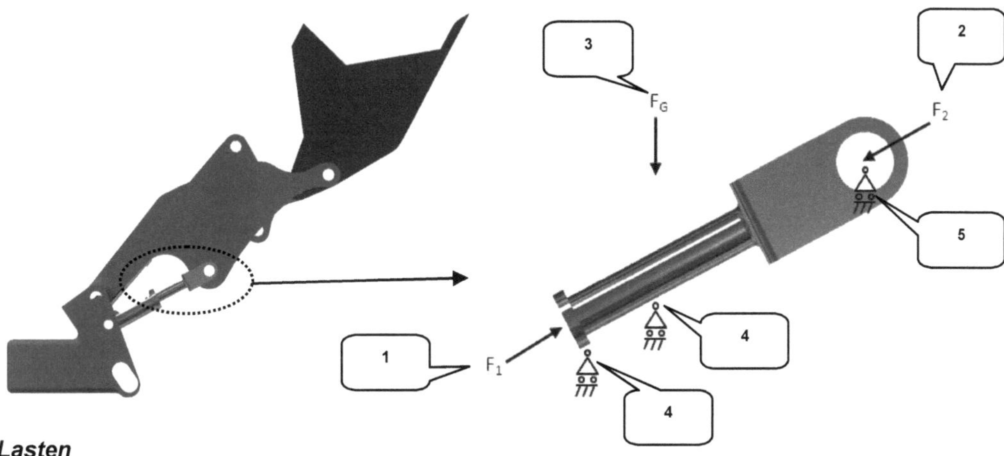

Lasten

1) Der Kolben wird mit einer Kraft F_1 (1) belastet, welche in Richtung des Hubrahmens wirkt. Sie soll mit **500 N** angenommen werden.
2) Der Kolben wird weiterhin durch den Hubrahmen in Form einer Lagerkraft F_2 belastet (2). Sie wirkt mit **500 N** in entgegengesetzter Richtung zu F_1.
3) Die auf das Bauteil wirkende Gewichtskraft F_G (3) kann vernachlässigt werden.

Auflager

1) Der Kolben wird gleitend im **Zylinder** geführt (4).
2) Der Kolben ist über ein **Drehgelenk** mit dem Hubrahmen verbunden (5).

8.2.7 *Kraft zwischen KOLBEN und ZYLINDER platzieren*

Nachdem die Lasten und Auflager bestimmt wurden, sollen diese auf den Kolben übertragen werden. Im ersten Schritt ist die Kraft F_1 zu platzieren und auszurichten. Sie wirkt zwischen den Bauteilen Zylinder und Kolben und soll den Kolben axial in Richtung des Hubrahmens drücken. Lediglich Fläche und Größe der Kraft sind zu definieren, ihre Wirkrichtung selbst musst nicht weiter präzisiert werden, denn die Kraft wird vom Programm aufgrund der Auswahl einer planaren Fläche automatisch lotrecht zur Kraftangriffsfläche angenommen.

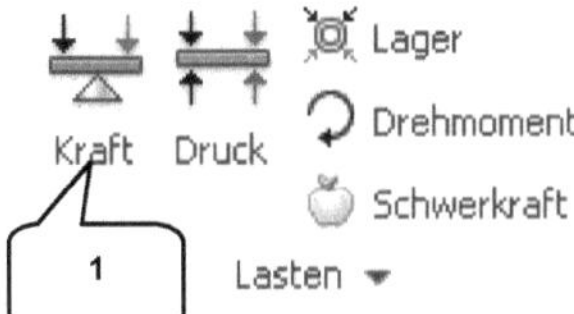

> Kraft (1)
> ➢ Flächen: Markierte Fläche wählen (2)
> ➢ Größe: 500 N (3)
> ➢ OK **OK**

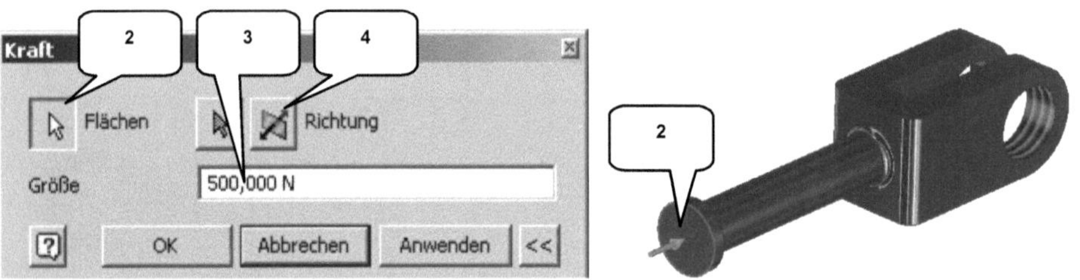

HINWEIS: Sollte die Wirkrichtung der Kraft unerwartet vom Bauteil weg zeigen, so kann die Richtung mit der **_Umschalttaste_** (4) korrigiert werden.

8.2.8 Simulation ausführen und aufzeichnen

Obwohl das Bauteil zum aktuellen Zeitpunkt statisch nicht bestimmt ist, soll eine erste **_Simulation_** durchgeführt und die Reaktion des Programms betrachtet werden.

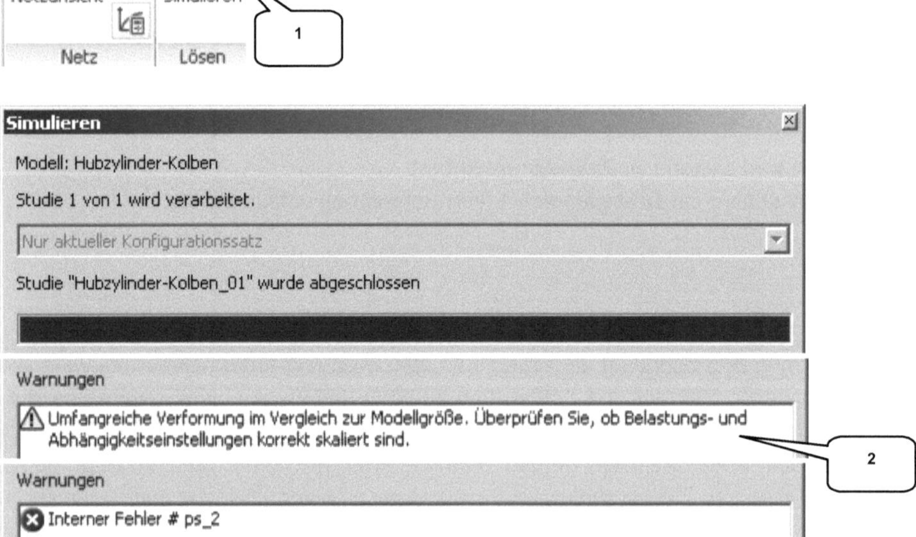

Mit der oberen Fehlermeldungen (2) weist das Programm darauf hin, dass aufgrund der noch unvollständig definierten Lasten und Abhängigkeiten eine fehlerhafte Interpretation der Analyseergebnisse sehr wahrscheinlich ist (falsche Ergebnisse). Beendet man die Fehlermeldungen wieder, so wird das Programm die Berechnungen trotzdem ausführen.

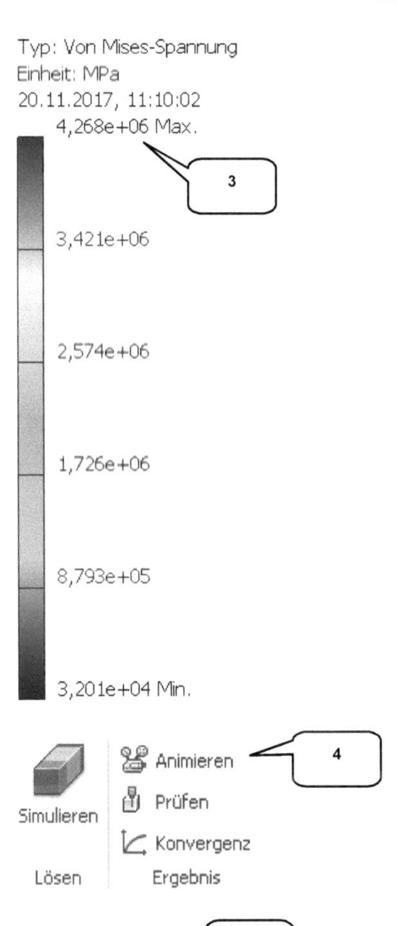

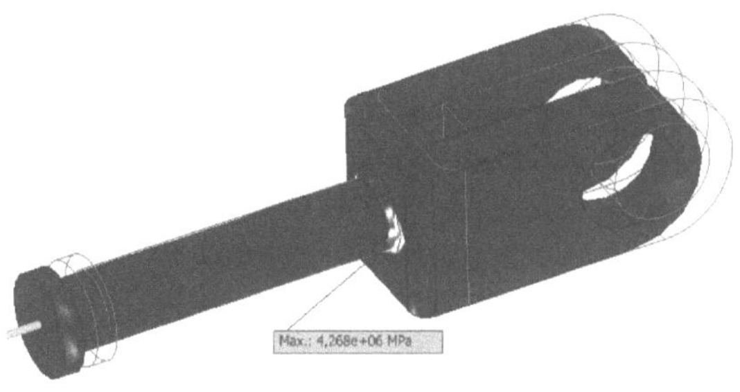

Betrachtet man die Berechnungsergebnisse (z. B. die Von Mises-Spannung) so ist zu erkennen, dass die ermittelten Resultate unbrauchbar sein müssen, denn das Programm ermittelt eine maximale Spannung von über 4 Millionen MPa (3).

Trotz allem soll der Bewegungsablauf **animiert** und als **Video** aufgezeichnet werden.

Animieren (4)
- > **Aufnahme** (5)
- > Dateiname:
     Belastungsanalyse-04 (6)
- > Dateityp: *.avi
- > Speichern **Speichern**
- > Komprimierung: Microsoft Video 1
- > Qualität: 100 %
- > OK **OK**

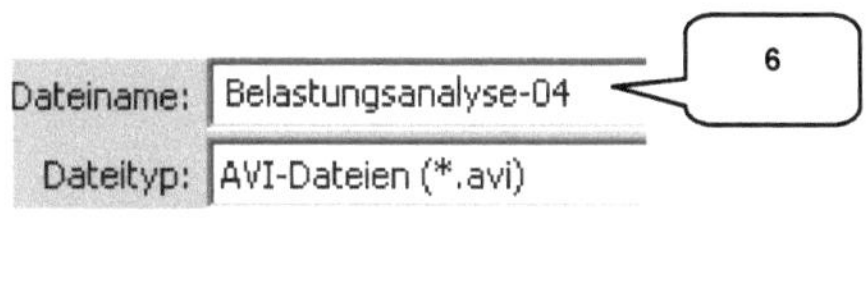

8.2.9 Lagerkraft zwischen KOLBEN und HUBRAHMEN platzieren

Als Gegenkraft soll in den beiden zylindrischen Bohrungsflächen des Kolbens (Gelenkverbindung zwischen Hubrahmen und Kolben) eine *Lagerkraft F_2* platziert werden, welche mit gleicher Größe der Kraft *F_1* entgegenwirkt um das statische Gleichgewicht herzustellen. Die Wirkrichtung ist daher in Richtung der Z-Achse zu definieren.

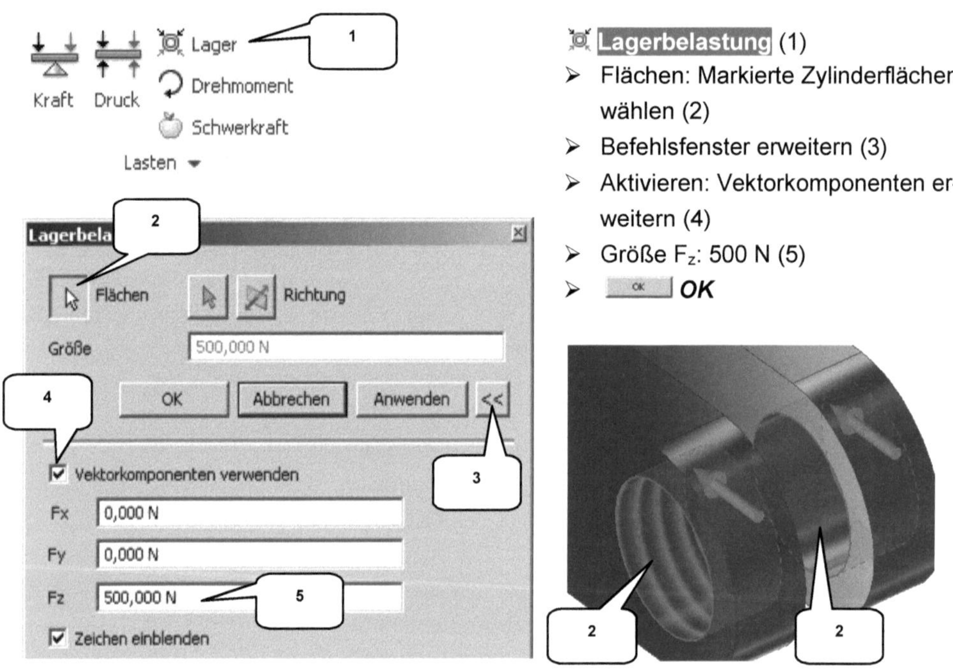

Lagerbelastung (1)
- Flächen: Markierte Zylinderflächen wählen (2)
- Befehlsfenster erweitern (3)
- Aktivieren: Vektorkomponenten erweitern (4)
- Größe F_z: 500 N (5)
- _{OK} **OK**

8.2.10 Simulation ausführen und aufzeichnen

Ob die zuletzt platzierte Kraft das System statisch bestimmt hat, soll in einer *Simulation* überprüft werden.

Simulieren (1)
- _{Ausführen} **Ausführen**

Maximalwert (2)

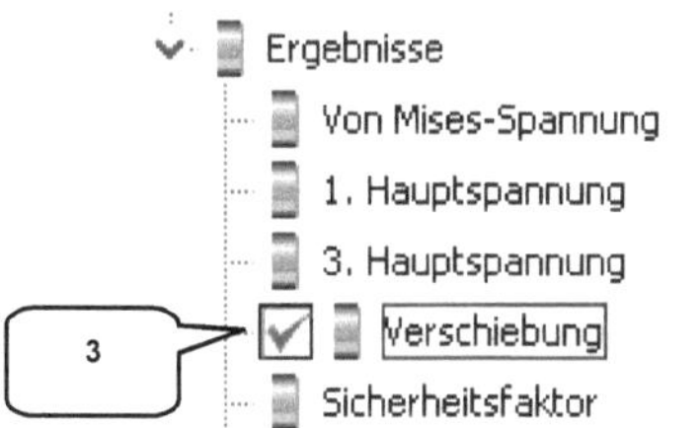

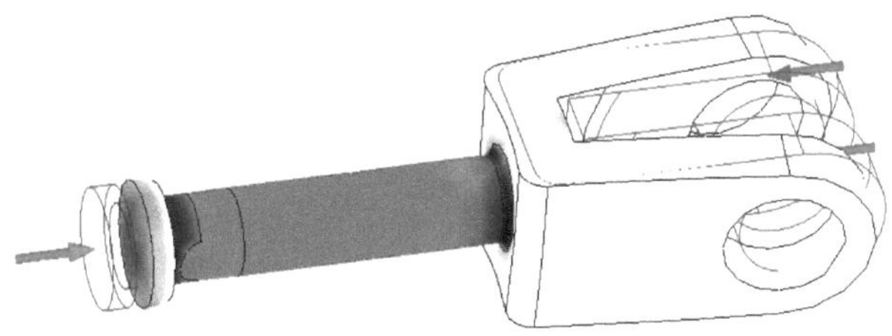

> Doppelklick auf **Verschiebung** (3)

Die Simulation müsste jetzt ohne eine Fehlermeldung vom Programm durchgeführt worden sein. Auch die Berechnungsergebnisse sollten einen akzeptablen Wert erreicht haben. Die ermittelte maximale Verschiebung müsste sich um den Wert von ca. **0,002 mm** bewegen (4).

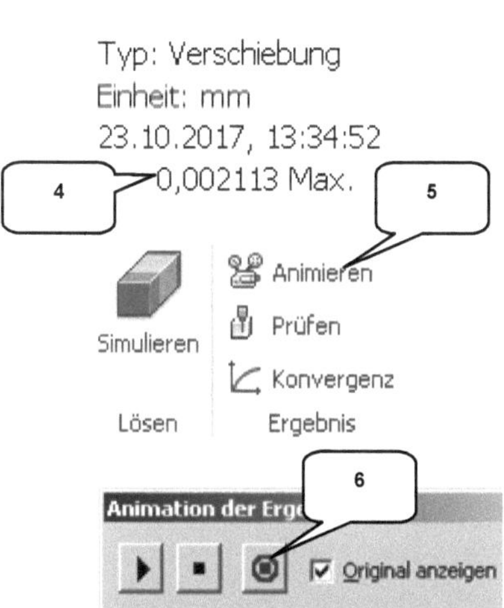

Der Bewegungsablauf soll *animiert* und als *Video* gespeichert werden.

> **Animieren** (5)
> > **Aufnahme** (6)
> Dateiname:
> Belastungsanalyse-05 (7)
> Dateityp: *.avi
> Speichern **Speichern**
> Komprimierung: Microsoft Video 1
> Qualität: 100 %
> OK **OK**

Fertigstellen
Speichern (Bauteil)

8.3 Kontaktflächen bearbeiten
8.3.1 Baugruppe DYNAMISCHER_RADLADER_VEREINFACHT öffnen

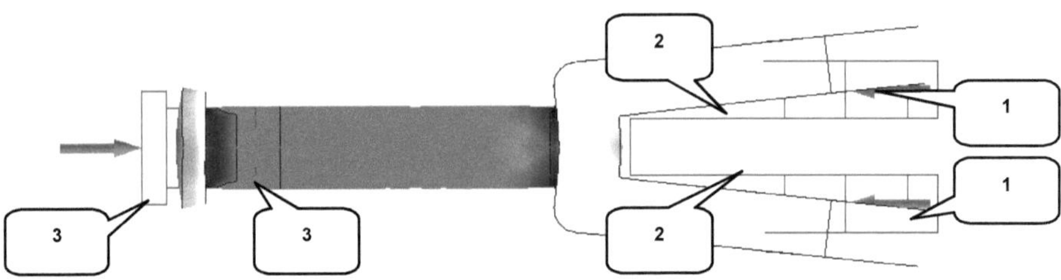

Betrachtet man den Kolben aus der Draufsicht, so ist zu erkennen, dass die beiden Gabelzinken des Kolbens auseinandergebogen werden (1). Dieses Bewegungsprofil entsteht dadurch, dass außer den beiden Kräften noch keine weiteren Randbedingungen (wie z. B. Auflager) definiert wurden. Das Programm kann zum aktuellen Zeitpunkt noch nicht wissen, dass derartige Bewegungen des Kolbens aufgrund äußerer Abhängigkeiten nicht oder nur begrenzt möglich sind. Um diesen Fehler zu korrigieren, müssen zusätzliche Abhängigkeiten platziert werden. Z. B. müssen die beiden Gabelzinken des Kolbens durch Flächenabhängigkeiten im inneren Bereich (2) befestigt und die zylindrischen Flächen des Kolbens im Kontaktbereich zum Zylinder (3) mit einer zylindrischen Abhängigkeit versehen werden.

Leider können diese Auflager und Abhängigkeiten nur exakt platziert werden, wenn der Kolben vorab bearbeitet wird. Die Kontaktflächen zwischen den einzelnen Bauteilen (z. B. Kolben und Zylinder oder Kolben und Hubrahmen bzw. Kolben und Kolbenbolzen) müssen präzisiert werden, weil eine derartige Selektion bestimmter Teilflächen einer Oberfläche direkt im Bereich der Belastungsanalyse nicht möglich ist (das Programm würde ausschließlich die Auswahl von Oberflächen akzeptieren, die bereits im Bauteil selbst definiert wurden).

Um den Kolben bearbeiten zu können, sollte das Bauteil gespeichert und vorerst geschlossen werden, denn bearbeitet werden soll es direkt aus der zugehörigen Baugruppe heraus.

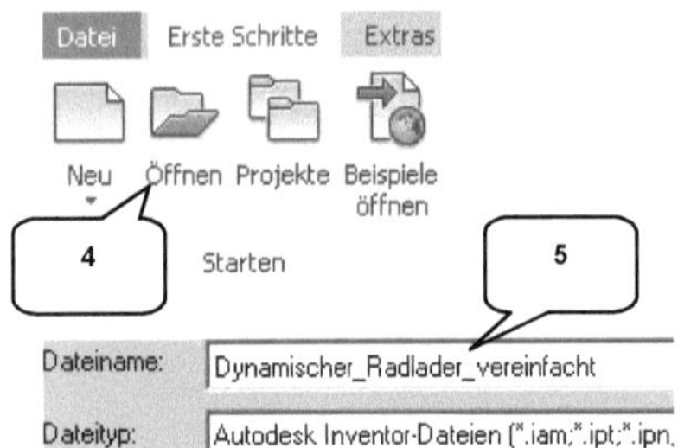

✕ **Schließen** (Bauteil)

📂 **Öffnen** (4)
> Order: Projektordner wählen
> Dateiname:
  Dynamischer_Radlader_vereinfacht (5)
> Dateityp: *.iam
> Öffnen **Öffnen**

8.3.2 Bauteile isolieren

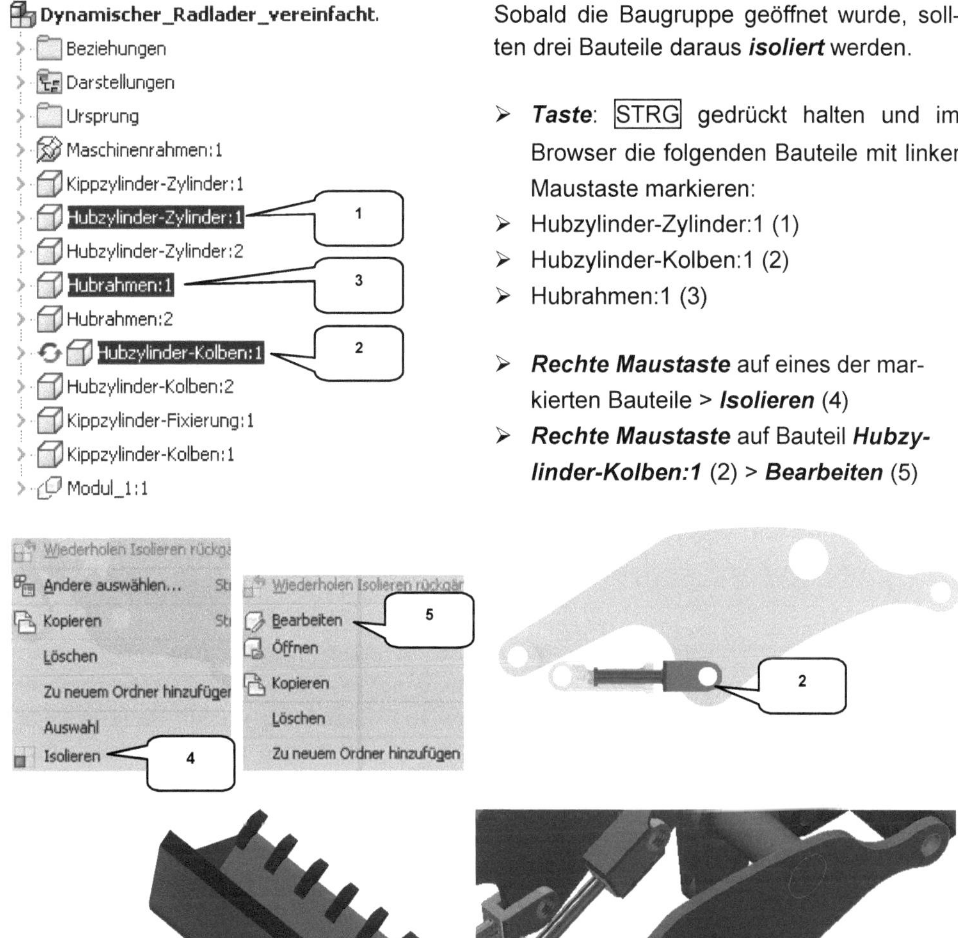

Sobald die Baugruppe geöffnet wurde, sollten drei Bauteile daraus *isoliert* werden.

> *Taste*: STRG gedrückt halten und im Browser die folgenden Bauteile mit linker Maustaste markieren:
> Hubzylinder-Zylinder:1 (1)
> Hubzylinder-Kolben:1 (2)
> Hubrahmen:1 (3)

> *Rechte Maustaste* auf eines der markierten Bauteile > *Isolieren* (4)
> *Rechte Maustaste* auf Bauteil *Hubzylinder-Kolben:1* (2) > *Bearbeiten* (5)

HINWEIS: Die Bearbeitung muss zwingend aus der Baugruppe heraus erfolgen, weil die folgend zu projizierenden Konturen ansonsten nicht vorhanden wären.

8.3.3 Kontaktflächen präzisieren

Im Bearbeitungsbereich des Kolbens angelangt, soll mit der Präzisierung der ersten Fläche begonnen werden. Hierfür ist auf der markierten Oberfläche eine neue **2D-Skizze** zu erstellen um dort die Kontur des Hubrahmens hinein zu **projizieren**.

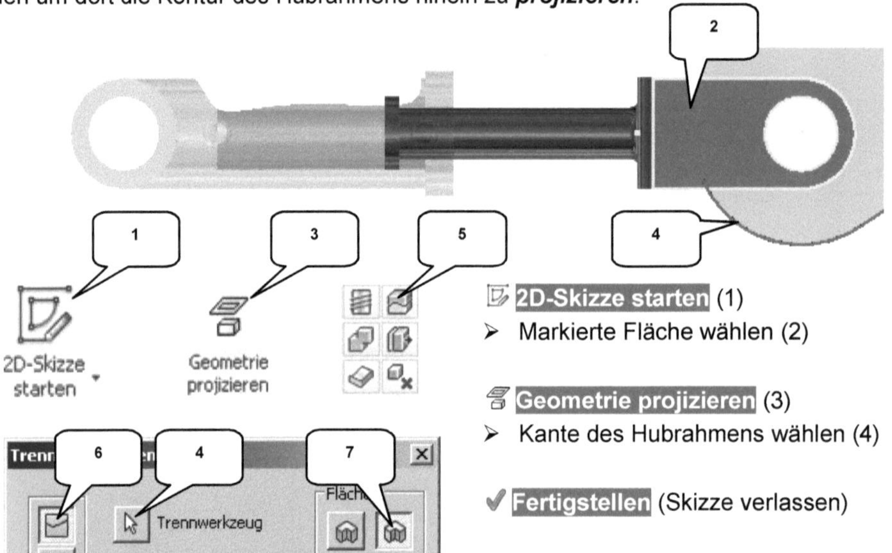

🖉 **2D-Skizze starten** (1)
> Markierte Fläche wählen (2)

🗐 **Geometrie projizieren** (3)
> Kante des Hubrahmens wählen (4)

✔ **Fertigstellen** (Skizze verlassen)

Die projizierte Körperkante des Hubrahmens soll jetzt dazu verwendet werden, die genaue Kontaktfläche der Bauteile Hubrahmen und Kolben auf dem Kolben abzubilden und die Fläche zu separieren. Dieser Schritt ermöglicht es später, genau diese Teilfläche im Bereich der Belastungsanalyse als Kontaktfläche auswählen zu können.

🖉 **Trennen** (5)
> Option: Fläche trennen (6)
> Fläche: Auswählen (7)
> Trennwerkzeug: Projizierte Kante (4)
> Flächenauswahl: <u>Beide</u> Flächen im Inneren der Gabelzinken wählen (8)
> ▭ **OK**

✔ **Fertigstellen** (Skizze verlassen)

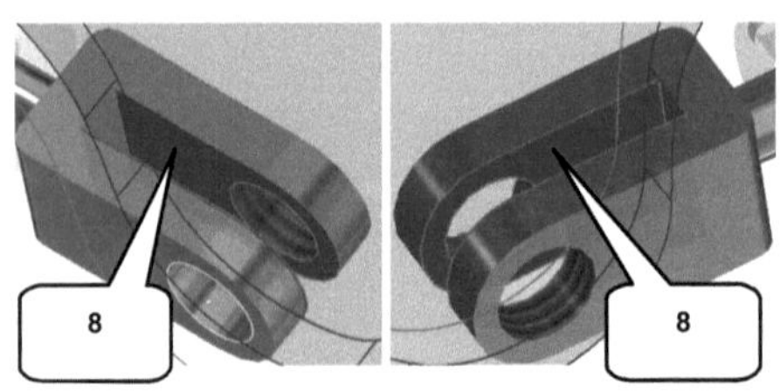

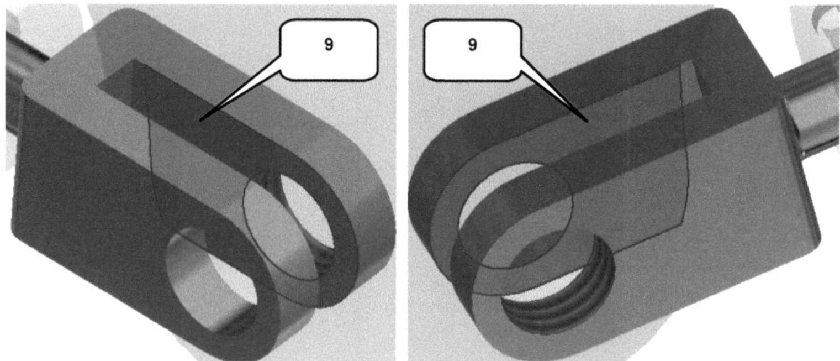

Um zu überprüfen ob das Trennen der Flächen funktioniert hat, können die betroffenen Flächen (9) mit dem Mauspfeil überfahren werden. Sie müssten sich jetzt deutlich hervorheben.

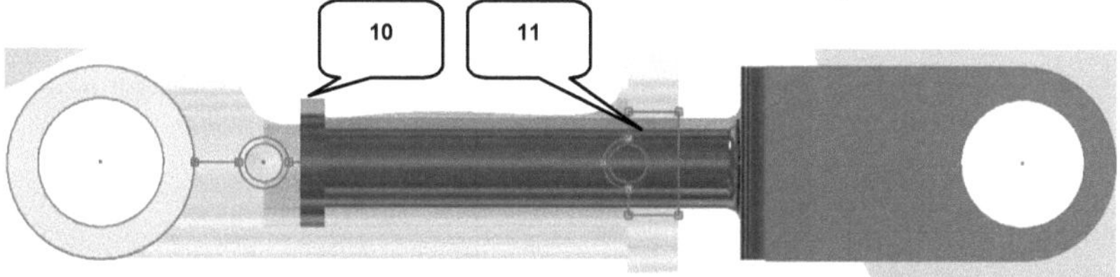

Auch der Kontaktbereich zwischen Zylinder und Kolben muss präzisiert werden. Genau genommen sind es zwei Kontaktflächen die den Kolben im Zylinder führen. Zum einen besitzt der Kolben im markierten Bereich (10) ein zylindrisches Segment mit einem etwas größeren Durchmesser. Diese Fläche muss nicht weiter bearbeitet werden, weil sie umfänglich im Bereich der Belastungsanalyse als Kontaktfläche definiert werden kann.

Zum anderen wird der Kolben über die markierte Fläche (11) im Zylinder geführt. Weil die Schnittmenge der Kontaktbereiche von Kolben und Zylinder nur einen kleinen Anteil der Gesamtfläche umfasst, muss diese Fläche ebenfalls präzisiert werden. Je nach Lage des Kolbens im Zylinder variiert die Position dieser Kontaktfläche allerdings (sie kann also durchaus von dieser Darstellung hier abweichen).

Auf der bereits verwendeten Bauteiloberfläche des Kolbens muss erneute eine 2D-Skizze erzeugt werden, worin diesmal die Kontur des Zylinders zu projizieren ist. Auch diese projizierte Kontur ist danach dazu zu verwenden, die Kontaktfläche in diesem Bereich zwischen Kolben und Zylinder zu trennen.

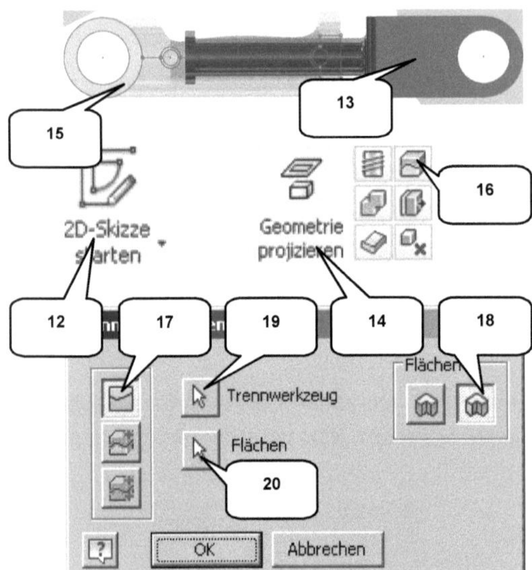

2D-Skizze starten (12)
> Markierte Fläche wählen (13)

Geometrie projizieren erweitern (14)

Schnittkanten projizieren
> Markierten Zylinder wählen (15)

Fertigstellen (Skizze verlassen)

Trennen (16)
> Option: Fläche trennen (17)
> Option: Auswählen (18)
> Trennwerkzeug: Projizierte Kontur (19)
> Flächen: Zylinder des Kolbens (20)
> **OK** *OK*

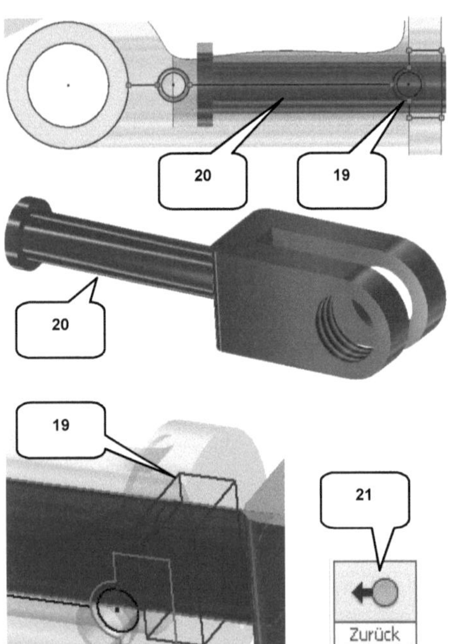

Zur Überprüfung der erfolgreichen Trennung der Bauteiloberfläche kann auch diesmal wieder mit dem Mauspfeil über die entsprechende Bauteiloberfläche gefahren werden. Die separierte Fläche sollte sich auch diesmal deutlich hervorheben.

Die Bearbeitung des Kolbens kann damit abgeschlossen und die *Isolierung* der drei Bauteile wieder rückgängig gemacht werden.

Die Baugruppe und insbesondere der Kolben sind abschließend zu *speichern* und zu *schließen*.

Zurück (zum Baugruppenbereich) (21)

> *Rechte Maustaste* auf den Hintergrund des Zeichenbereiches
> *Isolieren rückgängig* (22)

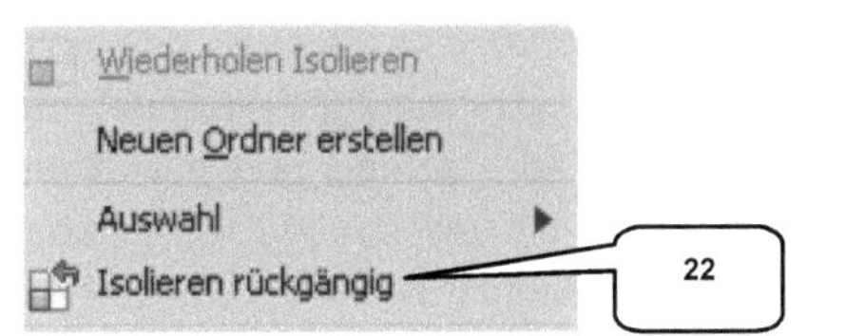

Speichern (Baugruppe)
> **Ja für alle**
> **OK**

Schließen (Baugruppe)

8.3.4 Bauteil KOLBEN öffnen

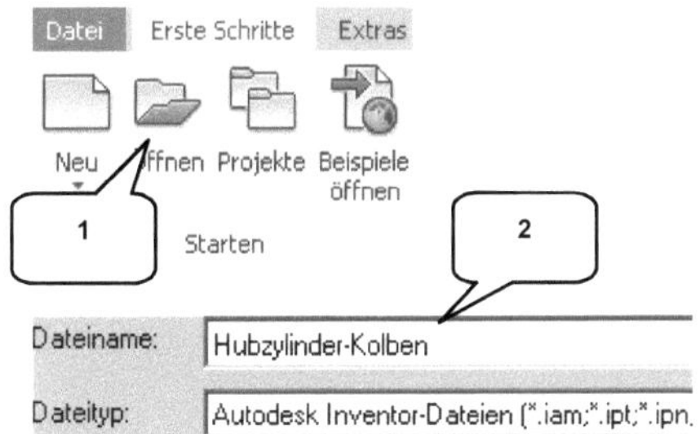

Das Bauteil **Hubzylinder-Kolben** kann jetzt wieder direkt geöffnet werden.

Öffnen (1)
> Order: Projektordner wählen
> Dateiname: Hubzylinder-Kolben (2)
> Dateityp: *.ipt
> **Öffnen**

8.4 Kontaktflächen zwischen KOLBEN und HUBRAHMEN def.
8.4.1 Grundlagen: Festgelegte Abhängigkeiten

> Register **Umgebungen** (1)

Belastungsanalyse (2)

Festgelegte Abhängigkeit (3)

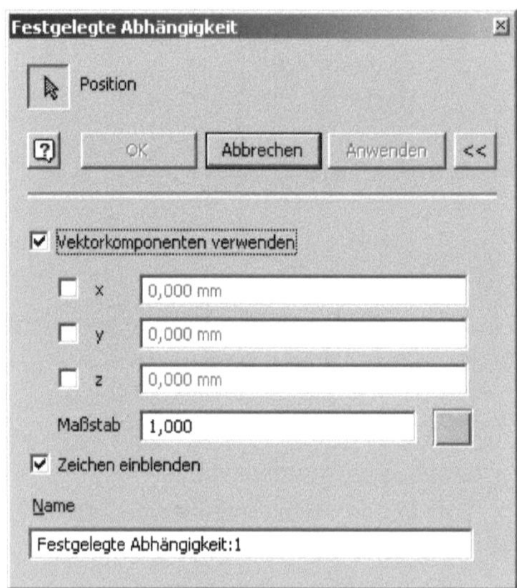

Festgelegte Abhängigkeiten werden sehr gern und auch sehr häufig verwendet, da sie ein Bauteil sehr schnell und mit einem einzigen Handgriff vollständig fixieren können. Für überschlägige Berechnungen ist diese Vorgehensweise sinnvoll. Sollen allerdings präzise Ergebnisse ermittelt werden, ist die festgelegte Abhängigkeit oftmals die falsche Wahl.

Sie kann auf Flächen, Kanten oder Ecken angewendet werden und entfernt alle 6 Freiheitsgrade eines Bauteils.

8.4.2 Grundlagen: Pin-Abhängigkeiten und reibungslose Abhängigkeiten

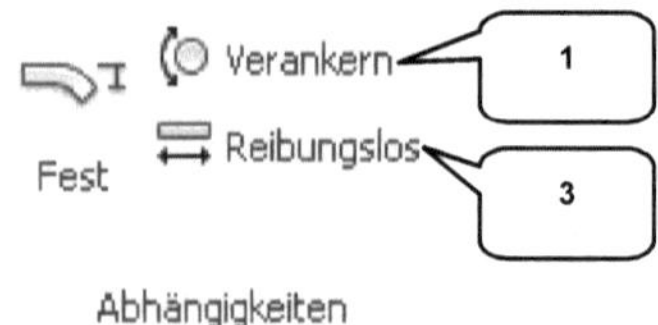

Pin-Abhängigkeit (1)

Pin-Abhängigkeiten werden ausschließlich bei zylindrischen Oberflächen verwendet. Welche Freiheitsgrade dabei eliminiert werden sollen (von radialer, axialer oder tangentialer Art) kann frei gewählt werden (2).

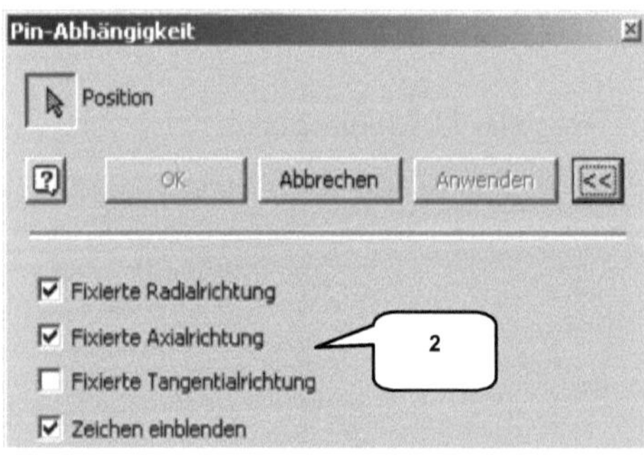

Reibungslose Abhängigkeit (3)

Reibungslose Abhängigkeiten können bei ebenen oder zylindrischen Oberflächen angewendet werden. Sie eliminieren bei ebenen Flächen die Bewegungen in Richtung des Normalvektors und bei zylindrischen Flächen die Radialbewegung des Bauteils. Lediglich die Referenzfläche (4) kann ausgewählt werden, weitere Optionen stehen bei diesem Befehl nicht zur Verfügung.

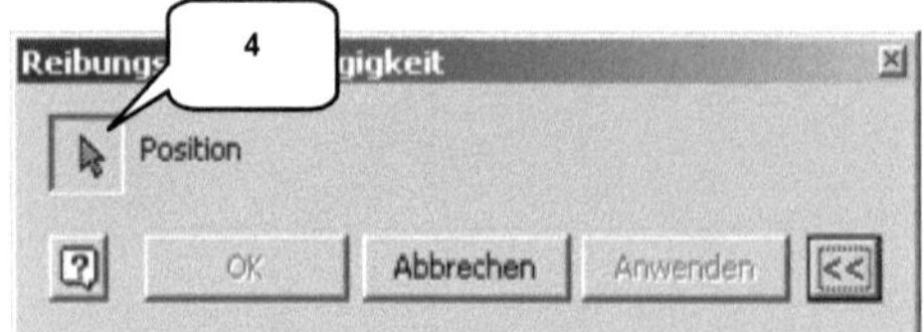

8.4.3 Reibungslose Abhängigkeiten definieren

Das Bauteil soll jetzt anhand der bereits erläuterten Abhängigkeiten befestigt werden, bis die Einbausituation des Kolbens innerhalb der Baugruppe möglichst realistisch nachempfunden wurde. Zuerst soll der Kolben mit einer *reibungslosen Abhängigkeit* versehen werden, um die Kontaktflächen zwischen den Gabelzinken des Kolbens und denen des Hubrahmens nachzubilden.

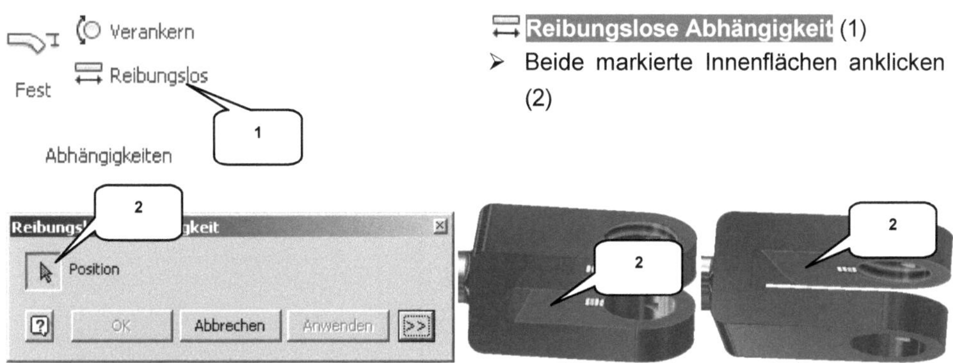

8.4.4 Simulation ausführen und aufzeichnen

Eine *Simulation* soll den aktuellen Stand der Ergebnisse überprüfen.

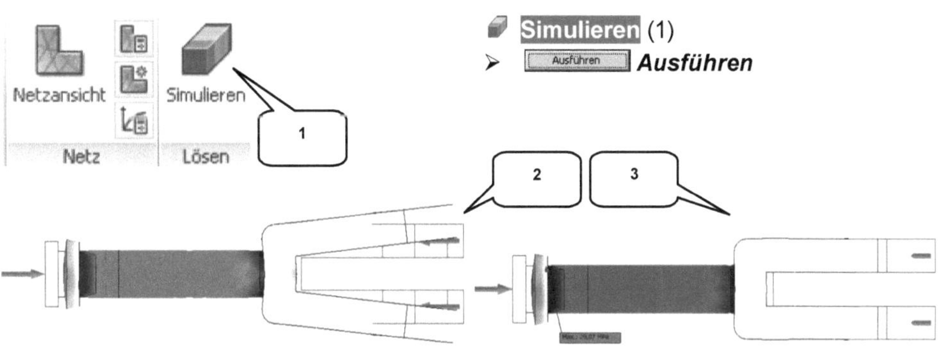

Vergleicht man die Verformung der Gabelzinken vor (2) und nach (3) dem Setzen der reibungslosen Abhängigkeit, so ist zu erkennen, dass die Gabelzinken jetzt nicht mehr auseinandergebogen werden, was innerhalb der Baugruppe durch Kontaktabhängigkeiten mit den Bauteilen Hubrahmen und Bolzen verhindert werden würde. Die Einbausituation ist zum aktuellen Zeitpunkt also bereits wesentlich detaillierter. Das aktuelle Ergebnis soll zusätzlich *animiert* und als *Video* gespeichert werden.

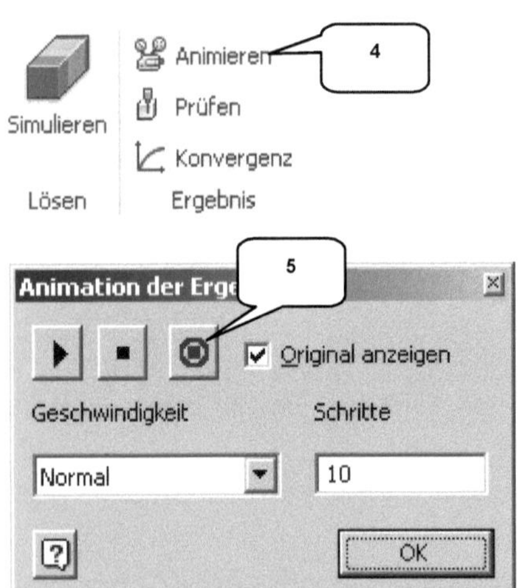

Animieren (4)

> **Aufnahme** (5)
> Dateiname:
> Belastungsanalyse-06 (6)
> Dateityp: *.avi
> Speichern **Speichern**
> Komprimierung: Microsoft Video 1
> Qualität: 100 %
> OK **OK**

8.5 Kontaktflächen zwischen KOLBEN und ZYLINDER definieren
8.5.1 Reibungslose Abhängigkeiten platzieren

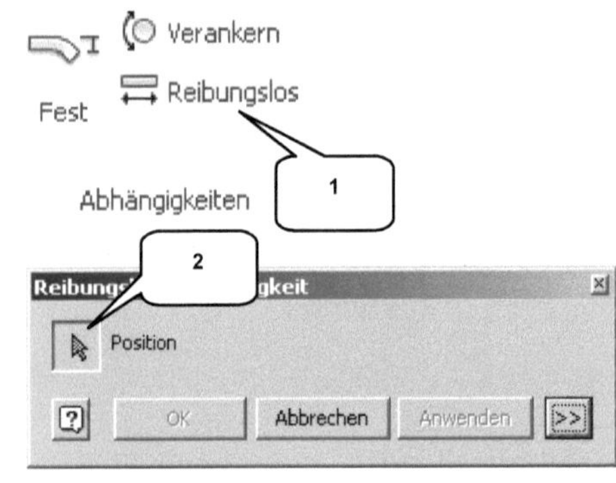

Auch die beiden Kontaktflächen der Bauteile Kolben und Zylinder können durch **reibungslose Abhängigkeiten** simuliert werden.

Reibungslose Abhängigkeit (1)

> Beide markierte Flächen wählen (2)
> OK **OK**

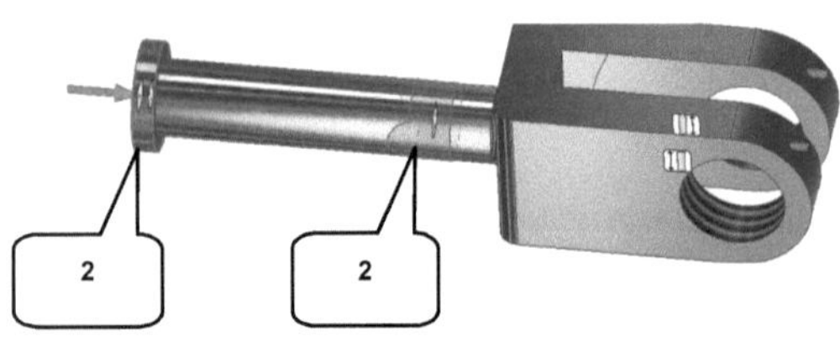

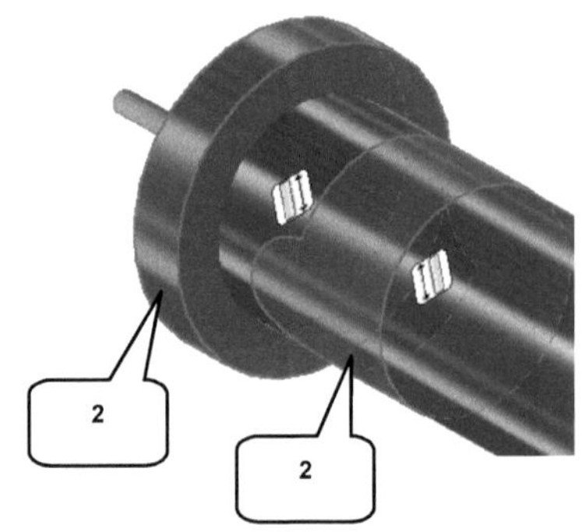

8.5.2 Simulation ausführen und aufzeichnen

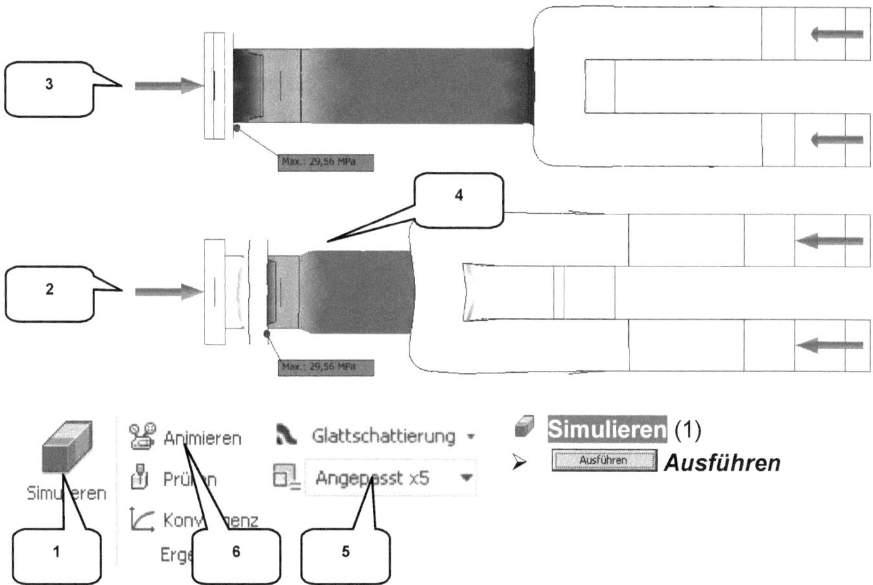

Vergleicht man die aktuelle Verformung des Bauteils (2) mit dem vorherigen Simulationsergebnis (3), so ist zu erkennen, dass insbesondere im Bereich des langen Zylindersegments (4) Unterschiede sichtbar werden. Die Stauchung des Kolbens in diesem Bereich findet jetzt nicht mehr komplett entlang des Zylinders statt, sondern fokussiert sich auf die Bereiche vor und nach der Kontaktfläche beider Bauteile. Gut sichtbar wird das erst bei einer Darstellung mit dem *Faktor 5* (5).

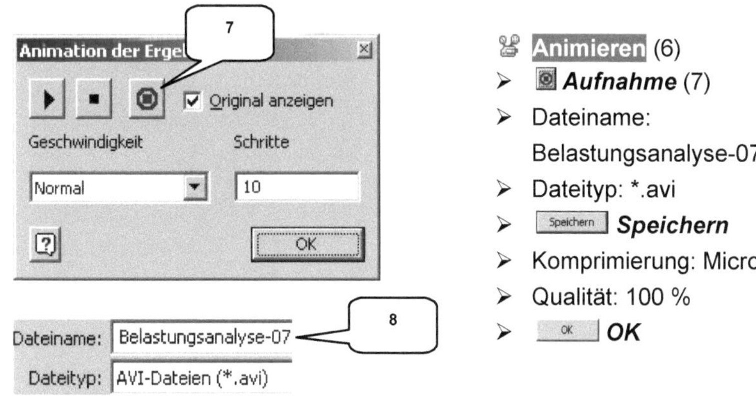

Animieren (6)

> **Aufnahme** (7)
> Dateiname:
>   Belastungsanalyse-07 (8)
> Dateityp: *.avi
> Speichern **Speichern**
> Komprimierung: Microsoft Video 1
> Qualität: 100 %
> OK *OK*

8.6 Tatsächlich auftretende Kräfte ermitteln
8.6.1 Studie kopieren

Bei allen bisherigen Berechnungen wurde versucht, das System anhand von Kräften ins statische Gleichgewicht zu bringen, wobei die beiden Kräfte F_1 und F_2 in direkter Richtung und mit gleicher Größe gegeneinander platziert wurden. Die Verluste die dadurch entstehen, dass ein gewisser Teil der Kräfte F_1 und F_2 in Arbeit umgewandelt werden (z. B. durch die Verformung des Bauteils), wurden dabei nicht berücksichtigt.

Um herauszufinden wie groß dieser Anteil tatsächlich ist, soll die aktuelle Studie kopiert und die Kopie im Anschluss daran modifiziert werden.

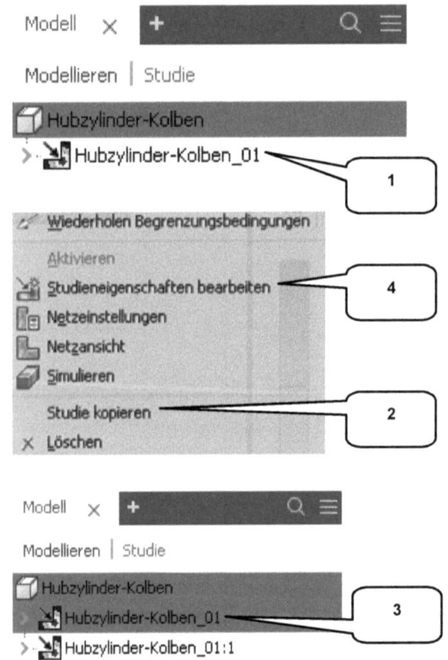

> **Rechte Maustaste** auf Studie **Hubzylinder-Kolben_01** (1)
> **Studie kopieren** (2)

Die Studie ist umzubenennen.

> **Rechte Maustaste** auf kopierte Studie **Hubzylinder-Kolben_01** (3)
> **Studieneigenschaften bearbeiten** (4)
> Name: Hubzylinder-Kolben_02 (5)

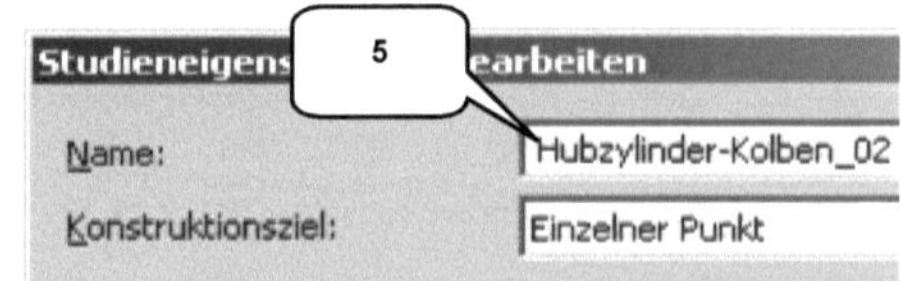

8.6.2   Kraft durch festgelegte Abhängigkeit ersetzen

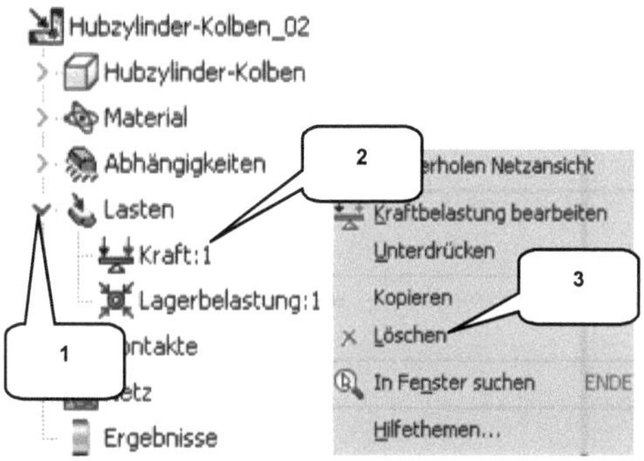

Die Kraft F_1 ist durch eine **festgelegte Abhängigkeit** zu ersetzen. Ohne diesen Schritt sind die Ermittlungen der Verluste nicht möglich.

> Ordner **Lasten** im Browser erweitern (1)
> **Rechte Maustaste** auf **Kraft** (2)
> **Löschen** (3)

Festgelegte Abhängigkeit (4)
> Flächen: Fläche am Kolben wählen (5)
> **OK** **OK**

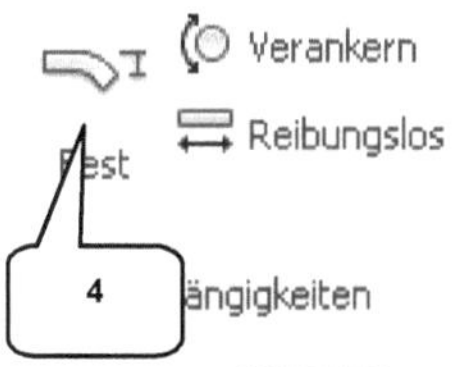

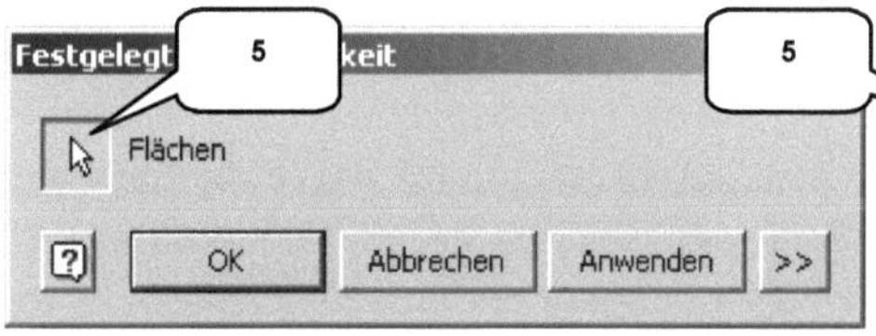

8.6.3   Simulation ausführen

Das Bauteil muss erneut **simuliert** und sollte anschließend **gespeichert** werden.

Simulieren (1)
> **Ausführen** **Ausführen**

Speichern (Bauteil)

8.6.4 Rückstoßkräfte ermitteln

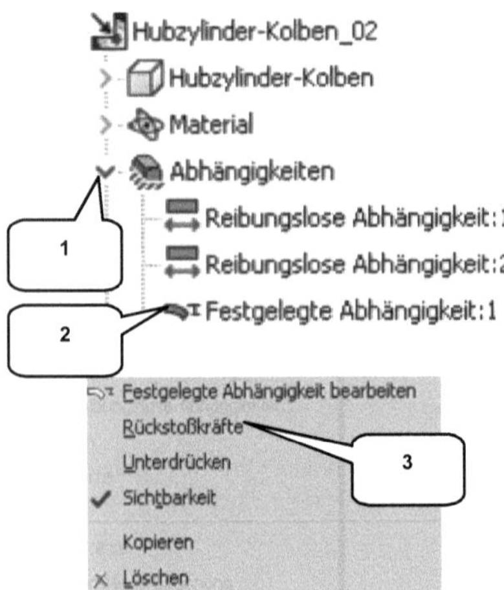

Wird im Browser der Ordner **Abhängigkeiten** erweitert und klickt man dort mit der rechten Maustaste auf die **festgelegte Abhängigkeit**, so kann man in ihrem Kontextmenu die Option **Rückstoßkräfte** aktivieren.

> Ordner **Abhängigkeiten** erweitern (1)
> **Rechte Maustaste** auf
> **Festgelegte Abhängigkeit** (2)
> **Rückstoßkräfte** (3)

Die Option öffnet das gleichnamige Befehlsfenster, worin abgelesen werden kann, welche Kraft (Rückstoßkraft) und welches Moment (Rückstoßmoment) auf die befestigte Oberfläche zum Zeitpunkt der Simulation wirken. Betrachtet man die Spalte der Rückstoßkraft etwas genauer, so ist zu erkennen, dass in etwa **463 N** (4) auf die Kontaktfläche wirken. Insgesamt sind es also nur ca. 92 Prozent der ursprünglich als Lagerbelastung ins Bauteil eingeleiteten Kraft (500 N), die an der gegenüberliegenden Seite des Kolbens letztendlich auch ankommen. Die restlichen Kräfte werden entweder in Verformungsarbeit umgewandelt, oder wirken als Querkräfte in Richtung der X bzw. Y-Achse.

Das Fenster kann jetzt wieder **geschlossen** und das Bauteil **gespeichert** werden.

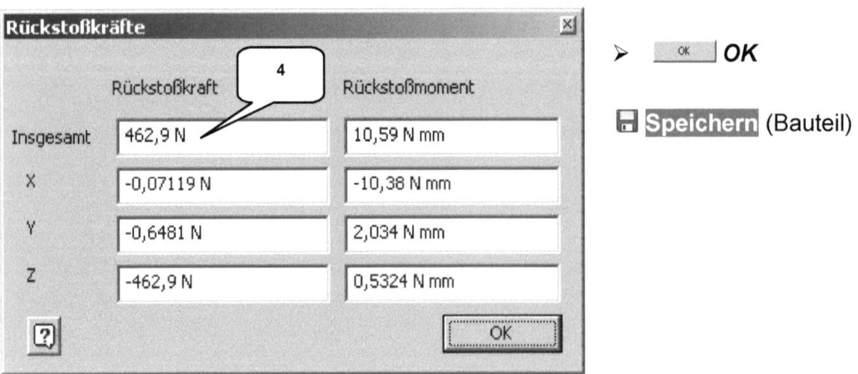

> OK

 Speichern (Bauteil)

8.6.5 Verformungen ermitteln

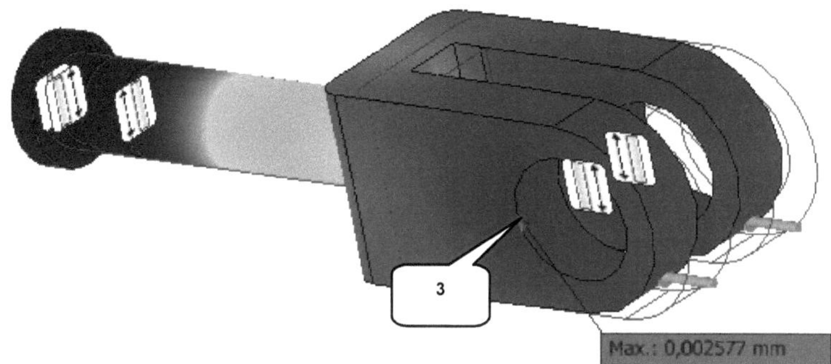

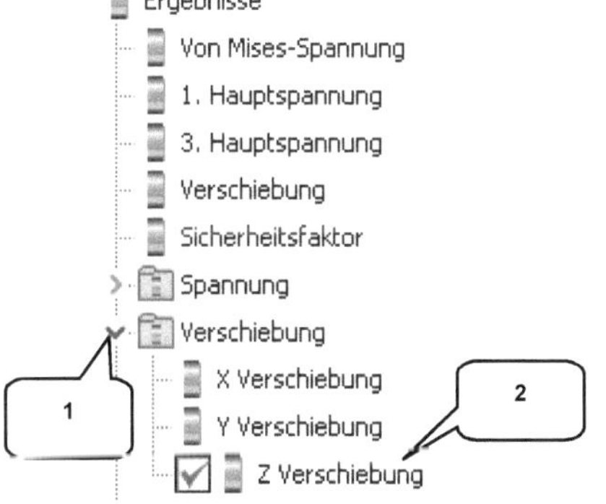

Auch die **Verformung** des Kolbens (die maximale Verschiebung entlang der Z-Achse) soll noch einmal betrachtet werden.

Hierfür muss innerhalb des Ordners **Ergebnisse** der Ordner **Verschiebung** erweitert werden, um darin die **Z-Verschiebung** zu aktivieren.

> Ordner **Verschiebung** im Browser erweitern (1)
> **Doppelklick** im Browser auf **Z-Verschiebung** (2)

Die Komprimierung des Bauteils im Bereich der einwirkenden Lagerbelastung (3) ist sehr gering (ca. 0,0026 mm) und spielt bei der Berechnung der Simulationsergebnisse keine wichtige Rolle. Interessanter wäre hier der Umkehrschluss: wie viel Kraft würde z. B. benötigt werden, um den Kolben einen bestimmten Wert (z. B. 0,01 mm) zu verformen. Auch dieser Rückschluss kann mit dem Programm gezogen werden. Vorher sind allerdings weitere Vorarbeiten nötig.

8.7 Benötigte Kraft einer gewünschten Verformung berechnen
8.7.1 Studie kopieren

Um die Berechnungsergebnisse der aktuellen Studie auch später verfügbar zu machen, soll die aktuelle **Studie kopiert** werden.

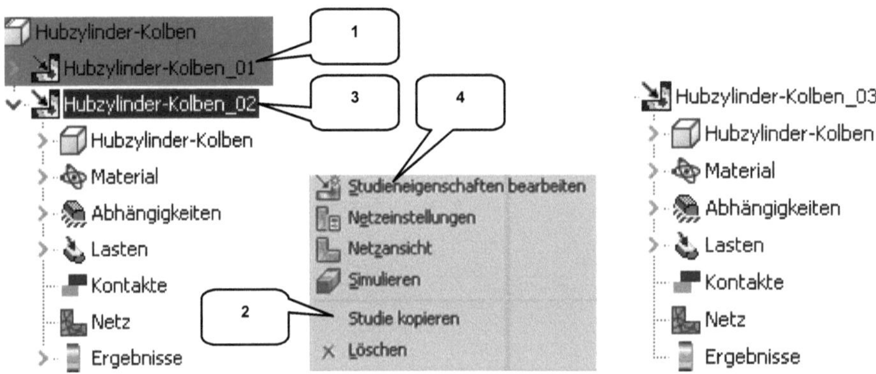

> **Rechte Maustaste** auf Studie **Hubzylinder- Kolben_01** (1)
> **Studie kopieren** (2)

> **Rechte Maustaste** auf die Kopie **Hubzylinder-Kolben** (3)
> **Studieneigenschaften bearbeiten** (4)
> Name: Hubzylinder-Kolben_03 (5)
> ▭ **OK**

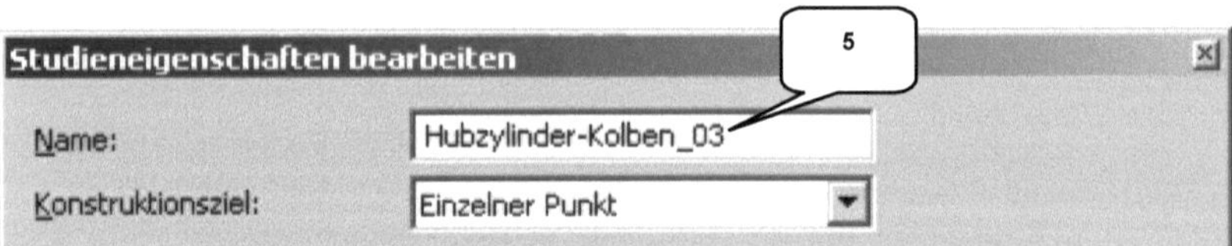

8.7.2 Lagerbelastung durch festgelegte Abhängigkeit ersetzen

Soll ermittelt werden, welche Kraft dazu benötigt wird, ein Bauteil um einen bestimmten Wert zu verformen, so darf zum Zeitpunkt der Simulation keine externe Kraft auf den Körper wirken und das Bauteil muss fest eingespannt sein. Hierfür müssen zwei festgelegte Abhängigkeiten definiert werden. In der ersten Abhängigkeit wird der Wert der gewünschten Verformung eingetragen, in der anderen Abhängigkeit kann nach der Simulation abgelesen werden, welche Kraft zur Verformung benötigt wird.

Die Lagerbelastung muss ebenfalls durch eine feste Abhängigkeit ersetzt werden.

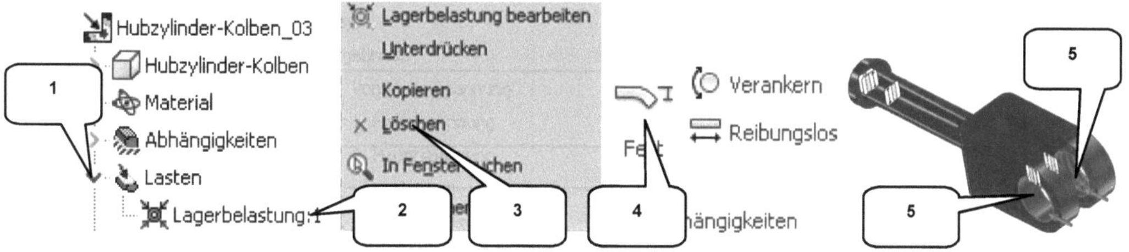

> Ordner *Lasten* erweitern (1)
> **Rechte Maustaste** auf die *Lagerbelastung* (2)
> *Löschen* (3)

Im vorherigen Kapitel wurde der Wert der Verschiebung in Richtung der Z-Achse ermittelt: er lag bei ca. 0,0026 mm. Jetzt soll herausgefunden werden welche Kraft benötigt wird, den Kolben um beispielsweise 0,01 mm zu verformen (die Kraft müsste natürlich wesentlich größer sein). Die Lagerbelastung wurde bereits gelöscht und an ihrer Stelle muss jetzt eine weitere feste Abhängigkeit platziert werden. In ihren erweiterten Eigenschaften kann bereits beim Platzieren definiert werden, um wie viel sich das Bauteil verformen soll. Hier ist für den Z-Vektor der Wert 0,01 mm einzutragen.

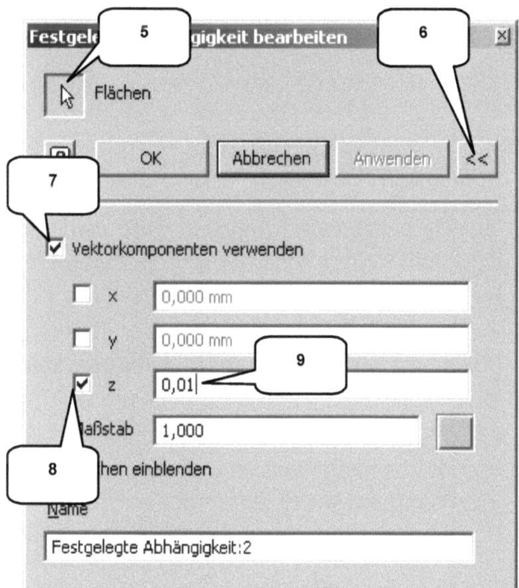

> **Festgelegte Abhängigkeit** (4)
> Beide markierte Bohrungsflächen wählen (5)
> Befehlsfenster erweitern (6)
> Aktivieren: Vektorkomponenten verwenden (7)
> Aktivieren: Z (8)
> Wert: 0,01 mm (9)
> OK   **OK**

8.7.3   Simulation ausführen

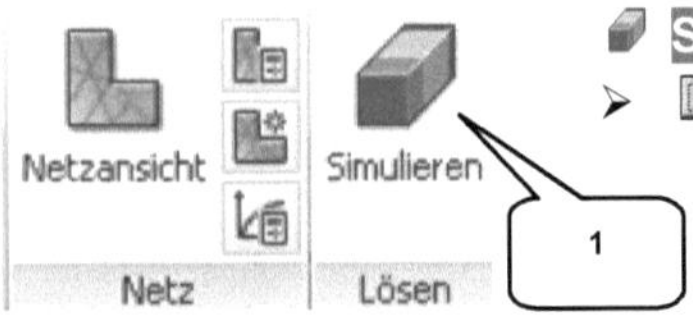

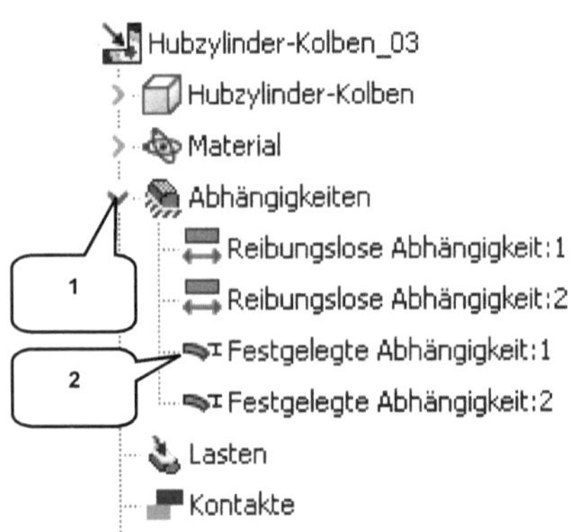

Simulieren (1)
> Ausführen **Ausführen**

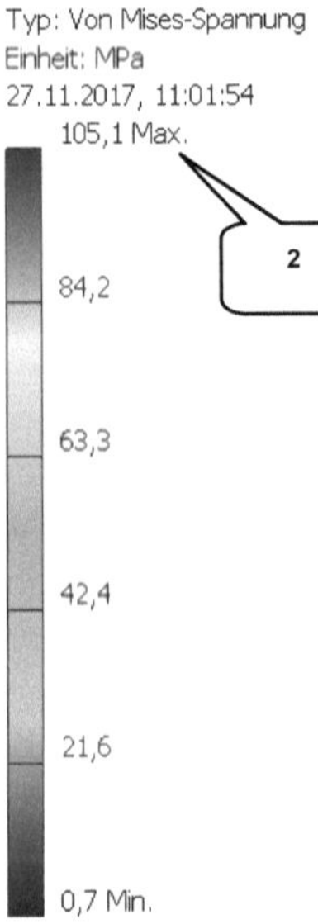

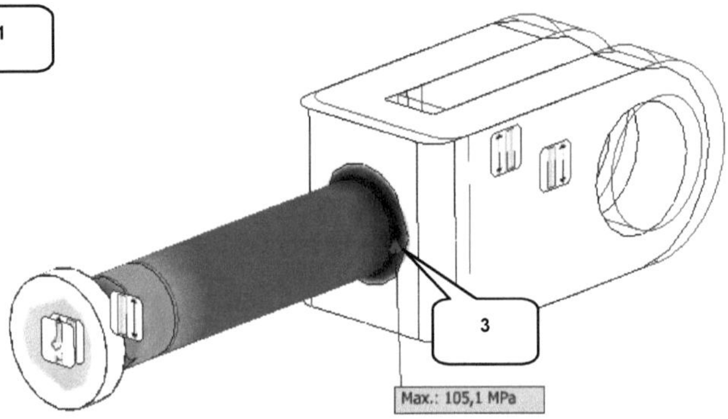

Typ: Von Mises-Spannung
Einheit: MPa
27.11.2017, 11:01:54
105,1 Max.

84,2

63,3

42,4

21,6

0,7 Min.

Der Maximalwert der Von Mises-Spannung beträgt jetzt ca. **105 MPa** (2) und seine Position liegt im markierten Übergangsbereich (3).

8.7.4   Benötigte Kraft ermitteln

Um herauszufinden welche Kraft benötigt wird, den Kolben um 0,01 mm zu deformieren, muss der Ordner **Abhängigkeiten** erweitert werden um dort mit der rechten Maustaste auf die erste **feste Abhängigkeit** zu klicken.

Im Kontextmenü kann anschließend die Option **Rückstoßkräfte** aktivieren werden.

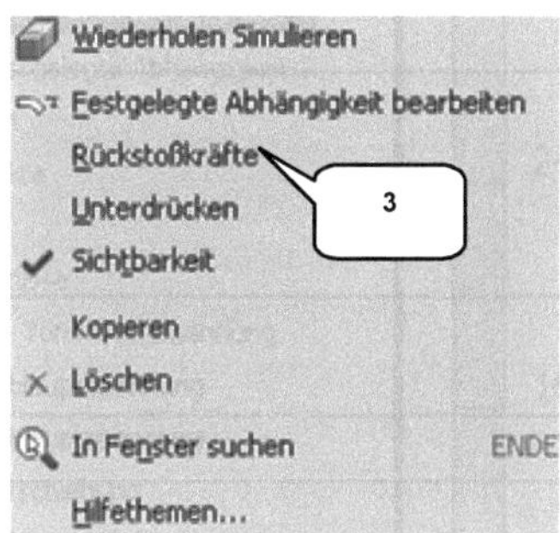

> Ordner **Abhängigkeiten** erweitern (1)
> **Rechte Maustaste** auf
> **Festgelegte Abhängigkeit:1** (2)
> **Rückstoßkräfte** (3)

Insgesamt **1839 N** (4) wären also erforderlich, um den Kolben 0,01 mm in Z-Richtung zu verformen. Ein interessantes Ergebnis!

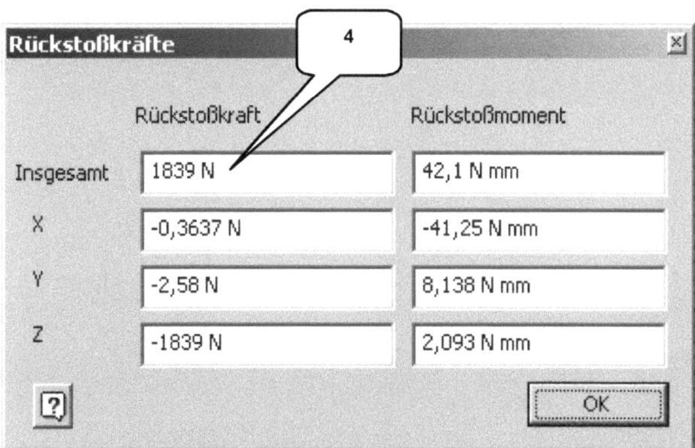

Das Fenster **Rückstoßkräfte** kann bereits wieder **geschlossen** und das Bauteil abschließend **gespeichert** werden.

> ▢ ok **OK**

▣ **Speichern** (Bauteil)

8.7.5   Grundlagen: Bericht

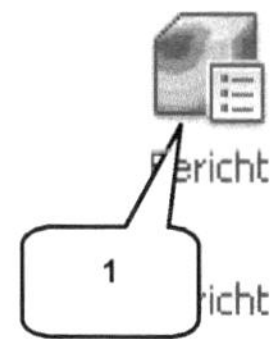

▣ **Bericht** (1)

Um alle Ergebnisse aus dem Bereich der Belastungsanalyse nicht nur innerhalb des Programms, sondern auch außerhalb des Programms verfügbar zu machen, bietet das Programm die Möglichkeit, diese Simulationsergebnisse zu exportieren.

Mit dem Befehl **Bericht** wird das Programm angewiesen, alle Berechnungsergebnisse zu sammeln, zu sortieren und entweder in das **HTML-Format** zu konvertieren, oder die Daten als **Rich Text** zu speichern.

8.7.6 Bericht erstellen

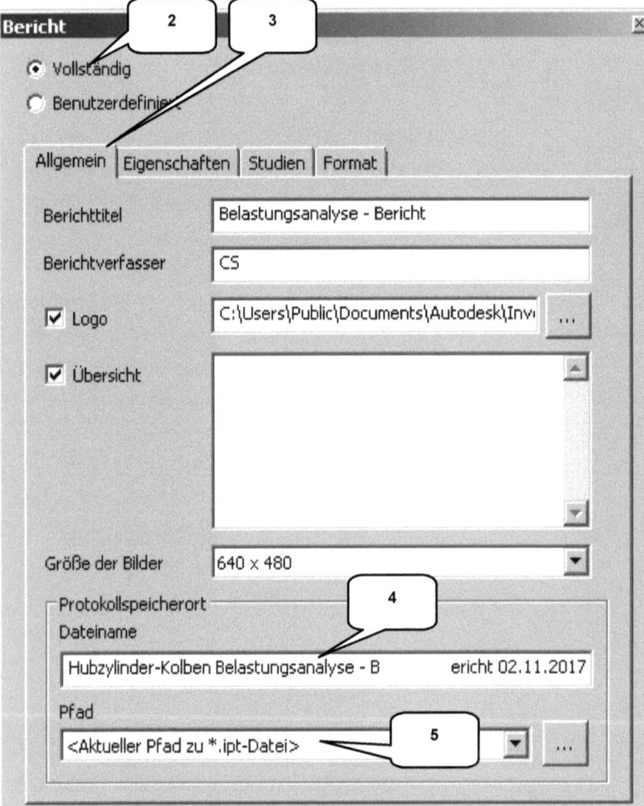

Alle bisherigen Berechnungsergebnisse sollen jetzt als vollständiger **Bericht** gespeichert werden, wobei alle drei Studien mit einzubeziehen sind. Die dafür benötigten Einstellungen sind den folgenden Abbildungen zu entnehmen.

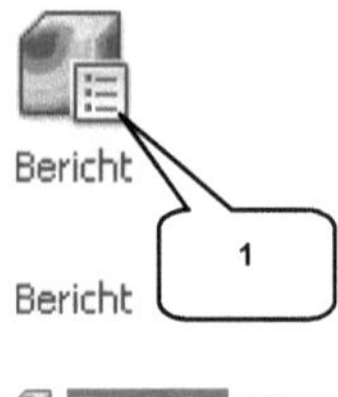

Bericht (1)

➢ Vollständig (2)

<u>Register: **Allgemein**</u> (3)

➢ Dateiname: Hubzylinder- Kolben- Belastungsanalyse (4)

➢ Pfad: Projektordner wählen (5)

<u>Register:
Eigenschaften</u> (6)

➢ Aktivieren:
Alle Eigenschaften
(7)

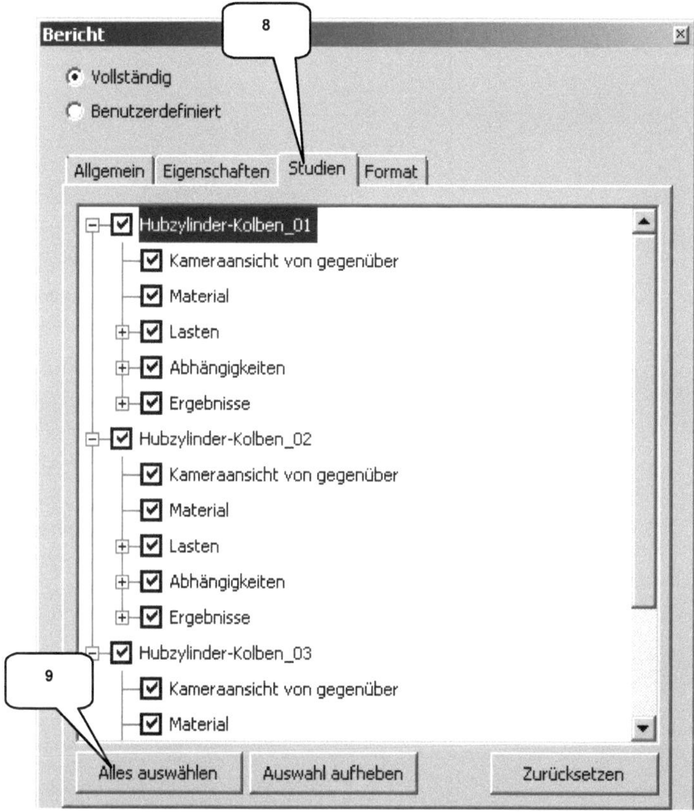

Register: *Studien* (8)

➢ Alles auswählen (9)

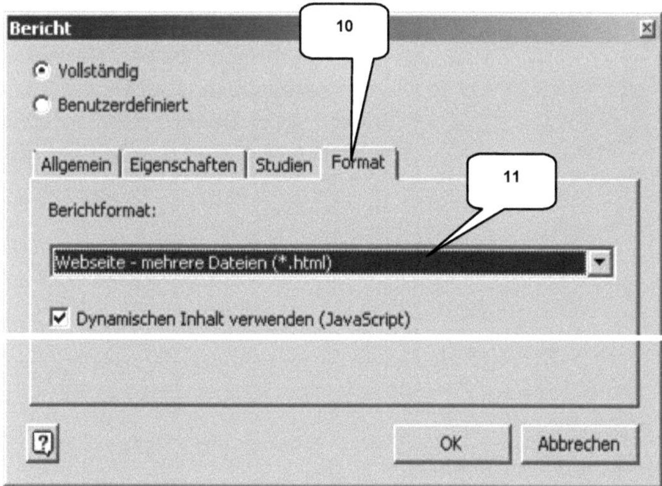

Register: *Format* (10)

➢ Format: Website (11)
➢ OK **OK**

Belastungsanalyse - Bericht

Analysierte Datei:	Hubzylinder-Kolben.ipt
Autodesk Inventor-Version:	2018 (Build 220112000, 112)
Erstellungsdatum:	02.11.2017, 17:26
Studienautor:	CS
Übersicht:	

Die Erstellung des Berichtes wird vermutlich einige Zeit in Anspruch nehmen (das Sammeln der Daten ist besonders dann zeitintensiv, wenn mehrere Studien vorhanden sind, oder wenn parametrische Studien durchgeführt wurden).

Wurde der Bericht vollständig erzeugt, so müsste sich der Web-Browser automatisch öffnen. Die Größe der Grafiken kann innerhalb des Webbrowsers durch einen Klick auf die Pixelbreite (12) geändert werden.

⊟ Projektinfo (iProperties)

⊟ Übersicht

Autor ...

Scrollt man im Web-Browser nach unten, stehen dort auch alle anderen Ergebnisse zur Verfügung. Die einzelnen Bereiche müssen unter Umständen erst erweitert werden (13).

⊟ Projekt

Bauteilnummer	Hubzylinder-Kolben
Konstrukteur	...
Kosten	0,00 €
Erstellungsdatum	30.09.2015

⊟ Status

Konstruktionsstatus InBearbeitung

Der Browser kann bereits wieder geschlossen werden. Das Bauteil sollte danach *gespeichert* und anschließend ebenfalls *geschlossen* werden.

⊟ Physische Eigenschaften

Material	Generisch
Dichte	1 g/cm^3
Masse	0,0052544 kg
Fläche	3419,4 mm^2
Volumen	5254,4 mm^3
Schwerpunkt	x=-0,0000633333 mm y=-0,0000949867 mm z=-3,35354 mm

13

🖫 Speichern (Bauteil)
✖ Schließen (Bauteil)

9 Parametrische Studien

Parametrische Studien ermöglichen es, Bauteile oder Baugruppen im Bereich der Belastungsanalyse unter Verwendung verschiedener Parameter zu analysieren. So kann ein Bauteil z. B. daraufhin untersucht werden, wie es im Belastungsfall reagieren würde, wenn gewisse geometrische Eigenschaften verändert werden würden, ohne dass das Bauteil selbst bearbeitet werden muss. Dabei können verschiedene Variablen miteinander verglichen werden, um das optimierte Ergebnis zurück in den Modellbereich zu übertragen. Parametrische Studien ermöglichen es damit, Bauteilvariationen erstellen zu können, ohne jede einzelne Variante separat konstruieren zu müssen.

In der folgenden Übung soll das Bauteil **Rad-Bolzen-VR** parametrisch untersucht werden um herauszufinden, welche geometrischen Eigenschaften optimale Berechnungsergebnisse erzielen. Hierfür sind allerdings im Bereich des Bauteils einige Vorarbeiten nötig.

9.1 Vorbereitungen im Modellbereich treffen
9.1.1 Bauteil RAD_BOLZEN_VR öffnen

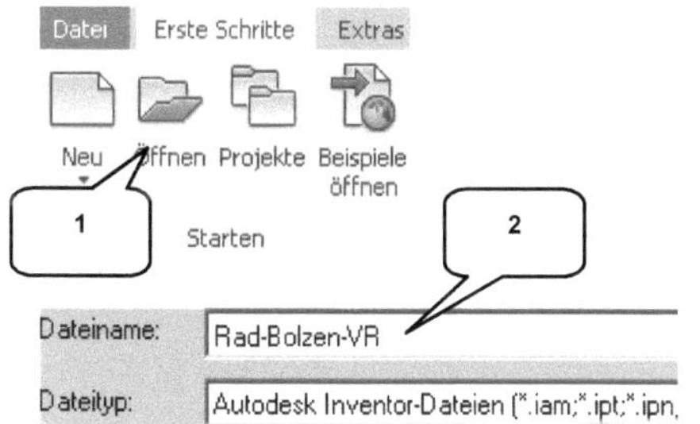

Öffnen (1)
- ➢ Order: Projektordner wählen
- ➢ Dateiname: Rad-Bolzen-VR (2)
- ➢ Dateityp: *.ipt
- ➢ Öffnen **Öffnen**

9.1.2 Parameter im Skizzenbereich kennzeichnen

Während der Konstruktion eines Bauteils entstehen sehr viele Parameter, deren große Anzahl es oftmals schwer macht, einen bestimmten Wert im Bereich der Belastungsanalyse zu lokalisieren. Daher ist es ratsam, die später benötigten Parameter bereits im Bauteilbereich zu kennzeichnen.

Im aktuellen Übungsbeispiel sind es die Höhe der **Extrusion 4** sowie ihre zugehörige Basisskizze, die später in der Belastungsanalyse benötigt werden und daher vorab bearbeitet werden sollten.

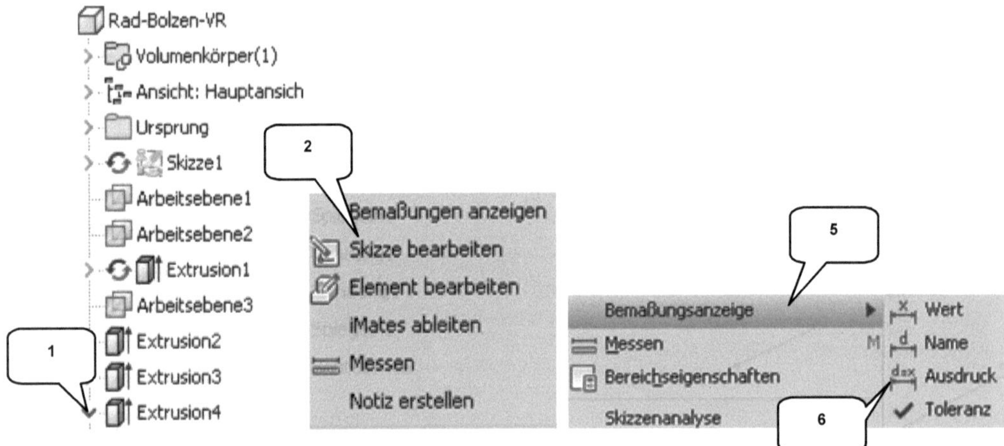

> *Rechte Maustaste* auf *Extrusion4* (1)
> *Skizze bearbeiten* (2)

> *Rechte Maustaste* auf beliebigen Punkt des Zeichenbereiches (4)
> Option *Bemaßungsanzeige* erweitern (5)
> Aktivieren: *Ausdruck* (6)
> *Taste*: F7
> *Doppelklick* auf die *Bemaßung d28* (7)
> Zeile eingeben: *Schenkeldurchmesser=20mm* (8)

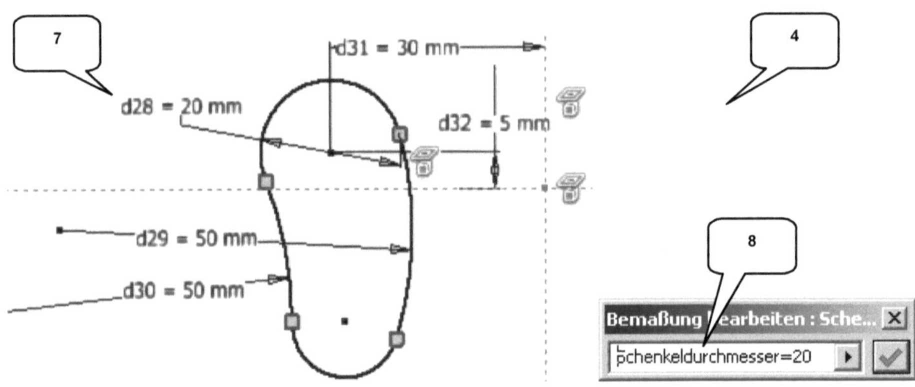

Wurden die Änderungen vorgenommen, so kann die Skizze beendet werden um im Anschluss daran die *Extrusion* bearbeiten zu können.

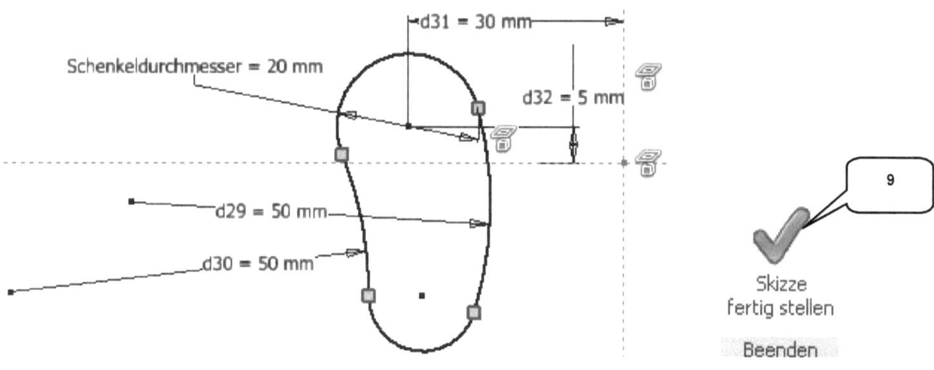

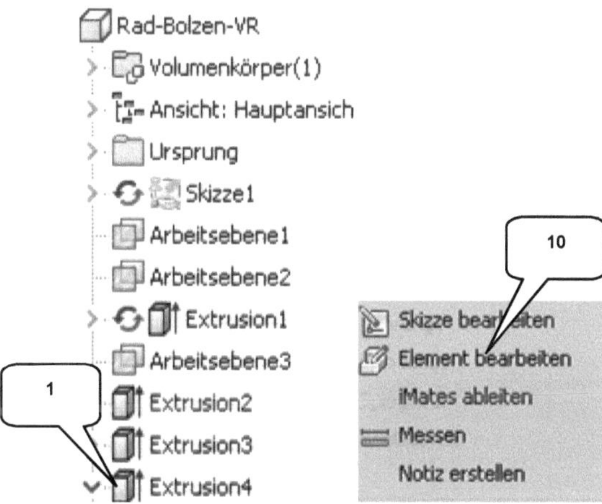

✔ **Fertigstellen** (9)

> *Rechte Maustaste* auf
>   *Extrusion4* (1)
> *Element bearbeiten* (10)
> Zeile eingeben:
>   *Schenkelbreite=10 mm* (11)
> `OK` *OK*

Im *Parameter-Manager* sollten die beiden Werte zusätzlich als Exportparame-
ter gekennzeichnet werden.

Das vereinfacht später im Bereich der
Belastungsanalyse die Suche danach.
Hierfür muss in das Register *Verwalten*
gewechselt werden

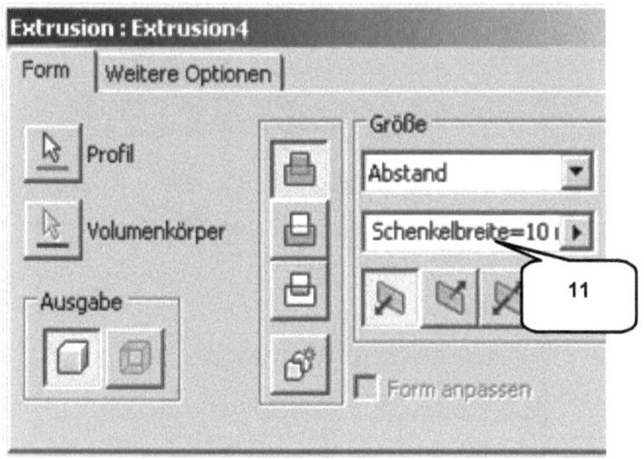

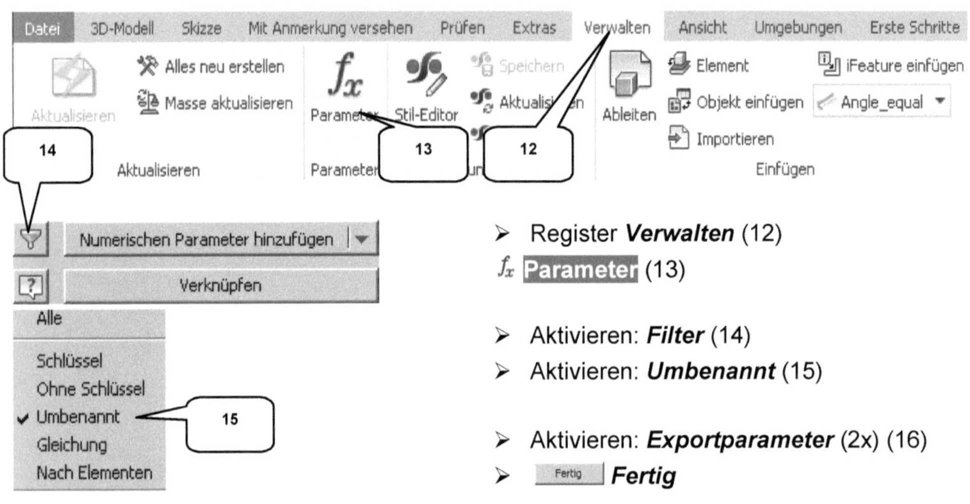

> Register **Verwalten** (12)
> f_x **Parameter** (13)

> Aktivieren: **Filter** (14)
> Aktivieren: **Umbenannt** (15)

> Aktivieren: **Exportparameter** (2x) (16)
> **Fertig** **Fertig**

Parametername	Einbezogen von	Einheit/Typ	Gleichung	Nennwert	Exportparam
Modellparameter					
Schenkelbreite	Extrusion4	mm	10 mm	10,000000	☑
Schenkeldurchmesser	Skizze4	mm	20 mm	20,000000	☑
Benutzerparameter					

Das Bauteil sollte jetzt noch einmal **gespeichert** werden.

Speichern (Bauteil)

9.1.3 Kontaktflächen präzisieren

Auch bei diesem Bauteil müssen einige Oberflächen bearbeitet werden um alle Lasten und Abhängigkeiten möglichst genau platzieren zu können. Hierfür sind insgesamt drei weitere **Arbeitsebenen** hinzuzufügen.

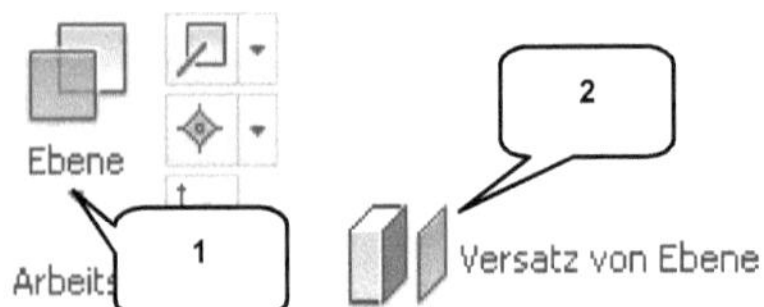

> Befehl **Ebene** erweitern (1)
> **Versatz von Ebene** (2)
> Markierte Fläche wählen (3)
> Versatzwert: -72 mm (4)

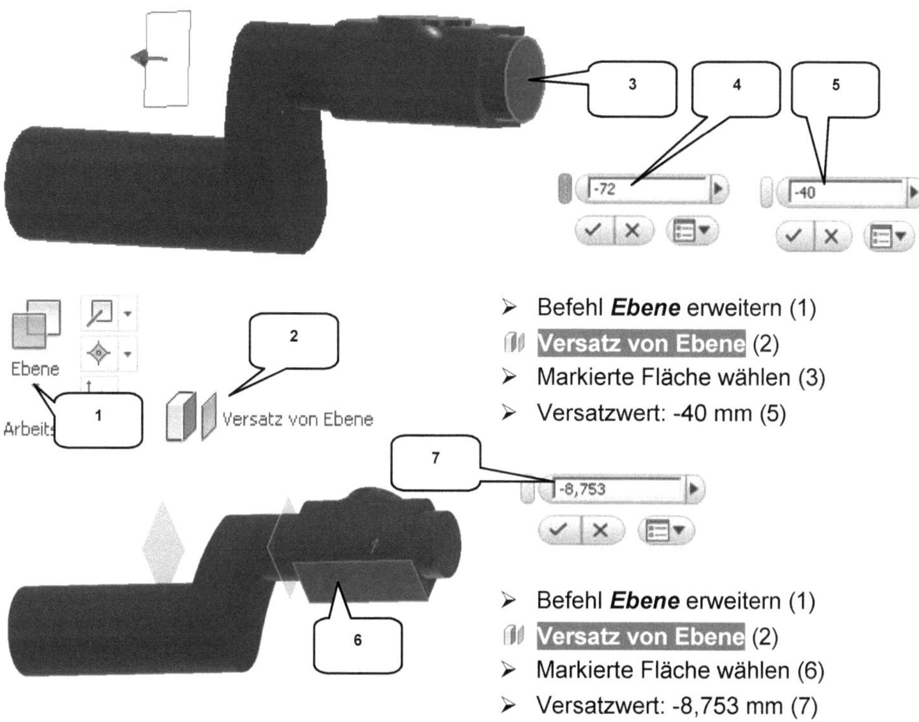

> Befehl *Ebene* erweitern (1)
> **Versatz von Ebene** (2)
> Markierte Fläche wählen (3)
> Versatzwert: -40 mm (5)

> Befehl *Ebene* erweitern (1)
> **Versatz von Ebene** (2)
> Markierte Fläche wählen (6)
> Versatzwert: -8,753 mm (7)

Die Oberflächen können jetzt mithilfe der Ebenen *getrennt* werden.

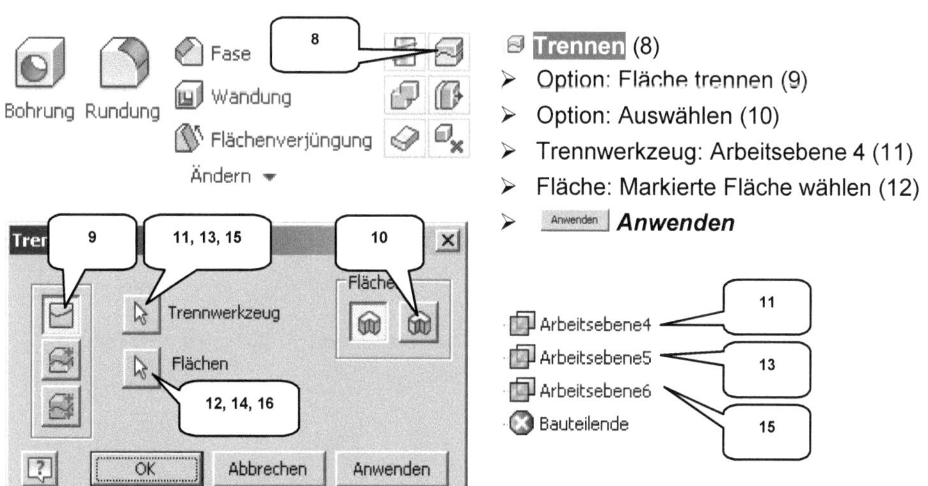

> **Trennen** (8)
> Option: Fläche trennen (9)
> Option: Auswählen (10)
> Trennwerkzeug: Arbeitsebene 4 (11)
> Fläche: Markierte Fläche wählen (12)
> Anwenden *Anwenden*

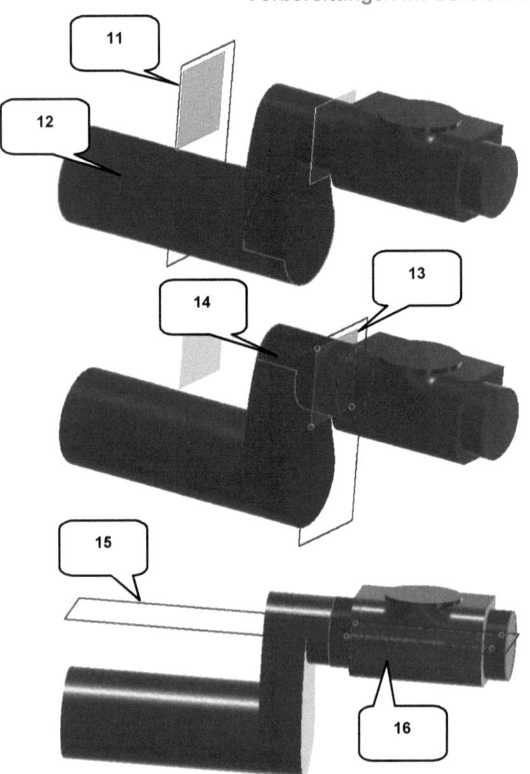

> Trennwerkzeug: Arbeitsebene 5 (13)
> Fläche: Markierte Fläche wählen (14)
> `Anwenden` *Anwenden*

> Trennwerkzeug: Arbeitsebene 6 (15)
> Fläche: Markierte Flächen wählen (16)
> `OK` *OK*

Die drei Arbeitsebenen können bereits wieder *ausgeblendet* werden.

> Arbeitsebenen 4, 5 und 6 markieren
> *Rechte Maustaste* darauf
> Deaktivieren: *Sichtbarkeit*

Die Bearbeitung des Bauteils ist damit abgeschlossen, das Bauteil kann *gespeichert* und der Bereich der *Belastungsanalyse* geöffnet werden.

 **Speichern** (Bauteil)

9.2 Vorbereitungen im Bereich der Belastungsanalyse treffen
9.2.1 Umgebung der Belastungsanalyse aktivieren

Arbeitsbereich:
Belastungsanalyse

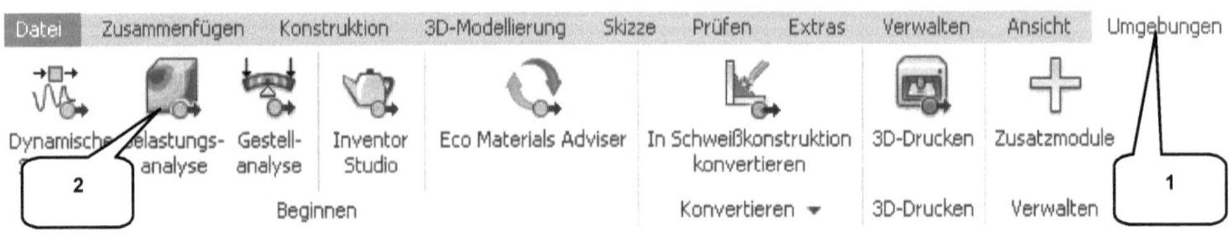

> Register *Umgebungen* (1)
> **Belastungsanalyse** (2)

9.2.2 Parametrische Studie erstellen

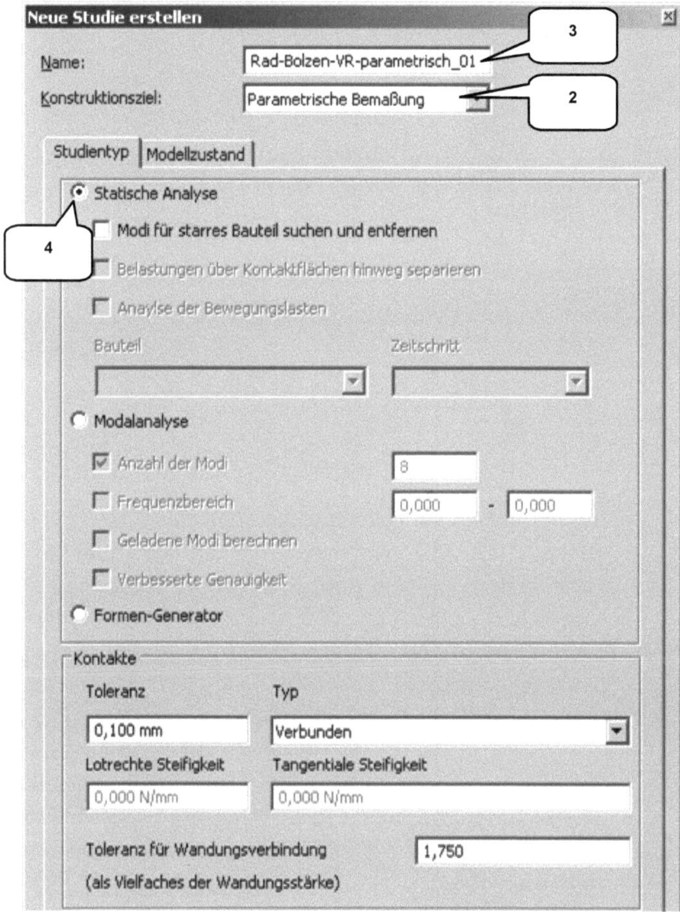

Um ein Bauteil oder eine Baugruppe parametrisch analysieren zu können, muss bereits beim Erstellen der **Studie** das Konstruktionsziel **Parametrische Bemaßung** aktiviert werden.

Erst dadurch ist das Programm später in der Lage, die zur Analyse notwendige parametrische Tabelle aktivieren zu können.

Alle anderen Einstellungen (der Studientyp und die Kontaktvorgaben bei Baugruppen) entsprechen den Einstellungen einer gewöhnlichen Einzelpunktstudie.

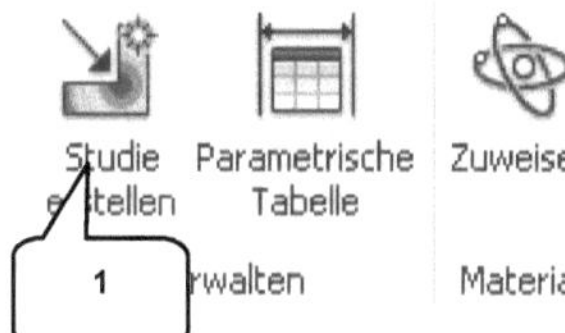

Neue Studie erstellen (1)
- ➢ Konstruktionsziel: Parametrische Bemaßung (2)
- ➢ Name: Rad-Bolzen-VR-parametrisch_01 (3)
- ➢ Studientyp: Statische Analyse (4)
- ➢ ___OK___ *OK*

9.2.3   Material zuweisen

Als **Material** soll Stahl verwendet werden.

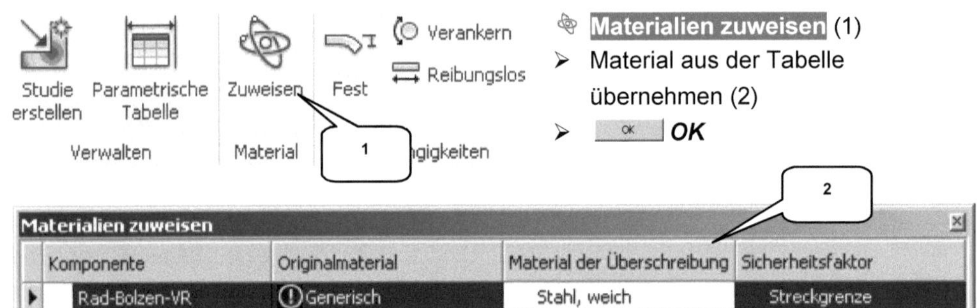

Materialien zuweisen			
Komponente	Originalmaterial	Material der Überschreibung	Sicherheitsfaktor
Rad-Bolzen-VR	Generisch	Stahl, weich	Streckgrenze

9.3   Lasten und Abhängigkeiten platzieren
9.3.1   Randbedingungen analysieren

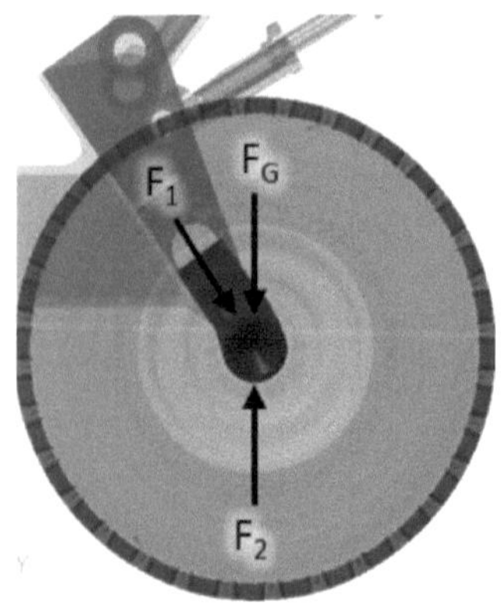

Bei den folgenden Berechnungen soll eine Last F_1 von 10 kg (100 N) angenommen werden, die über den Federdämpfer auf den Radbolzen drückt. Weiterhin soll eine Kraft F_2 mit 10 kg (100 N) angenommen werden, welche über die Kontaktfläche zum Rad der ersten Kraft direkt entgegenwirkt. Zusätzlich wirkt die Gewichtskraft (F_G) auf das Bauteil.

Bedingt durch die Einbausituationen des Bauteils innerhalb der Baugruppe (um 35° geneigt) müssen die Kräfte F_2 und F_G zuerst in ihre einzelnen Vektoren zerlegt werden.

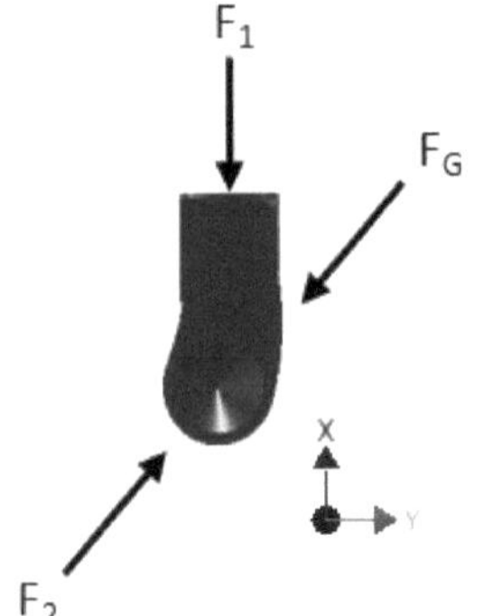

Kraft F₁

Die Kraft F_1 wirkt in entgegengesetzter Richtung zur X-Achse.

$$F_1 = -F_x = -100 \,\text{N}$$

Kraft F₂

Die Kraft F_2 setzt sich zusammen aus F_{x2} und F_{y2}:

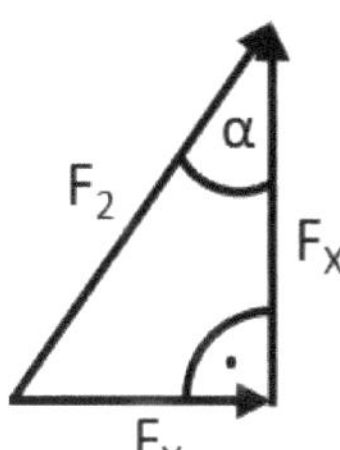

$$F_2 = 100\,\text{N}$$
$$F_{x2} = F_2 \cdot \cos\alpha = 100\,\text{N} \cdot \cos 35° = 85{,}264\,\text{N}$$
$$F_{y2} = F_2 \cdot \sin\alpha = 100\,\text{N} \cdot \sin 35° = 52{,}249\,\text{N}$$

Gewichtskraft F_G

Die Gewichtskraft F_G wirkt entgegengesetzt zur Kraft F_2. Um sie definieren zu können, müssen Größe und Richtung der zu platzierenden Normalfallbeschleunigung bestimmt werden (angenommen wird die genormte Normalfallbeschleunigung g = 9,80665 m/s^2).

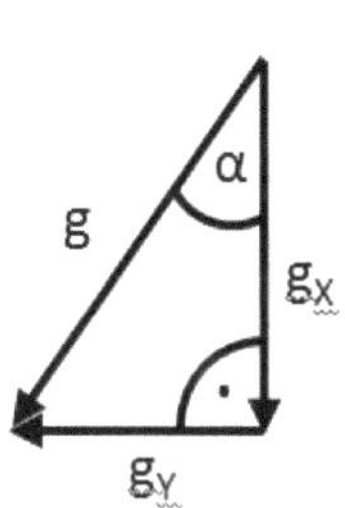

$$F_g = m \cdot g$$

$$g = 9{,}80665\ \text{m/s\textasciicircum 2}$$
$$g\_x = -g \cdot \cos\alpha = -9{,}80665\text{m/s\textasciicircum 2} \cdot \cos\,[35°] = -8{,}36154\text{m/s\textasciicircum 2}$$
$$g\_y = -g \cdot \sin\alpha = -9{,}80665\text{m/s\textasciicircum 2} \cdot \sin\,[35°] = -5{,}12396\text{m/s\textasciicircum 2}$$

9.3.2 Kraft F_1 platzieren

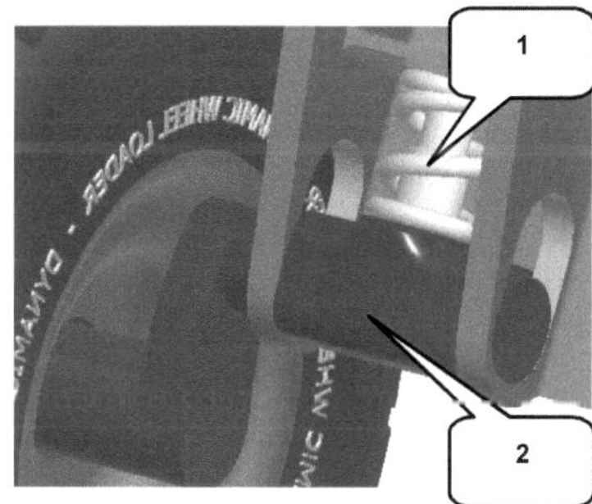

Die einzelnen Kräfte sollen jetzt platziert werden. Begonnen werden soll mit der Kraft F_1. Sie wirkt über den Stoßdämpfer (1) auf den Radbolzen (2).

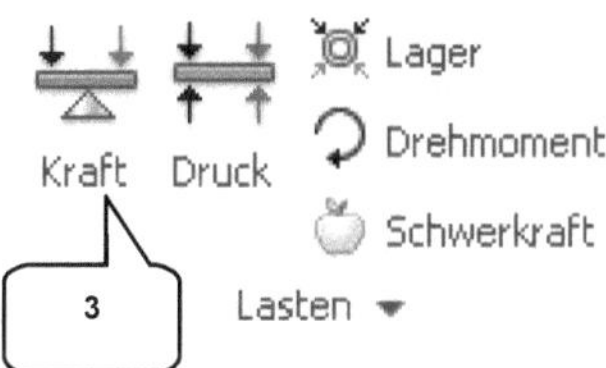

> **Kraft** (3)
> Fläche: (4)
> Befehlsfenster erweitern
> Aktivieren: Vektorkomponenten (5)
> Fx: -100 N (6)
> `OK` *OK*

Wurde die Kraft platziert sollte ihre Wirkrichtung noch einmal kontrolliert werden: Die Pfeilspitze des Kraftvektors sollte in Richtung der Angriffsfläche (4) zeigen und damit negativ zur X-Achse des Bauteils wirken. Ist das nicht der Fall muss ggf. durch *Umschalten* (7) korrigiert werden.

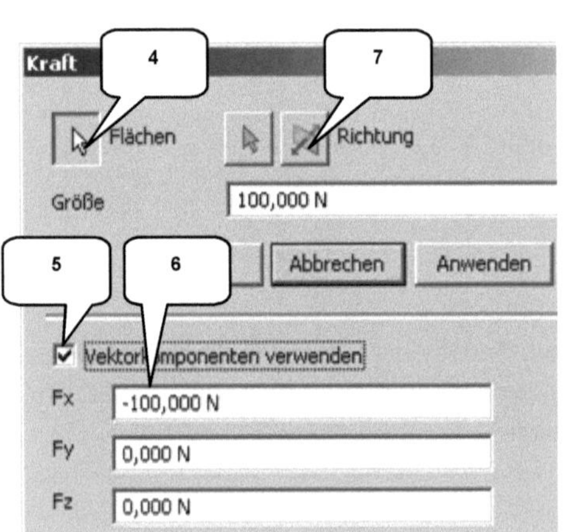

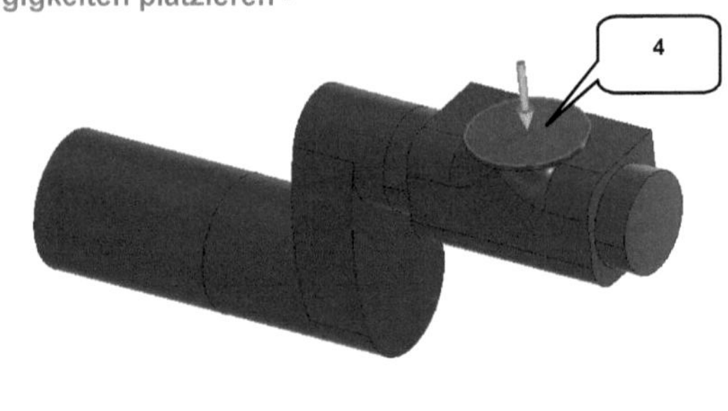

9.3.3 Kraft F_2 platzieren

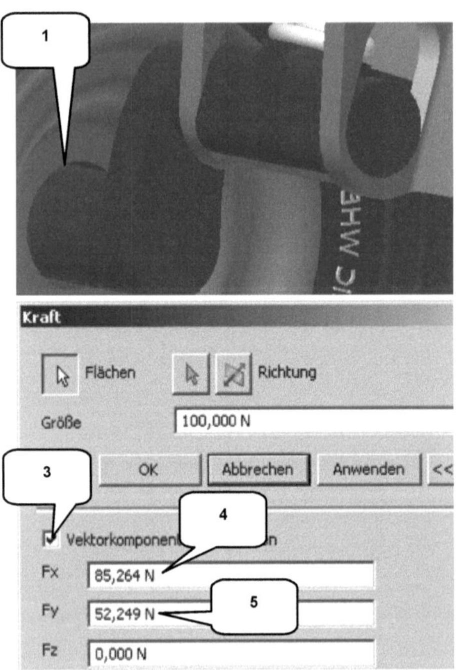

Als nächste Kraft soll die Kraft F_2 platziert werden. Sie wird durch das Vorderrad (1) des Radladers übertragen und muss auf der Kontaktfläche zwischen Vorderrad und Radbolzen platziert werden.

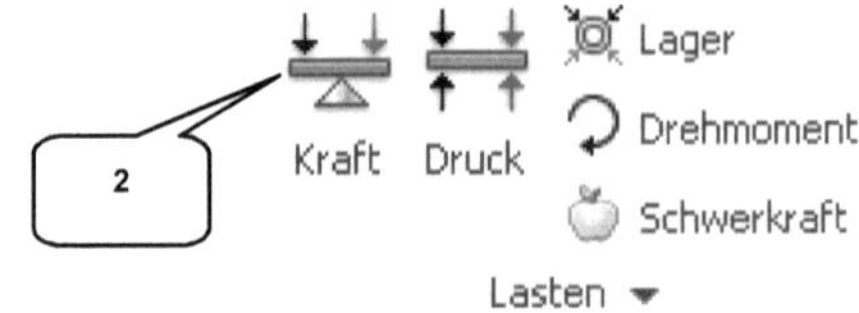

Kraft (2)

> Befehlsfenster erweitern
> Aktivieren: Vektorkomponenten (3)
> F_x: 85,264 N (4)
> F_y: 52,249 N (5)
> **OK**

9.3.4 Schwerkraft platzieren

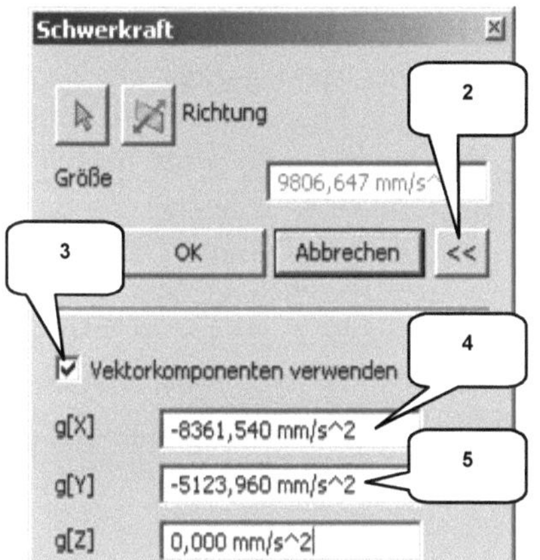

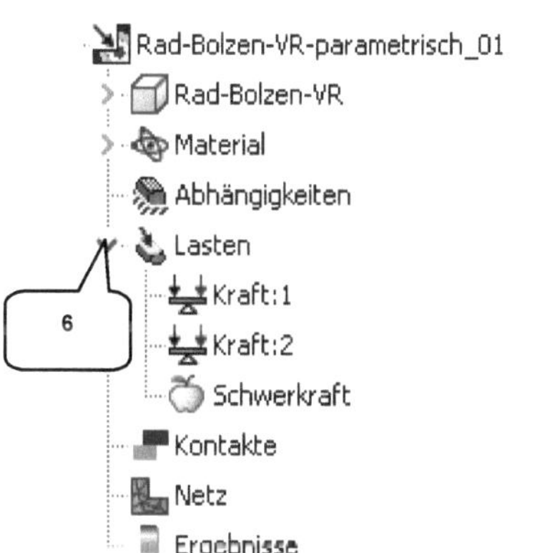

Das Programm kann die Schwerkraft in die Berechnungen mit einbeziehen, wenn Größe und Richtung der **Normalfallbeschleunigung** definiert wurden. Aufgrund der Einbausituation des Radbolzens müssen hier die bereits berechneten Kraftvektoren g_X und g_Y platziert werden.

Schwerkraft (1)

> Befehlsfenster erweitern (2)
> Aktivieren: Vektorkomponenten (3)
> g_x: -8361,54 mm/s^2 (4)
> g_y: -5123,96 mm/s^2 (5)
> OK **OK**

Wird im **Browser** der Ordner **Lasten** (6) erweitert, sollten die drei Kräfte darin vorhanden sein und können hier jederzeit über das Kontextmenü der rechten Maustaste bearbeitet werden.

9.3.5 Pin-Abhängigkeiten platzieren

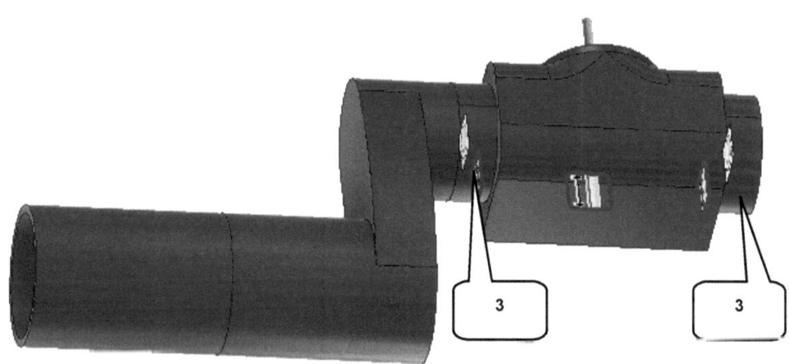

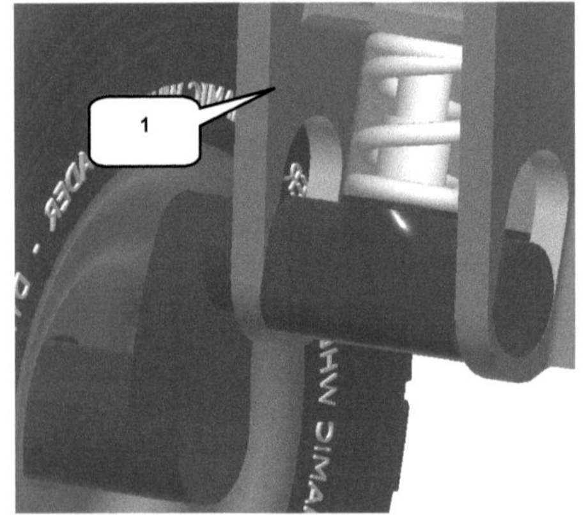

Zur Befestigung des Radbolzens müssen einige Bauteiloberflächen mit Abhängigkeiten versehen werden. Begonnen werden soll mit einer *Pin-Abhängigkeit* an den Kontaktflächen zum Maschinenrahmen (1). Der Radbolzen ist hier zylindrisch im Maschinenrahmen gelagert, wobei nur die untere Hälfte des Zylinders Kontakt mit dem Maschinenrahmen hat. Bewegungen in radialer und tangentialer Richtung sind nicht möglich, müssen daher auch hier unterbunden werden.

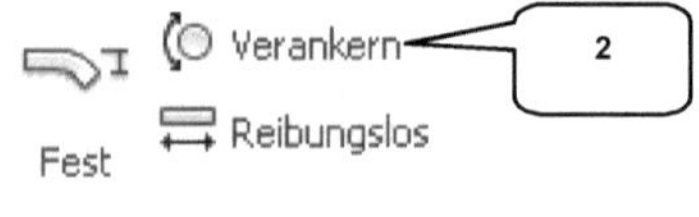

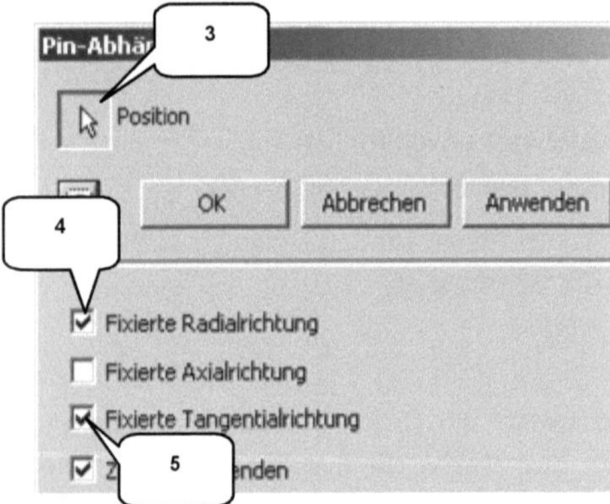

○ **Pin-Abhängigkeit** (2)
➢ Markierte Zylinderflächen wählen (3)
➢ Befehlsfenster erweitern
➢ Aktivieren: Fixierte Radialrichtung (4)
➢ Aktivieren: Fixierte Tangentialricht. (5)
➢ ▭ OK *OK*

9.3.6   Reibungslose Abhängigkeiten platzieren

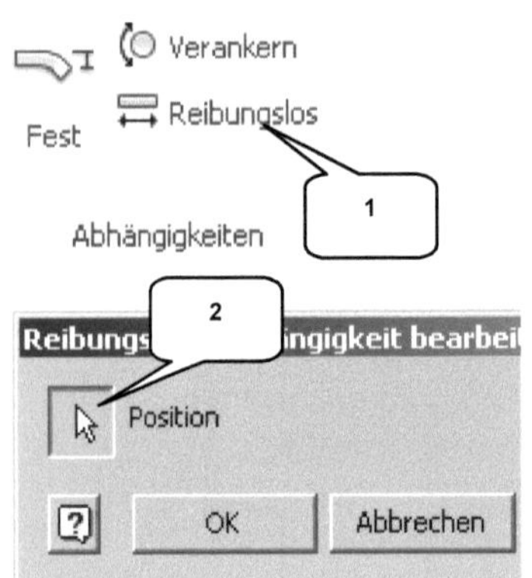

Drei *reibungslose Abhängigkeiten* sollen zusätzlich die Kontaktflächen zum Maschinenrahmen simulieren und den Radbolzen gegen axiale Verschiebung und ein Verdrehen sichern.

⇄ **Reibungslose Abhängigkeit** (1)
➢ Die drei markierten Flächen wählen (2)
➢ ▭ OK *OK*

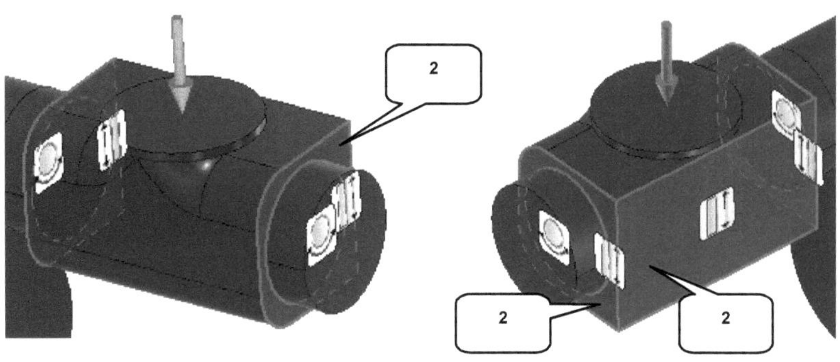

9.4 Die parametrische Tabelle
9.4.1 Grundlagen: Parametrische Tabelle

Parametrische Tabelle (1)

Die **Parametrische Tabelle** setzt sich aus den **Konstruktionsabhängigkeiten** und den **Parametern** zusammen. Im Bereich der Konstruktionsabhängigkeiten (2) muss definiert werden, nach welchen Kriterien eine Studie durchzuführen sind. Neben den bereits bekannten Berechnungsergebnissen (Von Mises-Spannung, Hauptspannungen, Verschiebung, Sicherheitsfaktor und Dehnung) können hier Eigenschaften wie Kontaktdruck, Masse oder Volumen ausgewählt werden. Im Bereich der Parameter (3) sind die zur Analyse zu verwendenden Bauteileigenschaften zu bestimmen. Wurde eine optimale Geometrie des Bauteils ermittelt, so können dessen geometrische Eigenschaften in den Bauteilbereich verlagert werden, um dort das Originalbauteil zu überschreiben.

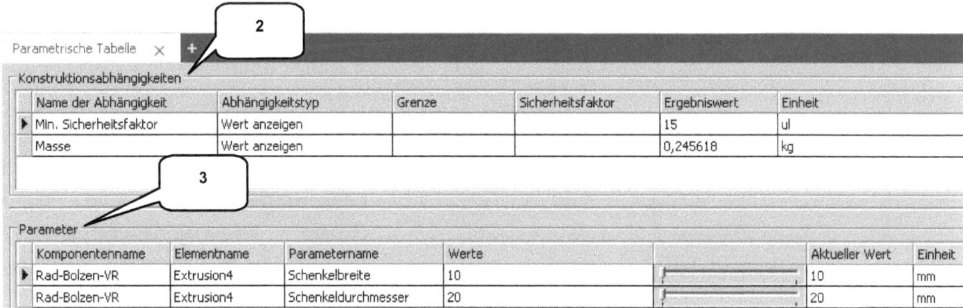

Parametrische Tabelle

Konstruktionsabhängigkeiten

Name der Abhängigkeit	Abhängigkeitstyp	Grenze	Sicherheitsfaktor	Ergebniswert	Einheit
Min. Sicherheitsfaktor	Wert anzeigen			15	ul
Masse	Wert anzeigen			0,245618	kg

Parameter

Komponentenname	Elementname	Parametername	Werte		Aktueller Wert	Einheit
Rad-Bolzen-VR	Extrusion4	Schenkelbreite	10		10	mm
Rad-Bolzen-VR	Extrusion4	Schenkeldurchmesser	20		20	mm

9.4.2 Konstruktionsabhängigkeiten auswählen

Zur Definition der Konstruktionsabhängigkeiten ist jetzt die *parametrische Tabelle* zu öffnen.

▦ **Parametrische Tabelle** (1)

Konstruktionsabhängigkeiten können hinzugefügt werden, indem mit der rechten Maustaste auf das leere Eingabefeld *Name der Abhängigkeit* geklickt wird. Im neu geöffneten Befehlsfenster können anschließend die gewünschten Abhängigkeiten ausgewählt werden. Es kann immer nur eine Abhängigkeit gewählt werden, daher muss der Vorgang bei mehreren Vorgaben entsprechend wiederholt werden.

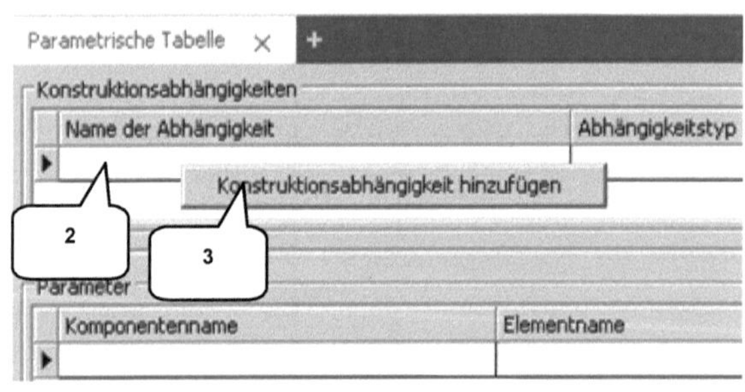

> *Rechte Maustaste* auf markiertes Feld (2)
> Konstruktionsabhängigkeit hinzufügen (3)
> Auswahl: Sicherheitsfaktor (4)
> ▭ *OK*

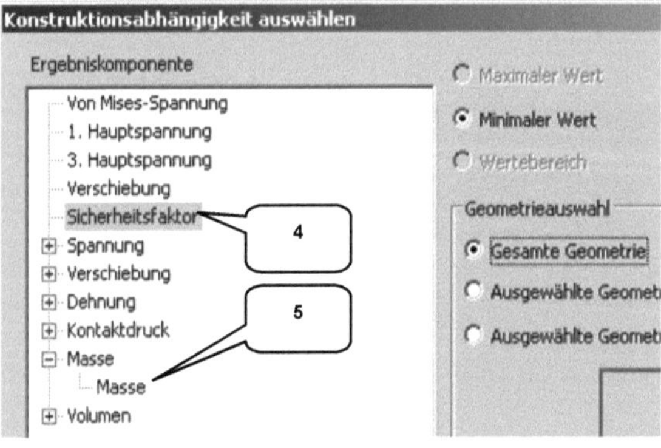

> *Rechte Maustaste* auf markiertes Feld (2)
> Konstruktionsabhängigkeit hinzufügen (3)
> Aktivieren: Masse (5)
> ▭ *OK*

Sicherheitsfaktor und *Masse* sollten jetzt in der parametrischen Tabelle dargestellt werden (6). In der Spalte *Abhängigkeitstyp* (7) müsste die Option *Wert anzeigen* aktiviert worden sein.

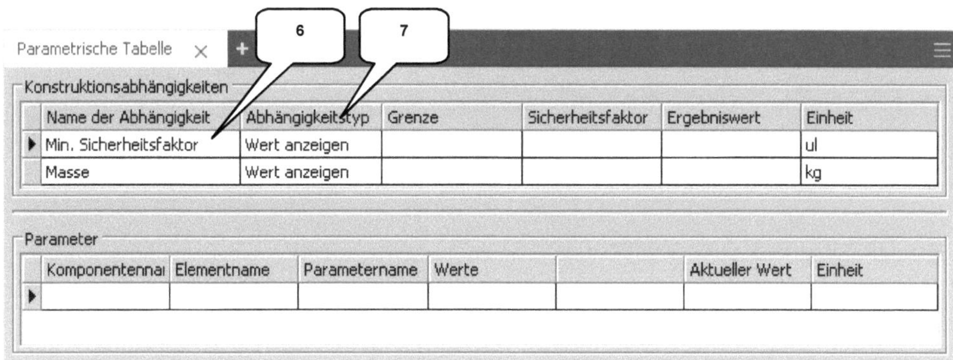

Name der Abhängigkeit	Abhängigkeitstyp	Grenze	Sicherheitsfaktor	Ergebniswert	Einheit
▶ Min. Sicherheitsfaktor	Wert anzeigen				ul
Masse	Wert anzeigen				kg

Komponentennar	Elementname	Parametername	Werte		Aktueller Wert	Einheit
▶						

9.4.3 Studien-Parameter auswählen

Die Auswahl der zur Analyse zu verwendenden Bauteileigenschaften erfolgt im Browser des Programms. Hierfür muss im Browser mit der rechten Maustaste auf das Bauteil **Rad-Bolzen-VR** geklickt werden, um anschließend im Kontextmenü die Option **Parameter anzeigen** auszuwählen.

Im aktuellen Übungsbeispiel sollen für die Berechnungen die bereits dafür vorbereiteten Parameter **Schenkelbreite** und **Schenkeldurchmesser** verwendet werden.

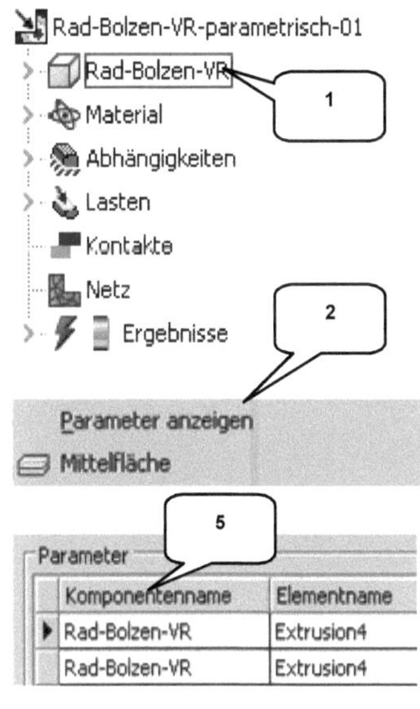

> **Rechte Maustaste** auf **Rad-Bolzen-VR** (1)

> Parameter anzeigen (2)

> Aktivieren: Schenkelbreite (3)

> Aktivieren: Schenkeldurchmesser (4)

> OK **OK**

Wurden die beiden Parameter korrekt ausgewählt so sollten diese jetzt in der **parametrischen Tabelle** auftauchen (5).

9.4.4 Simulation ausführen und aufzeichnen

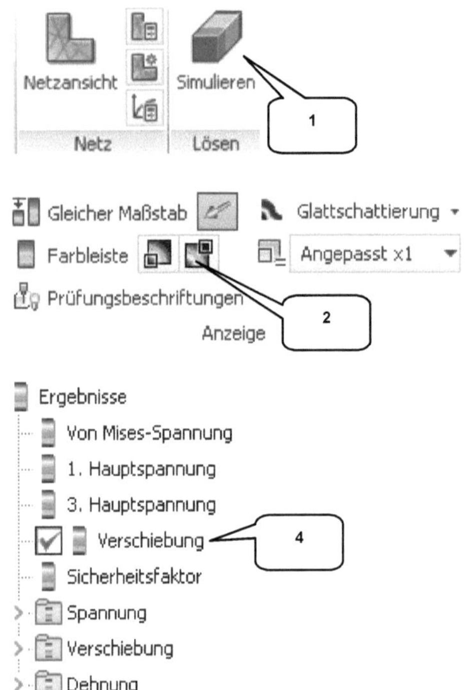

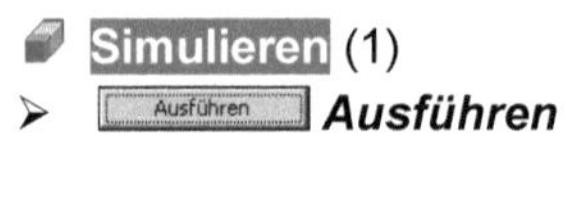

Sobald die beiden letzten Einstellungen vorgenommen wurden kann mit einer ersten **Simulation** begonnen werden.

Simulieren (1)
➢ **Ausführen** _Ausführen_

Maximalwert (2)

Die maximale Spannung tritt mit ca. **26 MPa** zwischen dem oberen Zylindersegment des Radbolzens und dem Übergangsbereich zum unteren Zylindersegment auf (3).

➢ **Doppelklick** auf **Verschiebung** (4)

Aktiviert man im Browser des Programms die **Verschiebung**, so ist zu erkennen, dass der Maximalwert mit ca. **0,02 mm** am Ende des unteren Zylindersegments auftritt (5), weil das Bauteil hier nicht eingespannt ist.

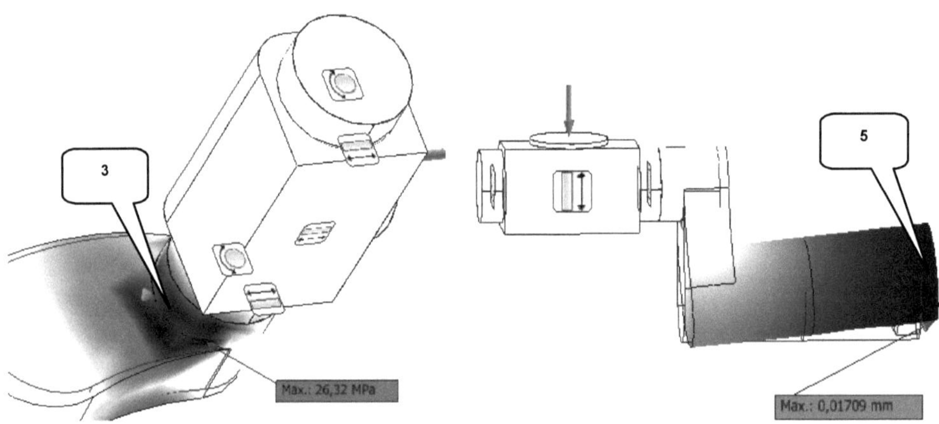

Auch im Bereich der **parametrischen Tabelle** können jetzt Ergebnisse entnommen werden. Der **minimale Sicherheitsfaktor** liegt derzeit bei ca. **7,86** (6) und die **Masse** des Bauteils beträgt bei den derzeitigen geometrischen Eigenschaften ca. **0,25 kg** (7).

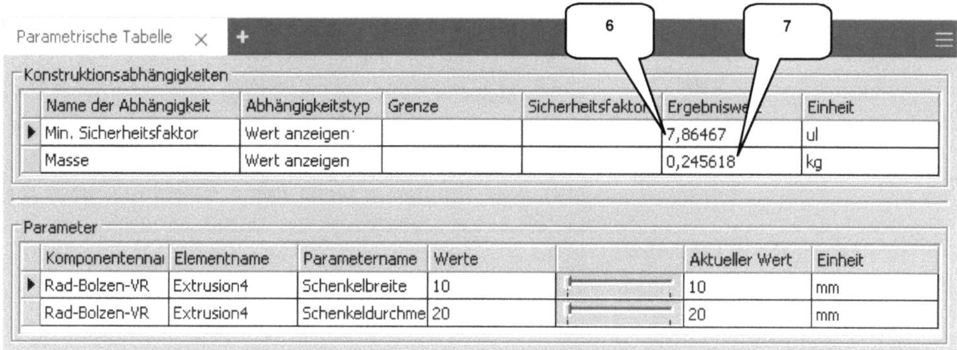

9.4.5 Parametrische Tabelle bearbeiten

Parametrisch ist die aktuelle Studie zum derzeitigen Zeitpunkt natürlich noch nicht. Parametrisch wird die Studie erst dann, wenn verschiedene Wertebereiche berechnet und miteinander verglichen werden. Hierfür muss der Wertebereich der Tabelle weiter bearbeitet werden.

Die aktuelle Höhe der Schenkel-Extrusion (**Schenkelbreite**) beträgt exakt 10 mm. Dieser konstante Wert soll jetzt durch einen variablen **Wertebereich** von **8** bis **12 mm** ersetzt werden. Weiterhin muss dem Programm vorgegeben werden, welche Schritteinteilung dabei zu verwenden ist: es sollen insgesamt **5** Rechenschritte durchgeführt werden. Das Programm soll also die Breite des Schenkels in den Schritten: 8, 9, 10, 11 und 12 mm berechnen. Die genaue Eingabe für das Programm hierfür lautet: **8-12:5**.

Weiterhin soll der Durchmesser des Schenkels (**Schenkeldurchmesser**) variiert werden. Der aktuelle Wert 20 mm soll durch den **Wertebereich** von **18** bis **22 mm** ersetzt werden, wobei daraus ebenfalls **5** Rechenschritte entstehen sollen. Das Programm soll also die Schenkeldurchmesser: 18, 19, 20, 21 und 22 mm in die Berechnung mit einbeziehen, was mit der Eingabe **18-22:5** zu hinterlegen ist.

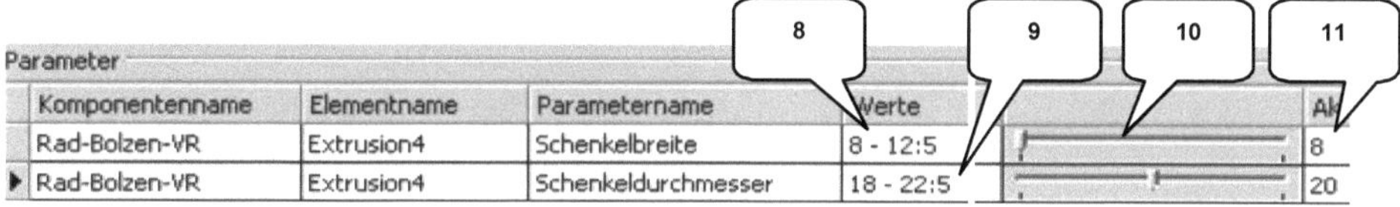

- ➤ Werteeingabe (Schenkelbreite): **8-12:5** (8)
- ➤ Werteeingabe (Schenkeldurchmesser): **18-22:5** (9)

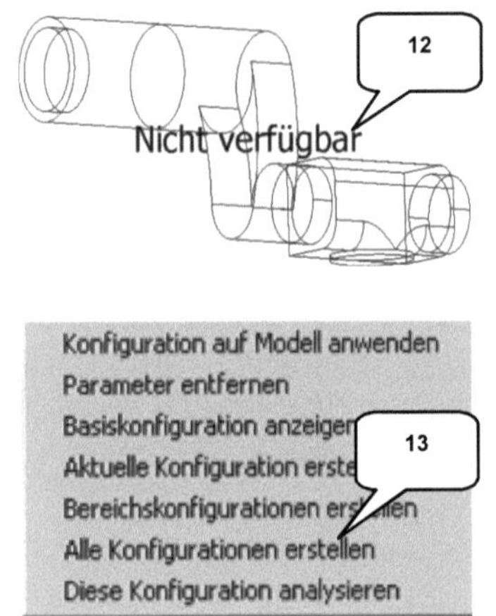

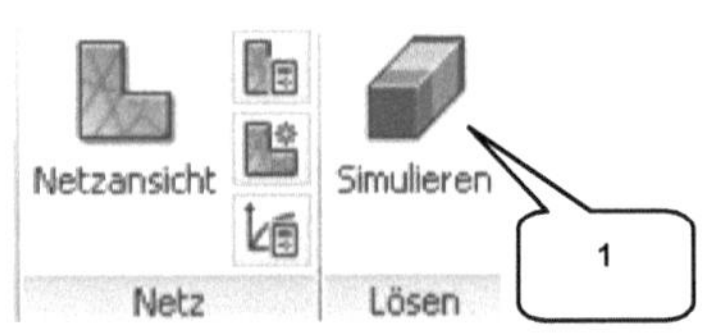

Nach erfolgter Werteeingabe kann man die Schieberegler (10) in beiden Zeilen bereits hin und her bewegen, wobei sich die Werte in der Spalte *Aktueller Wert* (11) verändern sollten. Im Konstruktionsbereich erscheint allerdings lediglich die Hinweismeldung *Nicht verfügbar* (12). Das Programm weist damit darauf hin, dass die aktuellen Konstellationen der Varianten noch nicht berechnet wurden. Um sie zu berechnen muss mit rechter Maustaste auf einen der Schieberegler geklickt und im Kontextmenü die Option *Alle Konfigurationen erstellen* ausgewählt werden.

> *Rechte Maustaste* auf einen *Schieberegler* (10)
> *Alle Konfigurationen erstellen* (13)

Das Programm erstellt danach alle Bauteilvarianten und sobald das Fenster *Konfigurationen erstellen* vom Programm wieder geschlossen wurde, können die einzelnen Konstellationen durch das Bewegen der Schieberegler aktiviert werden. Das Programm zeigt dann jeweils die aktuelle Konstellation wobei die ursprüngliche (eigentlich noch aktuell vorhandene) Bauteilgeometrie parallel dazu weiterhin als Drahtgittermodell dargestellt wird.

9.5 Ergebnisinterpretation
9.5.1 Simulation ausführen

Um die verschiedenen Bauteilkonstellationen in den Ergebnissen verfügbar zu machen, ist eine erneute *Simulation* erforderlich. Erst jetzt werden alle Varianten mit in die Berechnung einbezogen. Hierbei ist es wichtig, nach Befehlsstart im gleichnamigen Befehlsfenster vor der Bestätigung des Befehls (*Ausführen*) im Auswahlmenü die Option *Kompletter Konfigurationssatz* zu aktivieren, da sonst nicht alle 25 Varianten erstellt werden würden.

> *Simulieren* (1)
> Kompletter Konfigurationssatz (2)
> *Ausführen* Ausführen

Bewegt man einen der Schieberegler erneut, so wird der jeweils aktuelle Spannungswert angezeigt. Interessanter ist hier allerdings der Bereich der *Konstruktionsabhängigkeiten*. Jede Bauteilvariante bringt jetzt auch ein eigenes Ergebnis in den Bereichen *Sicherheitsfaktor* und *Bauteilmasse* mit sich und die verschiedenen Varianten können so miteinander verglichen werden.

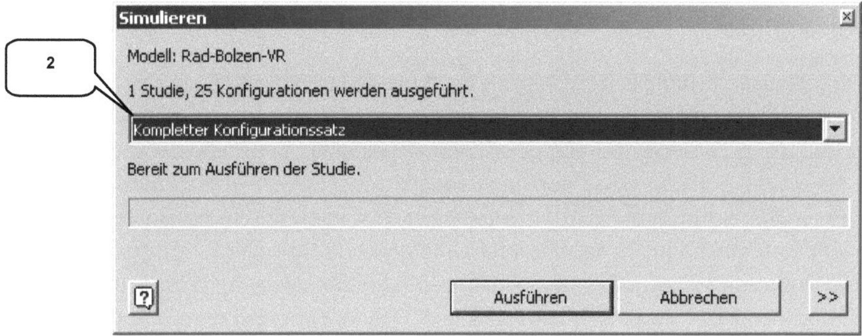

Schiebt man z. B. beide **Schieberegler** ganz nach *links* (3), so hat man einen Sicherheitsfaktor von ca. 6,5 (4) und eine Masse von ca. 0,21 kg (5) bei einer maximalen Von Mises-
Spannung von ca. 31,5 MPa. Schiebt man beide **Schieberegler** ganz nach *rechts* (6) so
hat man einen Sicherheitsfaktor von ca. 8,5 (7) und eine Masse von ca. 0,28 kg (8) bei einer
maximalen Von Mises-Spannung von ca. 24,4 MPa. H

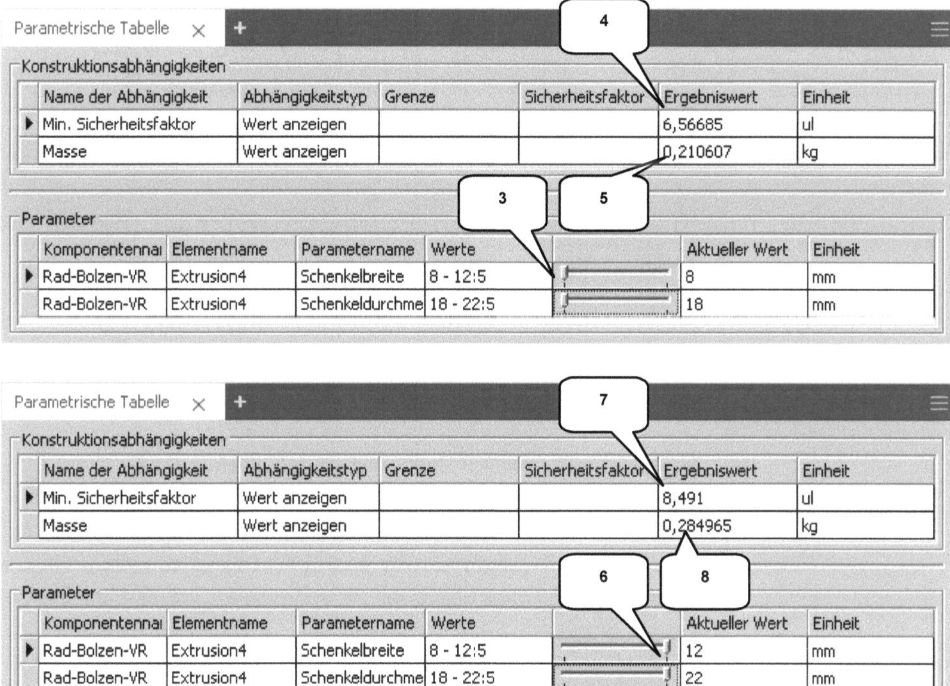

9.5.2 Maximalen Sicherheitsfaktor ermitteln

Die Studie des aktuellen Bauteils ist sicherlich nicht besonders komplex, da das Bauteil zum einen recht einfach aufgebaut ist und zum anderen nur 2 Parameter zur Berechnung verwendet wurden. Um z. B. den größtmöglichen Sicherheitsfaktor zu ermitteln war es hier relativ einfach, da beide Schieberegler nur nach rechts geschoben werden mussten (größte Bauteilabmessungen = maximaler Sicherheitsfaktor). Bei komplizierteren Bauteilen ist das allerdings nicht so einfach und es würde unter Umständen einige Zeit in Anspruch nehmen, den **maximalen Sicherheitsfaktor** manuell mit den Schiebereglern herauszufinden. Hierfür bietet das Programm eine wesentlich komfortablere Option: Erweitert man das Auswahlmenü im Bereich **Abhängigkeitstyp** des Sicherheitsfaktors, so erscheint ein Auswahlfeld, worin die Option **Maximieren** zu aktivieren ist.

➢ Feld **Abhängigkeitstyp** in der Zeile **Sicherheitsfaktor** erweitern (1)

➢ **Maximieren** (2)

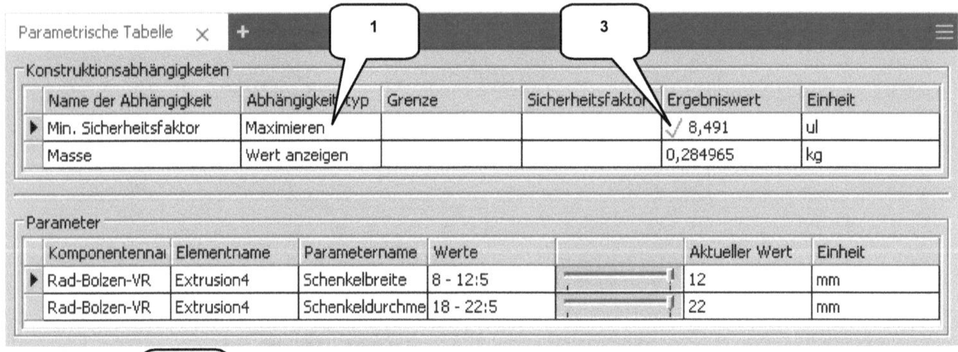

Das Programm signalisiert die Umsetzung der geforderten Auswahl mit einem **grünen Haken** (3).

Natürlich gibt es auch noch weitere Möglichkeiten, z. B. die Darstellung des aktuellen Wertes, die Definition von oberen oder unteren Grenzwerten, die Festlegung eines Bereiches, die Umgehung eines Bereiches und natürlich auch (nicht weniger wichtig als die Ermittlung des Maximalwertes): die Ermittlung eines Minimalwertes. In der folgenden Übung soll daher ermittelt werden, bei welcher Variante die geringste Masse zu erwarten ist.

9.5.3 Minimale Masse ermitteln

Neben dem Sicherheitsfaktor ist das Konstruktionsprinzip der minimalen Masse ein eben-falls sehr wichtiges Kriterium. Leider widersprechen sich beide Kriterien meistens und daher muss oftmals ein Kompromiss gefunden werden. Weil das Maximieren des Sicherheitsfak-tors und das Minimieren des Gewichts grundsätzlich zwei unterschiedliche Konstruktionsan-sätze sind und die Ergebnisse somit generell in zwei verschiedene Richtungen gehen, kann das Programm mit großer Sicherheit nicht beide Extremwerte zeitgleich anzeigen.

Der Abhängigkeitstyp des *Sicherheitsfaktors* sollte also vorab auf die neutrale Option *Wert anzeigen* korrigiert werden. Anschließend kann der *Abhängigkeitstyp* der *Masse* auf die Option *Minimieren* angepasst werden.

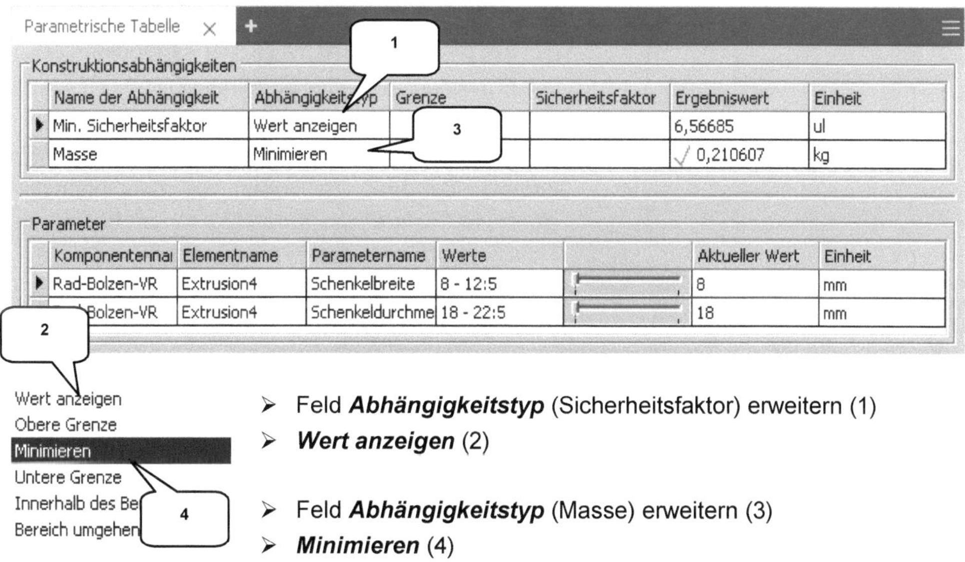

> Feld *Abhängigkeitstyp* (Sicherheitsfaktor) erweitern (1)
> *Wert anzeigen* (2)

> Feld *Abhängigkeitstyp* (Masse) erweitern (3)
> *Minimieren* (4)

Wie zu erwarten wird die geringste Masse bei diesem vereinfachten Übungsbeispiel mit ca. *0,2 kg* erreicht, wenn Schenkelbreite und Schenkeldurchmesser am kleinsten sind.

9.6 Exportieren der Ergebnisse
9.6.1 Berechnungsergebnisse in den Parameter-Manager übernehmen

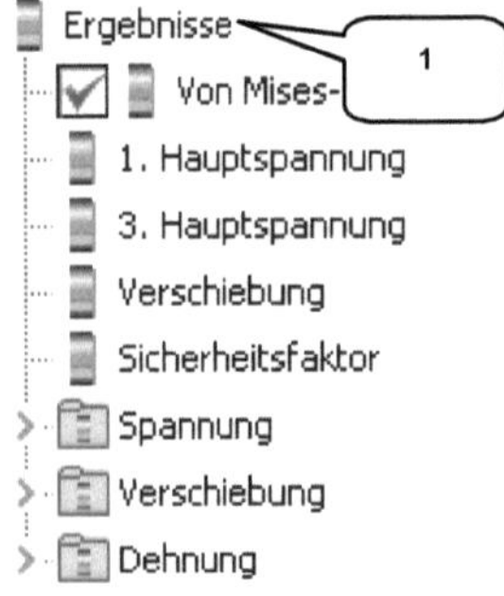

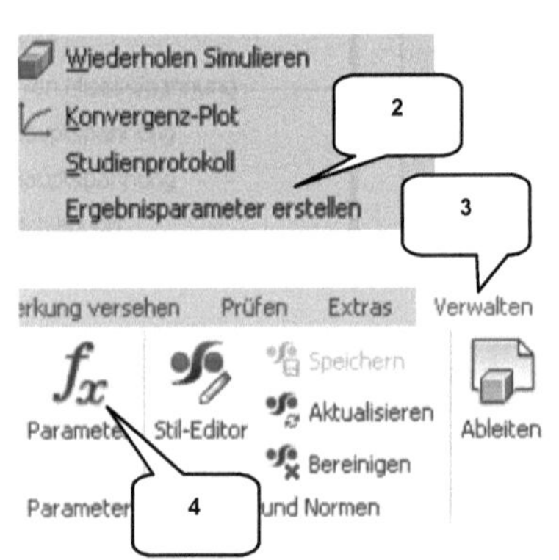

Eine weitere interessante Möglichkeit im Bereich der Belastungsanalyse ist das **Exportieren der Berechnungsergebnisse** in den Parameter-Manager. Die Ergebnisse sind damit auch im Modellbereich vorhanden und können dort weiterverarbeitet werden. Hierfür muss nach erfolgreicher Simulation lediglich mit der rechten Maustaste auf den im Browser befindlichen Ordner **Ergebnisse** geklickt und im Kontextmenu die Option **Ergebnisparameter erstellen** ausgewählt werden.

> **Rechte Maustaste** auf Ordner **Ergebnisse** (1)
> **Ergebnisparameter erstellen** (2)

Öffnet man in der Registerkarte **Verwalten** den **Parameter-Manager**, so sollten die Berechnungsergebnisse (**Referenzparameter**) aus dem Bereich der Belastungsanalyse darin verfügbar sein (5).

> Register **Verwalten** (3)
> f_x **Parameter-Manager** (4)

Parametername	Ein	Einheit/Typ	Gleichung	Nennwert	Tc △	Modellwert	Sch	E	Kommentar
+ Modellparameter									
− Referenzparameter									
sa_eq_min		MPa	0,058 MPa	0,057974	○	0,057974	□	□	Minimalwert
sa_eq_max		MPa	28,677 MPa	28,676801	○	28,676801	□	□	Maximalwert
sa_d_min		mm	0,000 mm	0,000001	○	0,000001	□	□	Minimalwert
sa_d_max		mm	0,021 mm	0,020565	○	0,020565	□	□	Maximalwert
sa_sf_min		oE	7,218 oE	7,218378	○	7,218378	□	□	Minimalwert
sa_sf_max		oE	15,000 oE	15,000000	○	15,000000	□	□	Maximalwert
sa_ps1_min		MPa	-6,081 MPa	-6,080710	○	-6,080710	□	□	Minimalwert
sa_ps1_max		MPa	35,454 MPa	35,453754	○	35,453754	□	□	Maximalwert
sa_ps3_min		MPa	-22,601 MPa	-22,600938	○	-22,600938	□	□	Minimalwert
sa_ps3_max		MPa	9,770 MPa	9,769930	○	9,769930	□	□	Maximalwert
sa_eqst_min		oE	0,000 oE	0,000000	○	0,000000	□	□	Minimalwert
sa_eqst_max		oE	0,000 oE	0,000120	○	0,000120	□	□	Maximalwert
sa_st1_min		oE	-0,000 oE	-0,000001	○	-0,000001	□	□	Minimalwert
sa_st1_max		oE	0,000 oE	0,000143	○	0,000143	□	□	Maximalwert

9.6.2 Optimierte Bauteilgeometrie anwenden

Wurden die parametrischen Studien beendet und wurde daraus eine optimale Bauteilgeometrie ermittelt, kann diese in den Bauteilbereich übertragen werden.

Im vorliegenden Übungsbeispiel sollen z. B. die geometrischen Eigenschaften der Variante mit der geringsten Masse in den Bauteilbereich übertragen werden, d.h. dass die ursprünglichen geometrischen Eigenschaften des Bauteils überschrieben werden sollen. Hierfür muss mit der rechten Maustaste auf einen der **Schieberegler** geklickt werden, um im Kontextmenü die Option **Konfiguration auf Modell anwenden** auszuwählen. Das Programm wird daraufhin ein Hinweisfenster eröffnen welches bestätigt werden muss.

HINWEIS: Werden Konstellationen aus dem Bereich der Belastungsanalyse in das eigentliche Modell übertragen, so wird die ursprüngliche Bauteilgeometrie dabei (nicht wiederherstellbar) überschrieben. Daher sollten parametrische Untersuchungen generell nur an Kopien von Bauteilen (nicht an den Originaldateien) durchgeführt werden.

Bei der aktuellen Übungsdatei spielt das allerdings keine Rolle, weshalb das Originalbauteil auch ohne Bedenken überschrieben werden kann.

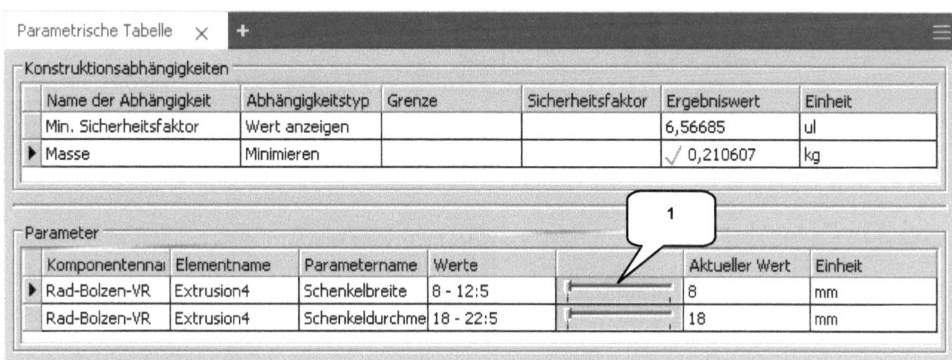

> ➢ **Rechte Maustaste** auf **Schieberegler** (1)
> ➢ **Konfiguration auf Modell anwenden** (2)
> ➢   Ja   **Ja** (3)

✔ **Fertigstellen** (Belastungsanalyse verlassen)

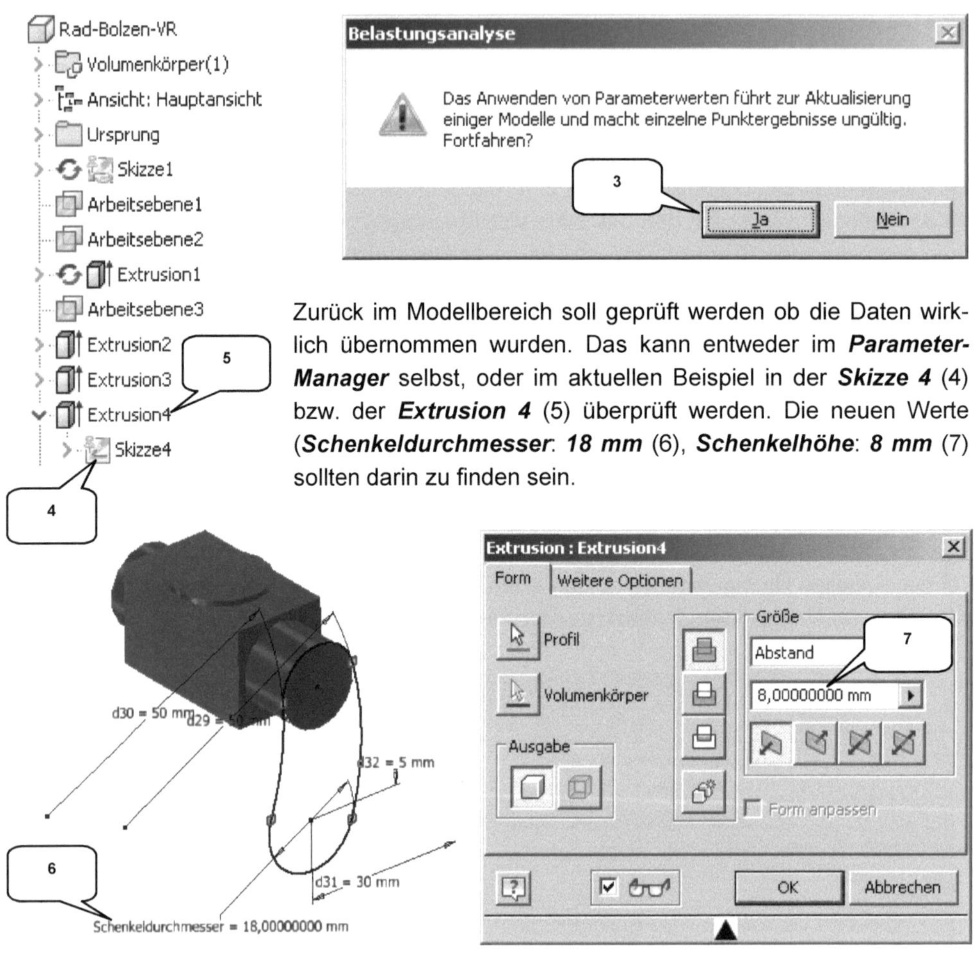

Zurück im Modellbereich soll geprüft werden ob die Daten wirklich übernommen wurden. Das kann entweder im **Parameter-Manager** selbst, oder im aktuellen Beispiel in der **Skizze 4** (4) bzw. der **Extrusion 4** (5) überprüft werden. Die neuen Werte (**Schenkeldurchmesser**: **18 mm** (6), **Schenkelhöhe**: **8 mm** (7) sollten darin zu finden sein.

Das Bauteil kann abschließend *gespeichert* und *geschlossen* werden.

Speichern (Bauteil)

Schließen (Bauteil)

10 Studien dünnwandiger Bauteile

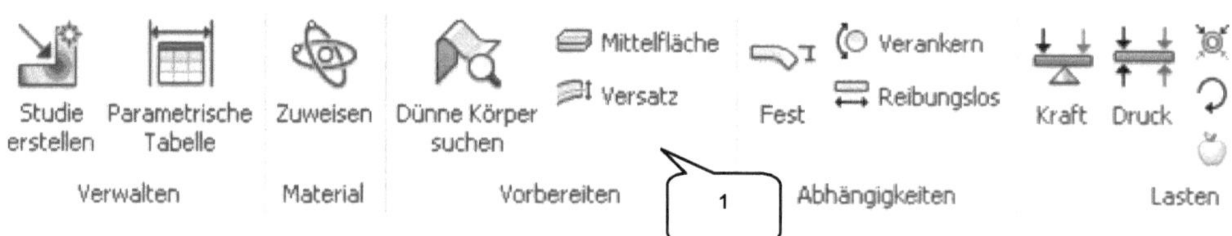

Bauteile bzw. Blechteile mit sehr dünnen Wand- bzw. Blechstärken stellen im Bereich der Belastungsanalyse ein Problem dar: je dünner das Material, desto engmaschiger das Netz. Besonders in den Bereichen von Kanten und Ecken sowie an den schmalen Seitenflächen berechnet das Programm automatisch ein extrem engmaschiges Netz. Diese Prozedur verlangt dem Computer aufgrund der hohen Anzahl an Knoten und Elementen während der Simulation eine sehr hohe Rechenleistung ab und erhöht somit die Berechnungszeit. Dünnwandige Bauteile und Bleche mit geringer Materialstärke sollten daher nicht direkt und unbearbeitet berechnet werden.

Hierfür bietet das Programm die Befehlsgruppe *Vorbereiten* (1). Hier können entsprechende Elemente erkannt und vor der Simulation vereinfacht werden. Das Programm erstellt vereinfachte Ersatzflächen, deren Berechnung später wesentlich schneller erfolgen kann.

10.1   Konstruktion eines dünnwandigen Blechbauteils
10.1.1 Neues Blechbauteil erstellen

Um die Übungen durchführen zu können, soll ein neues *Blechbauteil* erstellt werden.

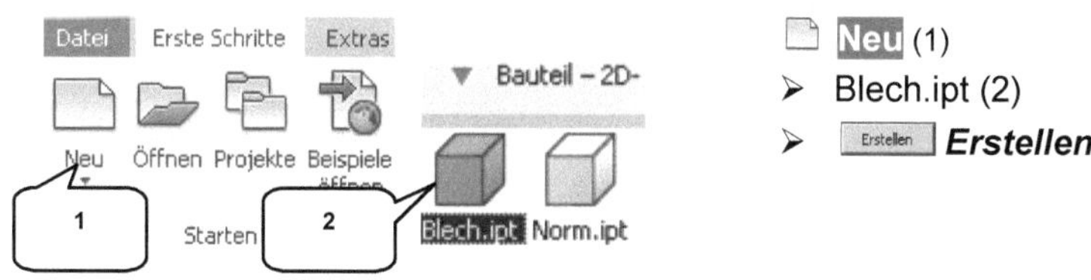

Neu (1)

> Blech.ipt (2)

> Erstellen **Erstellen**

10.1.2 Blechstärke festlegen

Vor der Konstruktion der Basisskizze sollte in den *Blechstandards* die Blechstärke definiert werden. Das Blechbauteil soll lediglich eine Materialstärke von 0,1 mm erhalten (also extrem dünn sein).

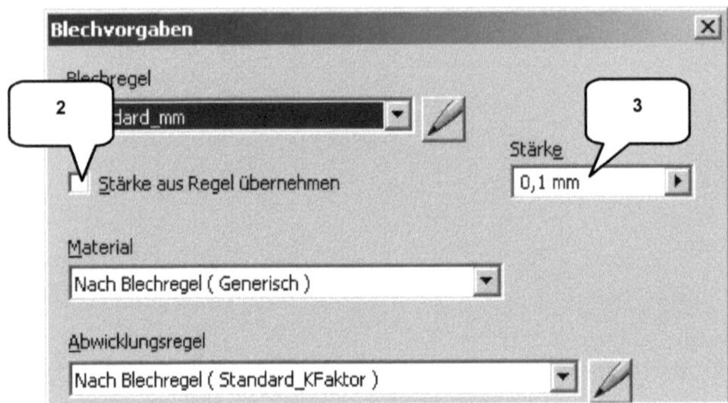

Blechstandards (1)
- Deaktivieren: Stärke aus Regel übernehmen (2)
- Stärke: 0,1 mm (3)
- ☐ OK **OK**

10.1.3 Basiskontur zeichnen

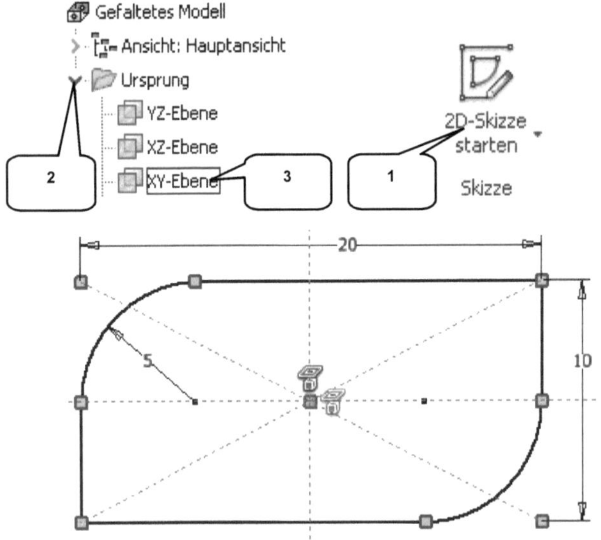

Als Basiskontur soll ein einfaches **Rechteck** gezeichnet werden. Es ist anschließend um zwei Rundungen zu ergänzen.

2D-Skizze starten (1)
- Ordner **Ursprung** erw. (2)
- **XY-Ebene** wählen (3)
- Rechteck (20x10mm) mit zwei Rundungen (5mm) zeichnen wie nebenstehend dargestellt
- ✔ **Fertigstellen**

10.1.4 Fläche erstellen

Die gezeichnete Basiskontur soll mittels Befehl **Fläche** in einen Volumenkörper umgewandelt werden.

Fläche (1)
- (Fläche wird automatisch erkannt)
- ☐ OK **OK**

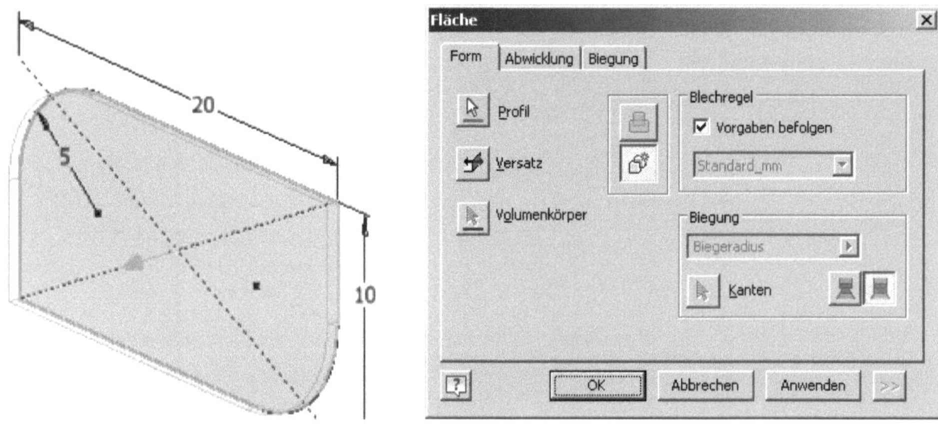

10.1.5 Laschen hinzufügen

Dem Blech sind weiterhin **Laschen** hinzuzufügen.

Lasche (1)

- ➢ Kante: Markierte Kanten wählen (2)
- ➢ Höhengrenzen: Abstand (3)
- ➢ Abstand: 5 mm (4)
- ➢ Laschenwinkel: 90 Grad (5)
- ➢ Biegeradius: Biegeradius (6)
- ➢ Höhenbezugspunkt: Option A (7)
- ➢ Biegungsposition: Option A (8)
- ➢ **Anwenden**

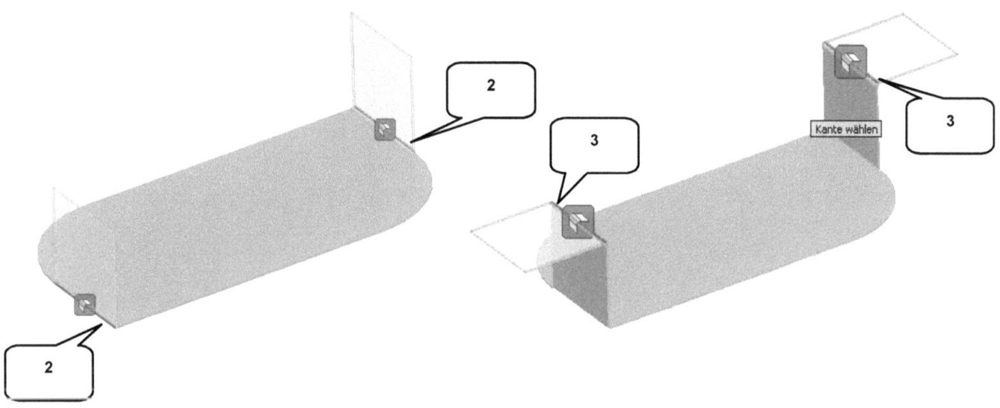

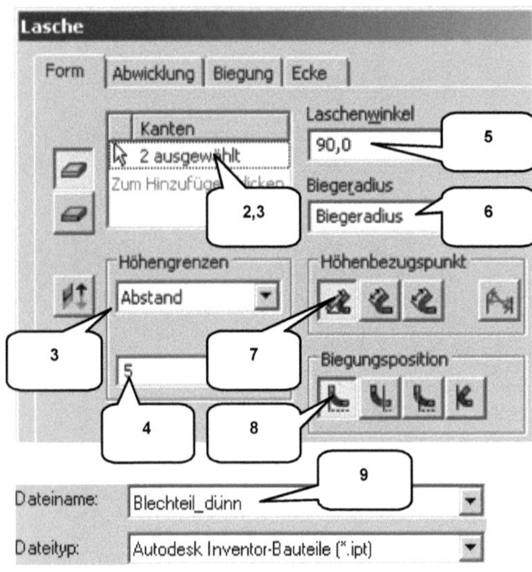

> Kante: Markierte Kanten wählen (3)

> Höhengrenzen: Abstand (3)

> Abstand: 5 mm (4)

> Laschenwinkel: 90 Grad (5)

> Biegeradius: Biegeradius (6)

> Höhenbezugspunkt: Option A (7)

> Biegungsposition: Option A (8)

> OK **OK**

Das Blechbauteil kann jetzt unter der Bezeichnung **Blechbauteil_dünn gespeichert** werden um anschließend in den Bereich der **Belastungsanalyse** zu wechseln.

**Speichern** (Bauteil)

> Name: Blechbauteil _dünn (9)

**Speichern**

10.2 Vorbereitungen im Bereich der Belastungsanalyse treffen
10.2.1 Umgebung der Belastungsanalyse aktivieren

Arbeitsbereich:
Belastungsanalyse

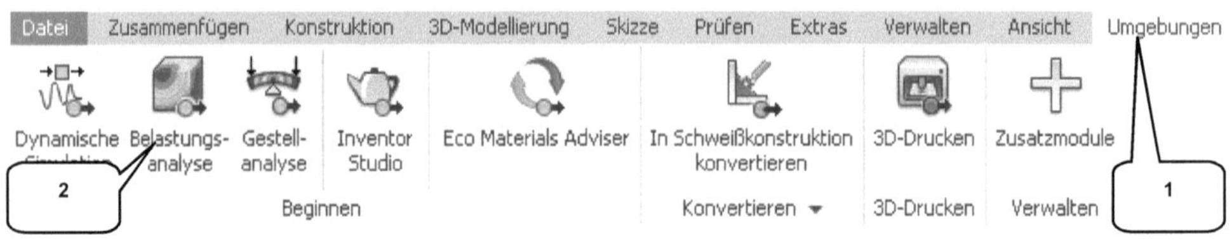

> Register **Umgebungen** (1)

> **Belastungsanalyse** (2)

10.2.2 Einzelpunkt-Studie erstellen

Im Bereich der Belastungsanalyse muss zuerst eine neue **Studie** erstellt werden. Zur Analyse des Blechbauteils ist eine Statische Einzelpunktstudie zu verwenden.

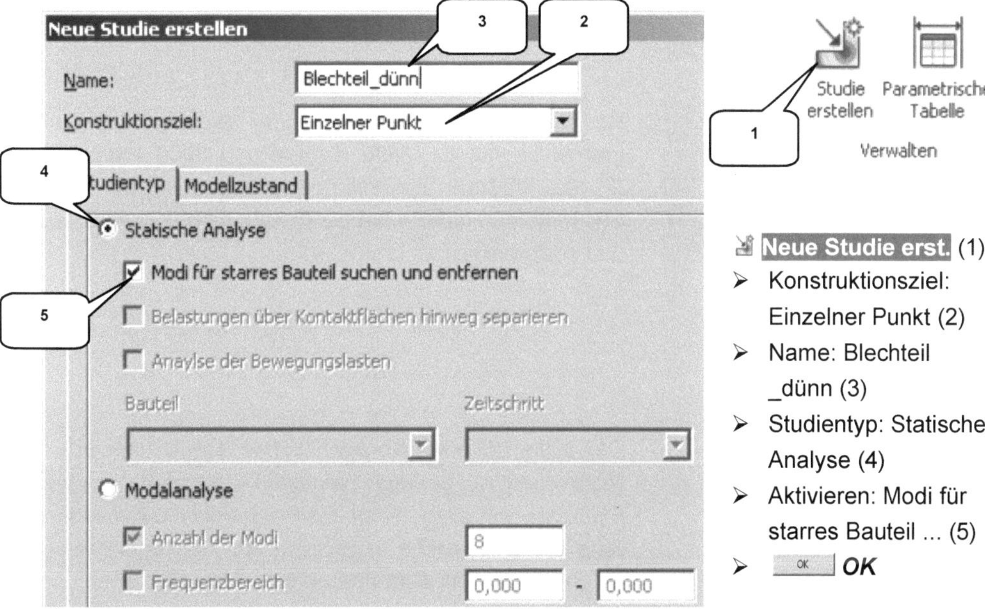

10.2.3 Material zuweisen

Als **Material** soll dem Blech ein unlegierter Stahl zugewiesen werden.

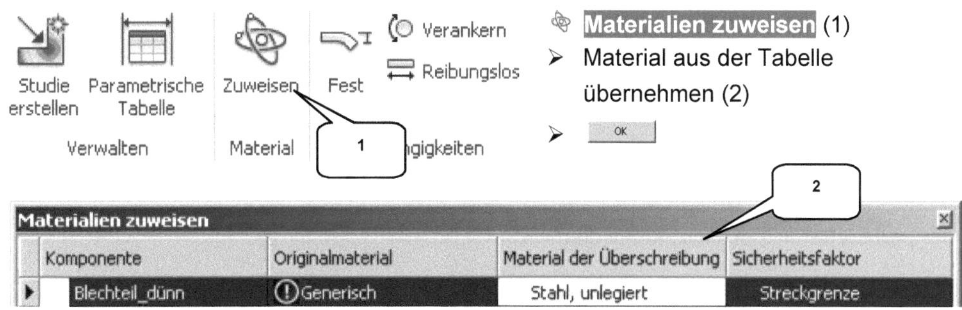

10.2.4 Netzansicht generieren

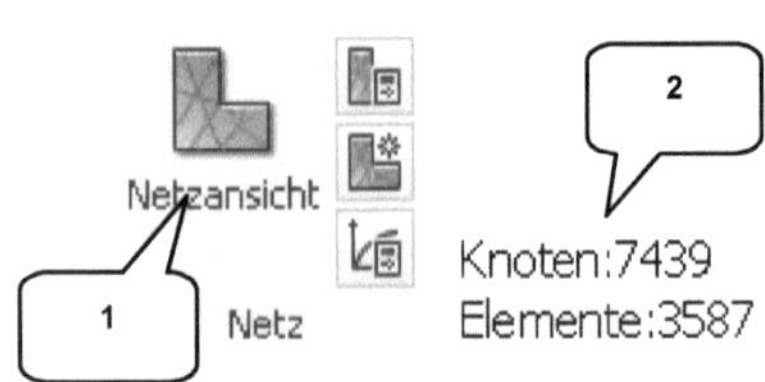

Eine **Netzansicht** soll die aktuelle Anzahl an Knoten und Elementen sichtbar machen, welche zum aktuellen Zeitpunkt erstellt werden würden.

Netzansicht (1)

Bei diesem sehr einfachen Bauteil generiert das Programm bereits ca. **7400 Knoten** und **3600 Elemente** (2). Bei größeren Bauteilen wären es wesentlich mehr Elemente und damit wäre die Berechnung sehr komplex und zeitintensiv.

10.2.5 Grundlagen: Dünne Körper suchen

Dünne Körper suchen (1)

Der Befehl **Dünne Körper suchen** sucht nach Volumenkörpern mit geringer Wandstärke. Wurden derartige Elemente gefunden, bietet das Programm die Konvertierung dieser Bereiche in vereinfachte Flächenelemente an und der Befehl **Mittelfläche** wird gestartet.

10.2.6 Grundlagen: Mittelfläche und Versatz

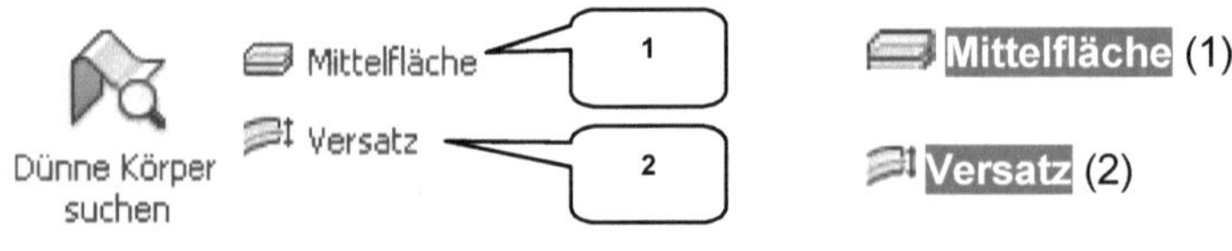

Mittelfläche (1)

Versatz (2)

Der Befehl **Mittelfläche** kann auch direkt gestartet werden. Das Programm erstellt dabei eine neutrale Fläche, welche durch die Bauteilmitte führt. Hierfür berechnet es eine vereinfachte Netzstruktur, wobei der Rechenaufwand aufgrund einer dezimierten Anzahl an Knoten und Elementen erheblich minimiert wird.

Der Befehl **Versatz** ähnelt grundsätzlich dem Befehl **Mittelfläche**. Allerdings wird hier keine Ersatzfläche des Blechbauteils entlang der neutralen Faser erstellt, sondern es wird eine Ersatzfläche in einem definierten Abstand erzeugt.

Die Option **Angrenzende Flächen** (3) legt fest, ob die Flächenauswahl bei tangential angrenzenden Flächen auf die nächste Fläche übergreifen soll. Wurde diese Option deaktiviert, so können auch einzelne Flächen ausgewählt werden. Die **Dicke** (4) stellt neue (theoretische) Materialstärke dar. Der **Abstand** (5) kann nicht eingestellt werden. Er resultiert aus dem halbierten Wert der Dicke und entspricht der (theoretischen) neutralen Faser des neu definierten Bauteils.

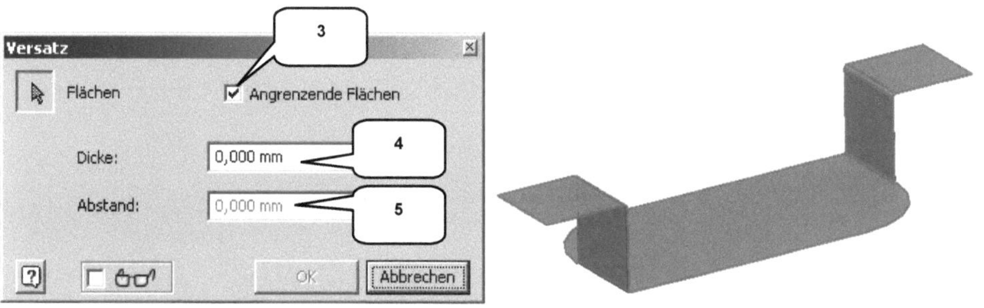

10.2.7 Mittelfläche generieren

Im nächsten Arbeitsschritt soll eine Ersatzfläche entlang der neutralen Faser des Bauteils erstellt werden, wofür der Befehl **Dünne Körper suchen** zu starten ist. Die Suche sollte sich als einfach erweisen, weil das Blechbauteil insgesamt den Kriterien entspricht.

Dünne Körper suchen (1)

> **OK** (Belastungsanalyse)
> **OK** (Mittelfläche)

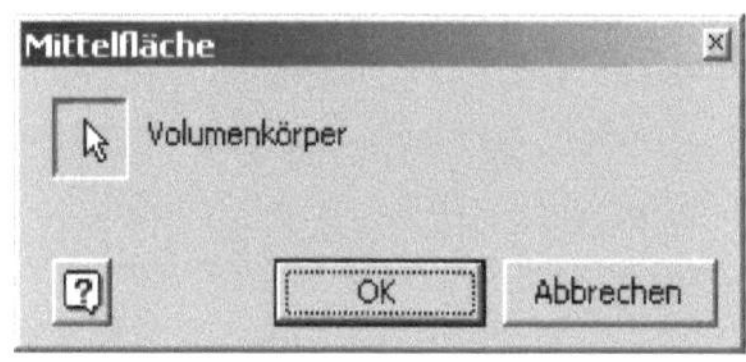

Sobald die beiden Hinweisfenster (**Belastungsanalyse** und **Mittelfläche**) bestätigt wurden, beginnt das Programm damit, automatisch eine Ersatzfläche entlang der neutralen Faser des Blechbauteils zu generieren. Das Bauteil selbst wird dann ausgeblendet, lediglich die hellgelbe Ersatzfläche ist noch leicht zu erkennen (2).

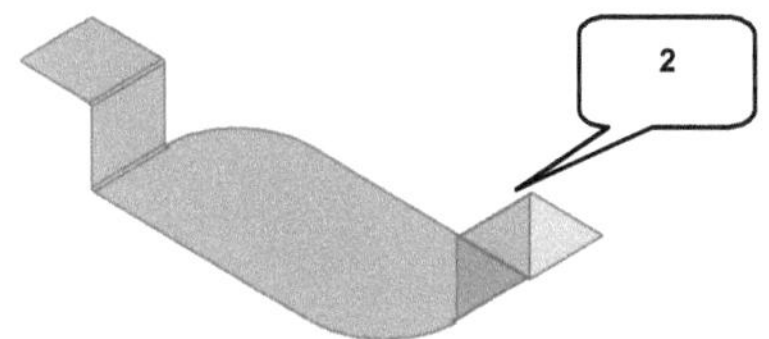

Erweitert man im Browser den Ordner **Wandungen** (3) und dort auch die Ordner **Mittelflächen** (4) und **Blechbauteil _dünn** (5), so findet man darin die neue **Mittelfläche** (6).

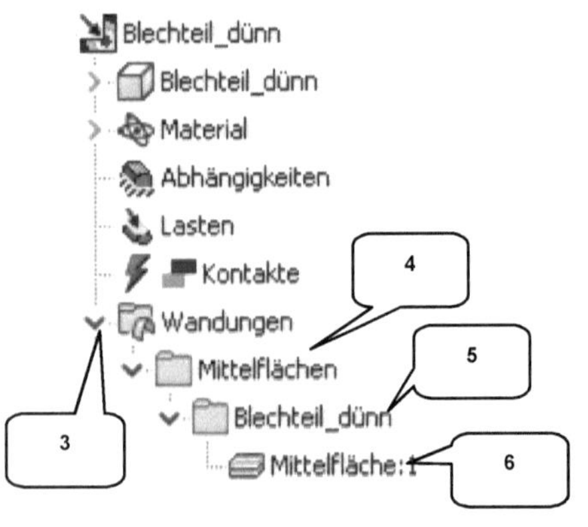

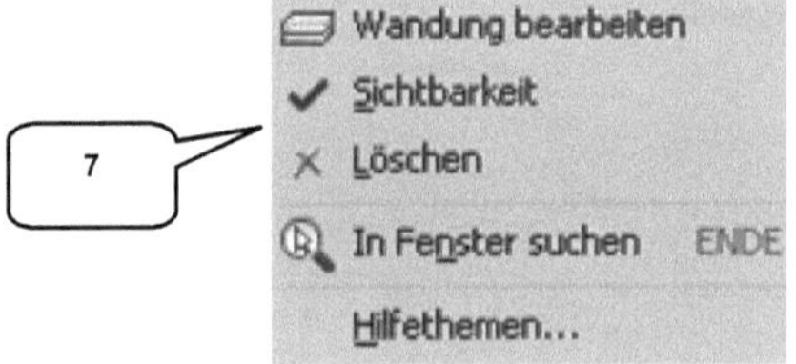

Über das Kontextmenü der rechten Maustaste können dann weitere Bearbeitungsschritte (z. B. **Löschen** oder **Bearbeiten**) durchgeführt werden (7).

10.2.8 Netzansicht generieren

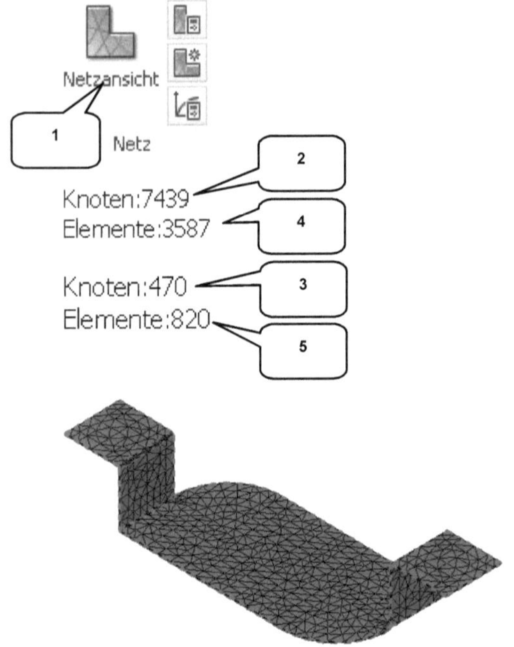

Um zu überprüfen ob die Vereinfachung des Blechbauteils auch eine Dezimierung der Knoten und Elemente mit sich gebracht hat, muss der Befehl **Netzansicht** erneut gestartet werden.

Netzansicht (1)

Die Darstellung der Knoten und Elementen bringt ein eindeutiges Ergebnis: die **Anzahl der Knoten** wurde von vorher **7439** (2) auf aktuell **470** (3) minimiert und die **Anzahl der Elemente** wurde von **3587** (4) auf **820** Elemente (5) verringert. Man sollte dabei beachten, dass es sich hier um ein sehr einfaches Bauteil handelt. Bei komplexen Bauteilen wäre der Erfolg noch wesentlich größer. Der kleine Ausflug in den Bereich der Vereinfachung dünner Objekte soll damit beendet werden und das Blechbauteil kann bereits wieder **gespeichert** und **geschlossen** werden.

Speichern (Bauteil)
Schließen (Bauteil)

11 Modalanalysen

Oftmals ist während der Konstruktion eines Bauteils noch nicht bekannt, welche Belastungen später darauf einwirken werden. Trotzdem kann das Bauteil dann bereits im Bereich der Belastungsanalyse untersucht werden. Bei einer **Modalanalyse** können Objekte auf ihre Eigenschwingungen untersucht werden, was konstruktive Schwachstellen bereits frühzeitig erkennen lässt. Im Ergebnis einer Modalanalyse sind ausschließlich Frequenzen und Richtungstendenzen von Verschiebungen zu erwarten, Kräfte oder Spannungen werden nicht ermittelt.

11.1 Modalanalysen unbefestigter Bauteile
11.1.1 Bauteil HUBRAHMEN öffnen

Als Übungsobjekt soll das Bauteil **Hubrahmen** dienen, was jetzt zu öffnen ist.

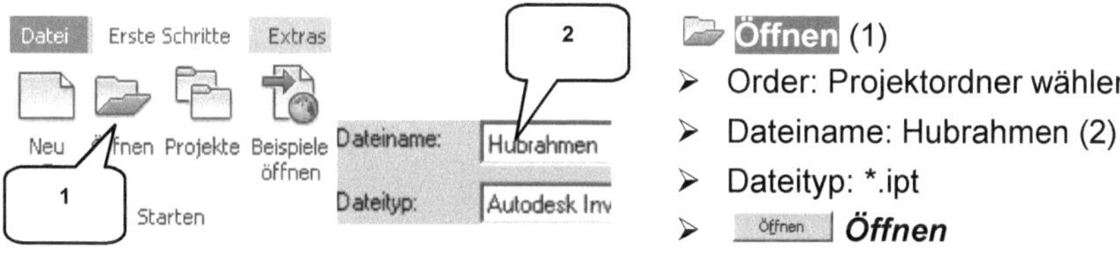

> **Öffnen** (1)
> ➢ Order: Projektordner wählen
> ➢ Dateiname: Hubrahmen (2)
> ➢ Dateityp: *.ipt
> ➢ Öffnen **Öffnen**

11.1.2 Umgebung der Belastungsanalyse aktivieren

Arbeitsbereich:
Belastungsanalyse

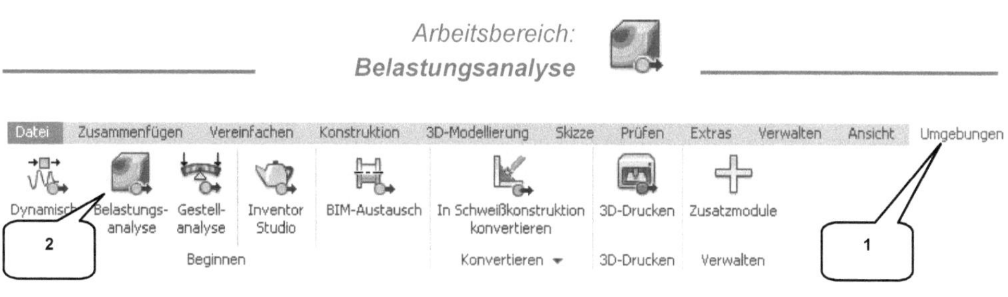

> ➢ Register **Umgebungen** (1)
> **Belastungsanalyse** (2)

11.1.3 Einzelpunkt-Studie erstellen

Die neue Studie soll als **Einzelpunktstudie** definiert werden, diesmal allerdings nicht als statische Analyse, sondern als **Modalanalyse**.

Zusätzlich sollte die Option *Anzahl der Modi* aktiviert und mit den Wert *10* hinterlegt werden. Das Programm soll also die nächsten 10 Frequenzwerte berechnen[10].

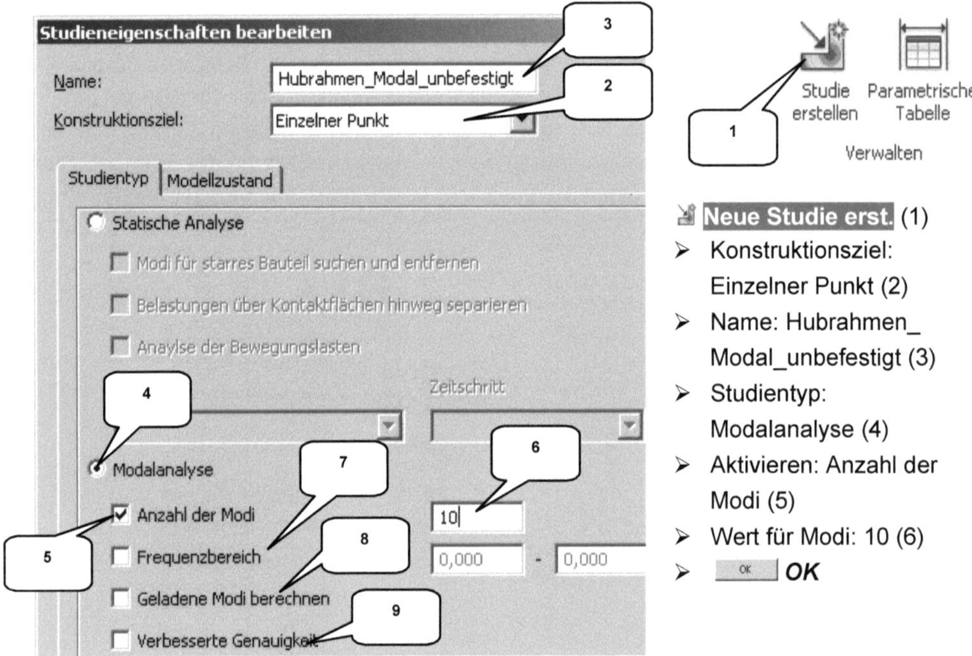

HINWEIS: Soll die Berechnung des Programms auf einen bestimmten Frequenzbereich begrenzt werden, so kann die Option *Frequenzbereich* (7) aktiviert und der Wertebereich hinterlegt werden. Die Option *Geladene Modi berechnen* (8) ermöglicht es, zuerst eine strukturell-statische Simulation auszuführen um daraus die Spannungswerte zu ermitteln. Diese werden dann in die folgende Modalanalyse mit einbezogen und das Bauteil kann mit einer Vorspannung berechnet werden. Die Option *Verbesserte Genauigkeit* (9) präzisiert die Ergebnisse der berechneten Frequenzen, was allerdings den Aufwand der Berechnungen deutlich erhöhen kann.

---

[10] Berechnungen extrem hoher Frequenzen sind selten besonders sinnvoll, weil diese relativ schnell wieder gedämpft werden und für die Bauteile somit kein Problem darstellen. Bei niedrigen Frequenzen ist das anders: Niedrige Frequenzen findet man häufig auch bei technischen Geräten. Treffen niedrige Frequenzen externer technischer Geräte auf gleichgroße Eigenschwingungen eines Bauteils, können dadurch sogenannte Resonanzschwingungen entstehen. Sie können ein Bauteil zerstören.

11.1.4 Material zuweisen

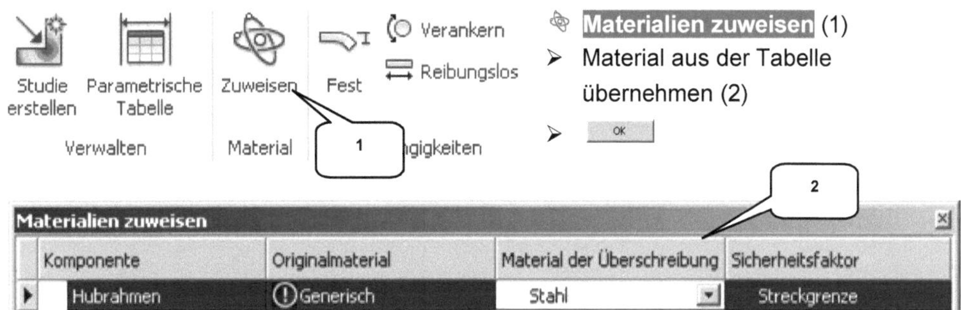

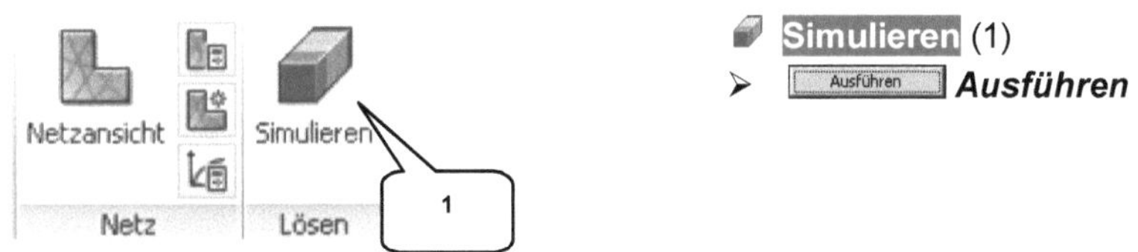

11.1.5 Simulation ausführen

Eine **Simulation** soll erste Ergebnisse liefern.

11.1.6 Ergebnisinterpretation

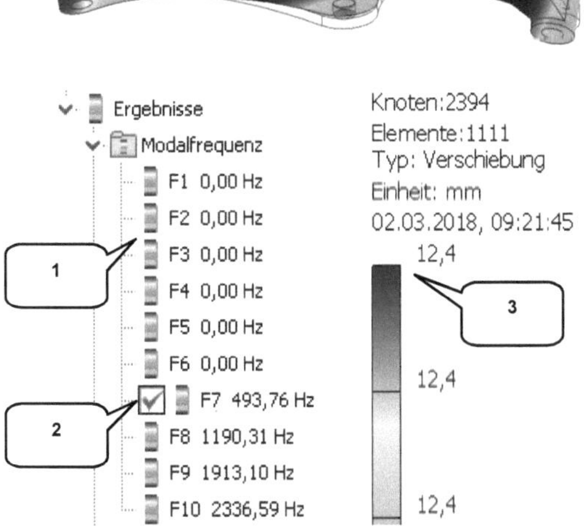

Wird ein Bauteil einer Modalanalyse unterzogen welches noch nicht befestigt wurde, so werden die **ersten 6 Modi** (F1...F6) keine Ergebnisse liefern (1). Sie entsprechen den Bewegungen des Bauteils entlang der Hauptachsen (Starrkörperbewegungen). Erst ab dem **Modi F7** beginnt das Bauteil bei ca. **493 Hz** mit eigenen Frequenzen zu schwingen (2).

Aktiviert man im Browser die Verschiebungen, so werden diese im Bauteil angezeigt (3), stellen allerdings lediglich eine Tendenz dar.

11.2 Modalanalyse befestigter Bauteile
11.2.1 Studie kopieren

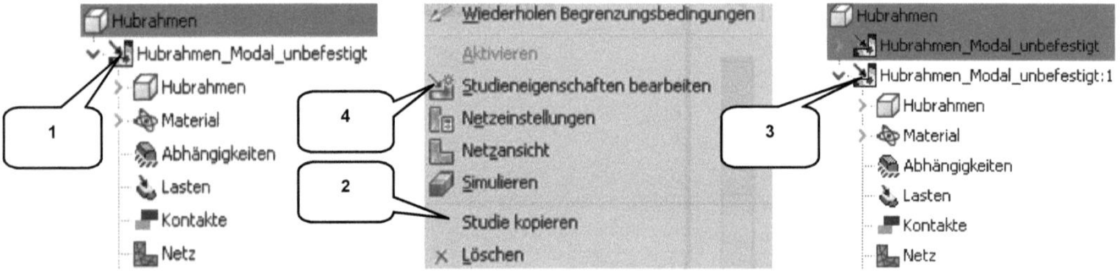

Die aktuelle *Studie* soll jetzt *kopiert* werden.

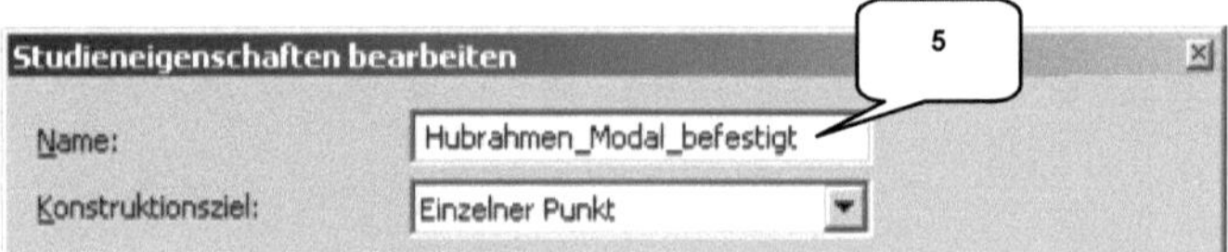

> *Rechte Maustaste* auf *Hubrahmen_Modal_unbefestigt* (1) > *Studie kopieren* (2)
> *Rechte Maustaste* auf *Kopie* (3) > *Studieneigenschaften bearbeiten* (4)
> Neuer Name: *Hubrahmen_Modal_befestigt* (5)
>   OK *OK*

11.2.2 Feste Abhängigkeiten platzieren

Um herauszufinden wie der Hubrahmen bei einer Modalanalyse reagiert, wenn er nicht mehr frei beweglich ist, sollen alle Bohrungsflächen mit *festgelegten Abhängigkeiten* versehen werden.

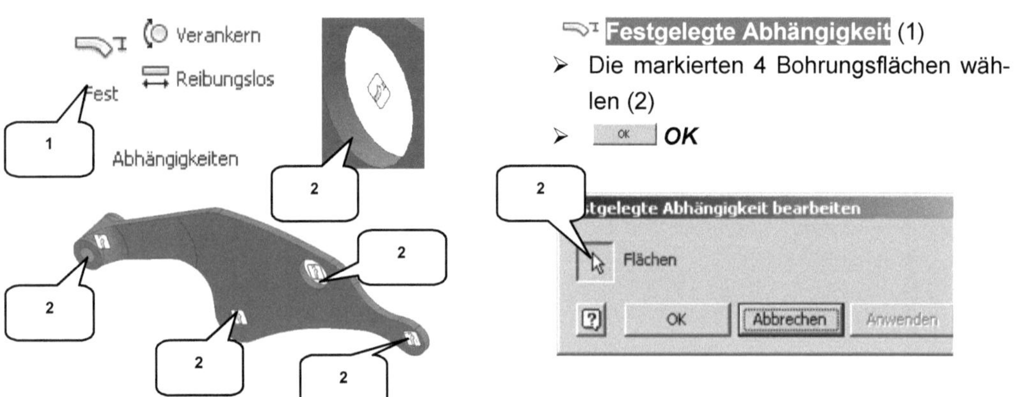

11.2.3 Simulation ausführen

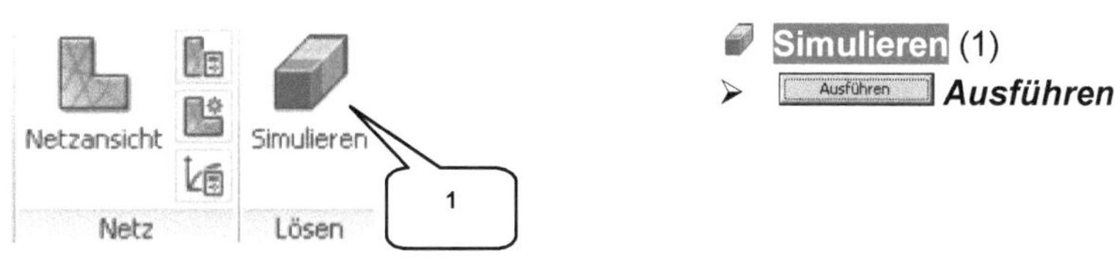

Simulieren (1)
> Ausführen **Ausführen**

11.2.4 Ergebnisinterpretation

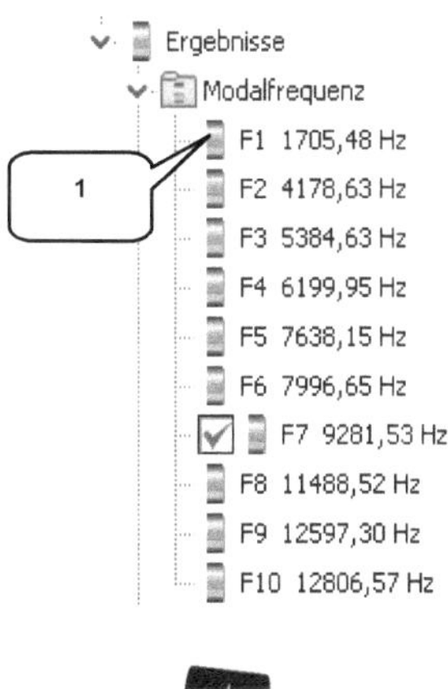

Nachdem der Hubrahmen befestigt wurde liefern auch die ersten 6 Modi Ergebnisse. Das Bauteil kann sich jetzt nicht mehr entlang der 3 Hauptachsen bewegen und ist dadurch gezwungen, entlang der Hauptachsen zu schwingen. Auch die Frequenzen selbst sind wesentlich größer geworden und starten jetzt bereits bei ca. *1700 Hz* (1).

Um in Erfahrung zu bringen in welche *Richtung* das Bauteil bei einer bestimmten Frequenz schwingt, muss der entsprechende Modi per Doppelklick aktiviert werden.

Die *Berechnungsergebnisse* aus der Modalanalyse können jetzt einen Einblick in das Verhalten des Bauteils geben, wenn es mit der bestimmten Frequenz angeregt werden würde. Diese Eigenfrequenzen können dann mit den Frequenzen verglichen werden, welche z. B. durch mechanische Elemente (z. B. vibrierende Maschinen) von außen auf das Bauteil wirken könnten. Würden die Eigenfrequenzen des Bauteils und die des mechanischen Elements in etwa gleich groß sein, könnten sich diese Frequenzen überlagern (Resonanz) und theoretisch stetig steigende Amplituden erzeugen, was unter Umständen zur Zerstörung des Bauteils führen könnte. Wenn ein Bauteil in seiner Konstruktion geändert wird, können solche Resonanzen unter Umständen vermieden bzw. verlagert werden.

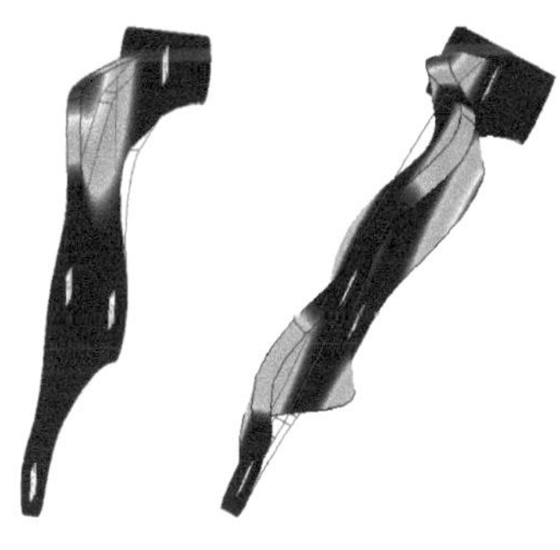

11.2.5 Simulation aufzeichnen

Die zuletzt erzeugte Simulation soll jetzt animiert und als *Video* gespeichert werden. Hierfür sollte das Bauteil noch einmal gedreht, in eine günstige Position gebracht und eine aussagekräftige Frequenz aktiviert werden.

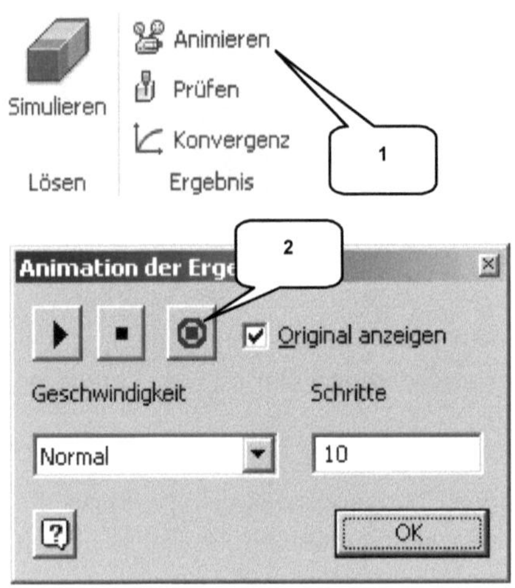

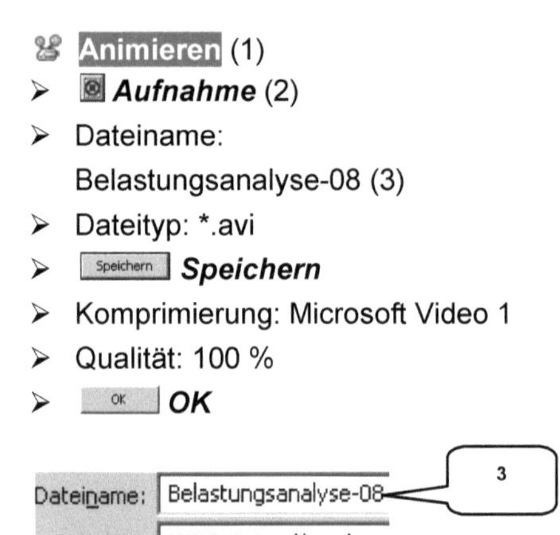

12 Studien an Schweißbaugruppen

Auch **Schweißbaugruppen** können im Bereich der Belastungsanalyse simuliert werden. Anders als bei gewöhnlichen Baugruppen mit beweglichen Bauteilen empfiehlt es sich bei Schweißbaugruppe allerdings nicht, diese vorab im Bereich der dynamischen Simulation für die Belastungsanalyse vorzubereiten: der Aufwand wäre hierfür viel zu groß und würde sich nicht rentieren. Schweißbaugruppen werden in der Belastungsanalyse grundlegend behandelt wie gewöhnliche Bauteile, weil keinerlei bewegliche Gelenke zwischen den einzelnen Komponenten der Schweißbaugruppe vorhanden sind. Eine Besonderheit gibt es allerdings: insbesondere bei Schweißbaugruppen müssen die Eigenschaften der Kontaktflächen beachtet werden.

12.1 Schweißbaugruppe analysieren

12.1.1 Baugruppe SBG-KIPPZYLINDER_FIXIERUNG öffnen

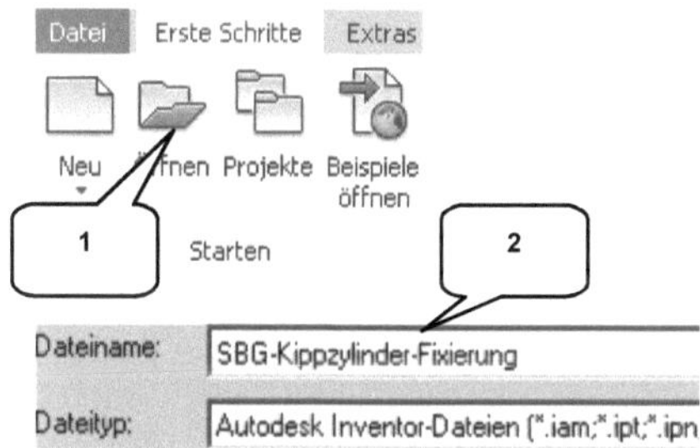

Als Übungsbeispiel soll hier die Baugruppe **SBG-Kippzylinder-Fixierung** verwendet werden, die jetzt zu öffnen ist.

Öffnen (1)
- ➢ Order: Projektordner wählen
- ➢ Dateiname: SBG-Kippzylinder-Fixierung (2)
- ➢ Dateityp: *.iam
- ➢  **Öffnen**

12.1.2 Aufbau der Schweißbaugruppe

Die Schweißbaugruppe besteht aus der **Basisplatte** (1), den beiden **Befestigungsplatten** (2) und den **Schweißnähten** (3). Die beiden Befestigungsplatten liegen auf der Basisplatte auf und werden lediglich durch die Schweißnähte mit dieser verbunden. Das Ziel der folgenden Übung ist es, Kontaktflächen zwischen Bauteilen zu erzeugen, zu überprüfen und gegebenenfalls zu korrigieren.

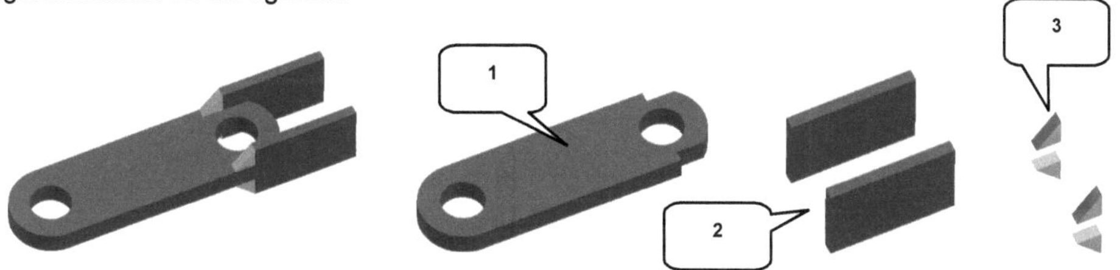

12.2   Randbedingungen definieren
12.2.1 Einzelpunkt-Studie erstellen

Arbeitsbereich:
Belastungsanalyse 

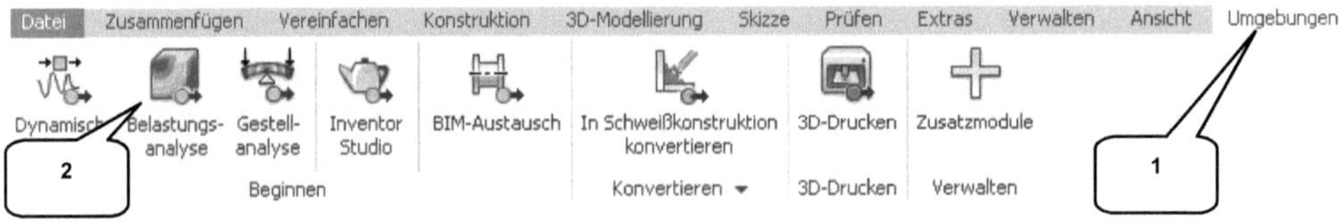

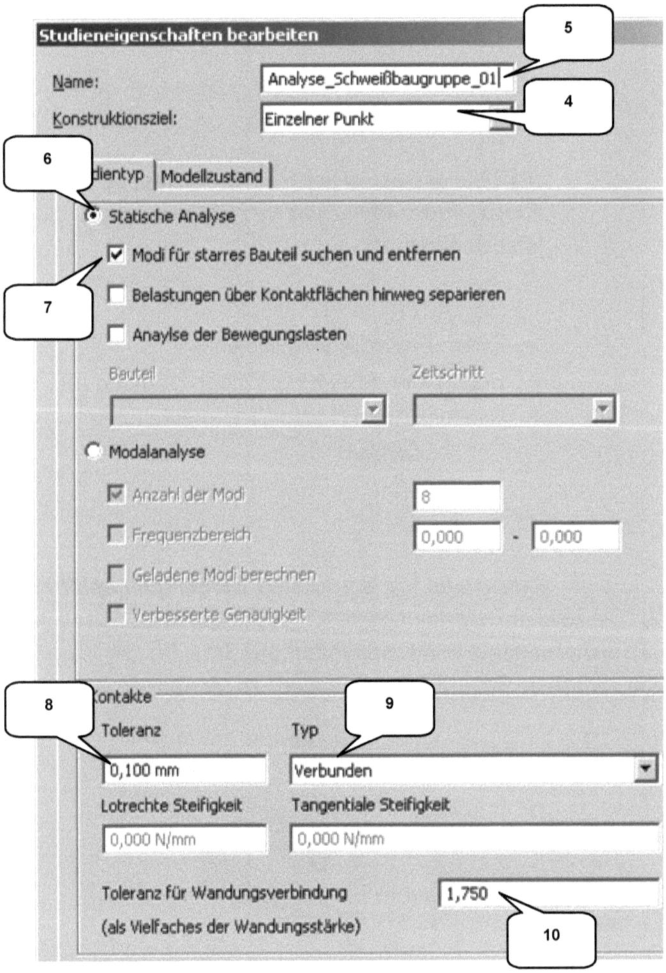

> Reg. **Umgebungen** (1)

Belastungsanalyse (2)

Neue Studie erst. (3)
- > Konstruktionsziel:
  Einzelner Punkt (4)
- > Name: Analyse_
  Schweißbaugruppe_01
  (5)
- > Studientyp:
  Statische Analyse (6)
- > Aktivieren: Modi für
  starres Bauteil ... (7)
- > Toleranz: 0,1 mm (8)
- > Typ: Verbunden (9)
- > Toleranz für Wan-
  dungsverbindung: 1,75
  (10)
- > [OK] **OK**

An dieser Stelle sollte der Bereich **Kontakte** in den Eigenschaften der Studie noch einmal betrachtet werden. Bereits hier wird dem Programm vorgegeben, wie es zu verfahren hat, wenn sich die Oberflächen zweier Bauteile berühren. Im Eingabefeld **Toleranz** wurde der Wert **0,1 mm** (8) eingetragen und als **Typ** die Option **Verbunden** (9) definiert. Damit wurde vorgegeben, dass alle Bauteile, deren Abstand weniger als 0,1 mm zueinander beträgt, als miteinander verbunden zu betrachten sind. Das ist ein wichtiger Punkt, da Bauteiloberflächen sehr häufig aneinander liegen und trotzdem noch aufeinander gleiten können, also noch mindestens 3 Freiheitsgrade besitzen (zwei translatorische und einen rotatorischen). Würde man bei einer Simulation nicht darauf achten, könnte das große Berechnungsfehler zur Folge haben.

12.2.2 Materialien zuweisen

Die folgenden **Materialien** sind zu übernehmen:

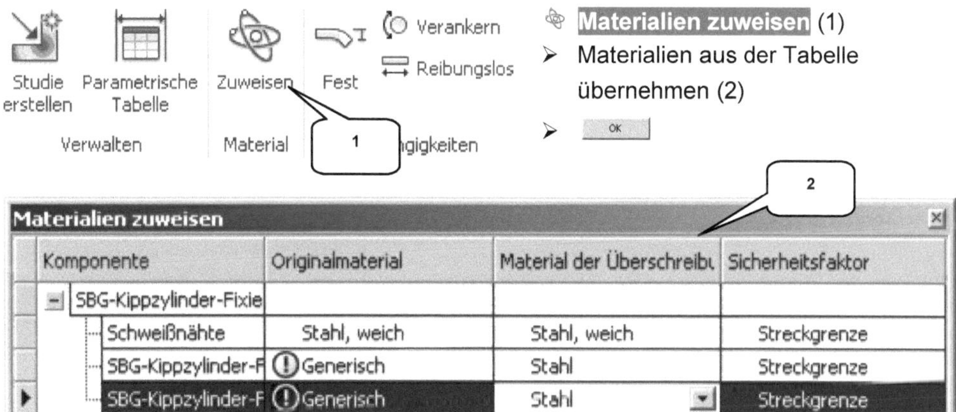

Komponente	Originalmaterial	Material der Überschreib	Sicherheitsfaktor
− SBG-Kippzylinder-Fixie			
Schweißnähte	Stahl, weich	Stahl, weich	Streckgrenze
SBG-Kippzylinder-F ⓘ Generisch		Stahl	Streckgrenze
SBG-Kippzylinder-F ⓘ Generisch		Stahl	Streckgrenze

12.2.3 Randbedingungen analysieren

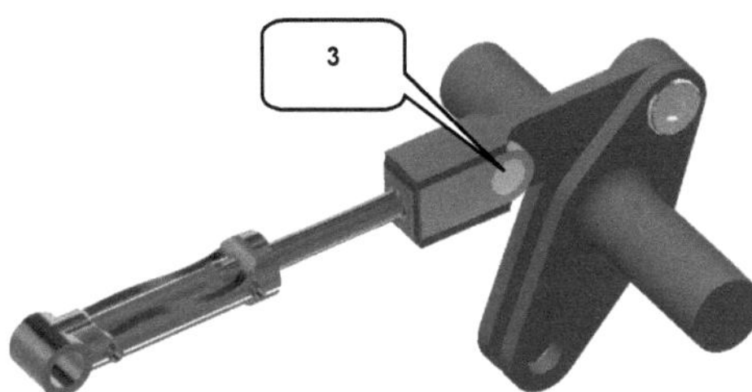

Die **Einbausituation** der Schweißbaugruppe ist die folgende: Durch die beiden Bohrungen ist sie axial auf der einen Seite mit dem Kolben des Kippzylinders verbunden (1), auf der anderen Seite axial mit dem Kipphebel (2). Auf beiden Seiten gibt es zusätzliche reibungslose Abhängigkeiten zu den angrenzenden Komponenten.

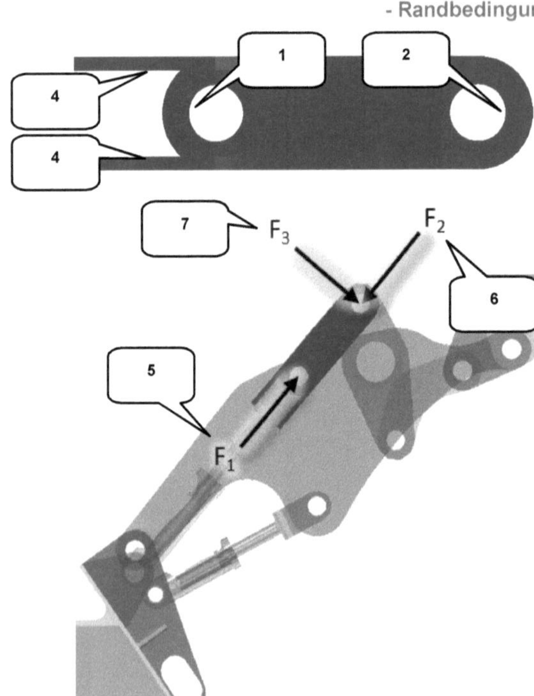

Die beiden Laschen verhindern eine Rotation der Schweißbaugruppe um das Verbindungsgelenk zum Kolben (3) durch die beiden markierten Auflageflächen (4).

Die **Belastungssituation** ist ebenfalls relativ einfach: Der Kolben des Kippzylinders drückt in axialer Richtung mit der Kraft F_1 = **100 N** (5) in die angegebene Richtung, der Kipphebel drückt mit der Kraft F_2 = **100 N** (6) in die entgegengesetzte Richtung.

Weiterhin soll angenommen werden, dass eine zusätzliche Kraft F_3 = **100 N** (7) als radiale Lagerkraft in dargestellter Richtung auf die Verbindungsstelle zwischen Schweißbaugruppe und Kipphebel wirkt.

12.2.4 Reibungslose Abhängigkeiten platzieren

Analog der Einbausituation der Schweißbaugruppe sind insgesamt 6 Kontaktflächen mit **reibungslosen Abhängigkeiten** zu versehen.

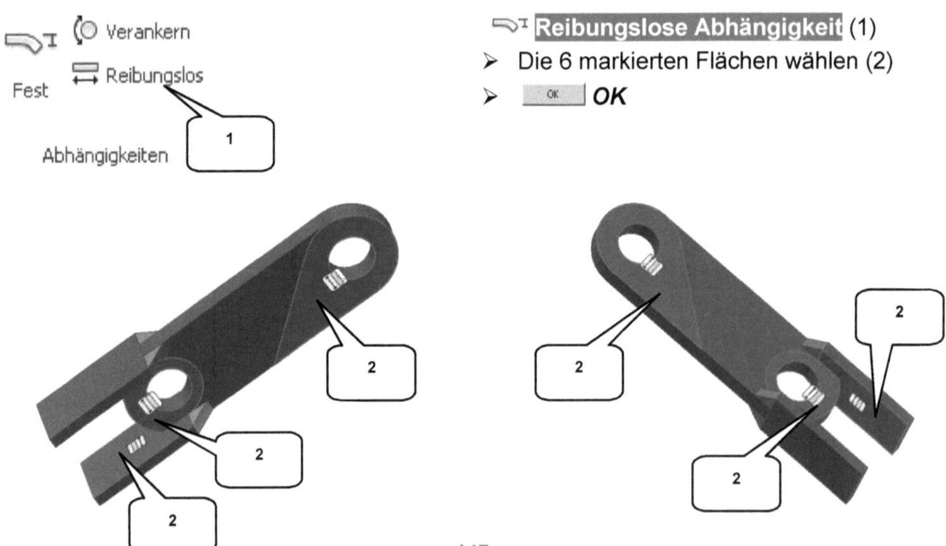

Reibungslose Abhängigkeit (1)
➢ Die 6 markierten Flächen wählen (2)
➢ OK **OK**

12.2.5 Kräfte platzieren

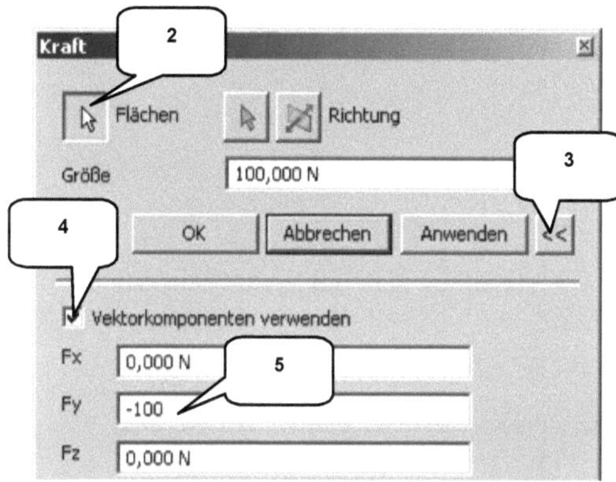

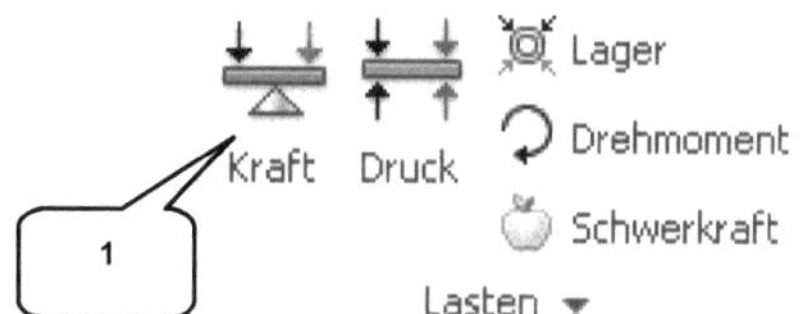

Die **Kraft F_1** wirkt an der Verbindungsstelle zum Kolben des Kippzylinders. Sie wird mit **100 N** angenommen und wirkt entgegengesetzt zur Y-Achse des Koordinatensystems.

Die **Kraft F_2** wirkt an der Verbindungsstelle zum Kipphebel. Sie wird ebenfalls mit **100 N** angenommen und wirkt in Richtung der Y-Achse, also entgegengesetzt zu **F_1**.

Kraft (1)

> Flächen: Markierte zylindrische Bohrungsfläche wählen (2)
> Befehlsfenster erweitern (3)
> Aktivieren: Vektorkomponenten verwenden (4)
> F_y: -100 N (5)
> **Anwenden**

> Flächen: Markierte zylindrische Bohrungsfläche wählen (6)
> F_y: 100 N (7)
> **OK**

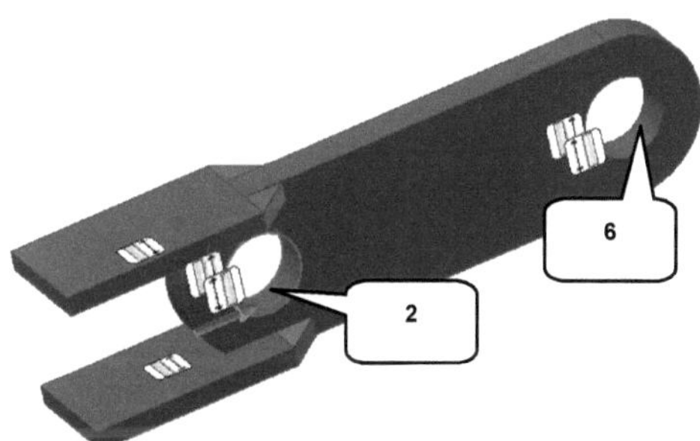

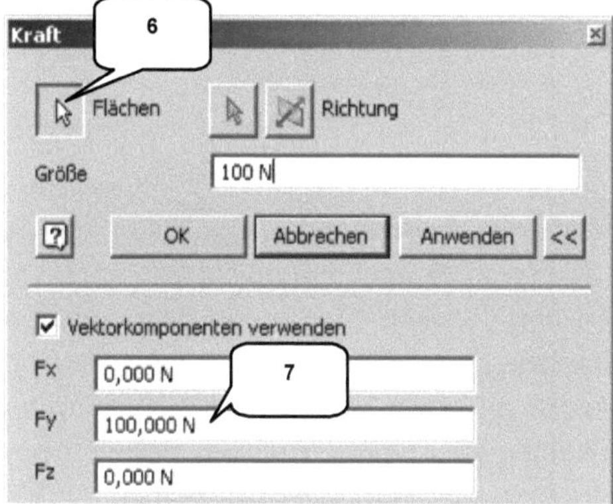

12.2.6 Lagerbelastung platzieren

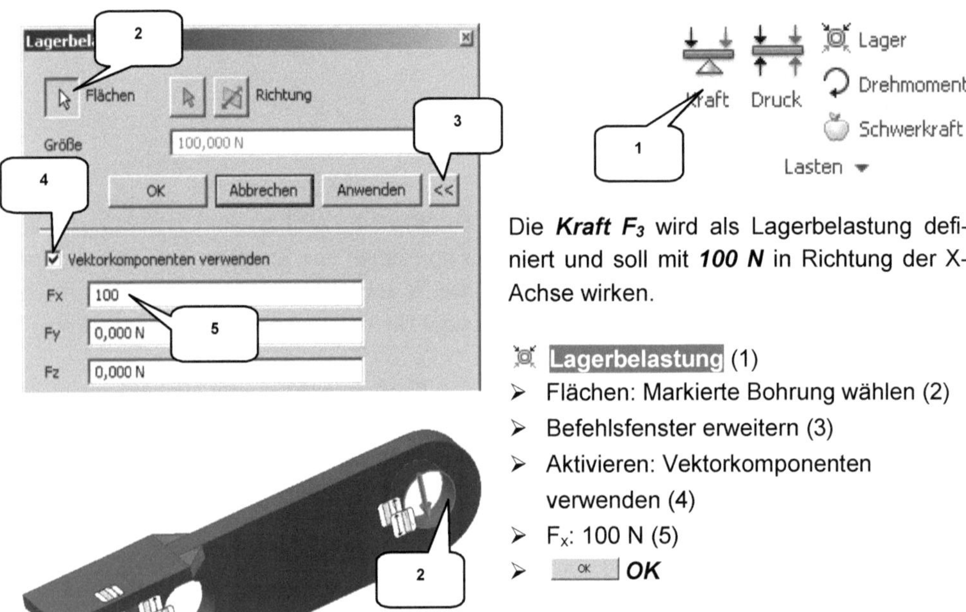

Die **Kraft F_3** wird als Lagerbelastung definiert und soll mit **100 N** in Richtung der X-Achse wirken.

Lagerbelastung (1)

> Flächen: Markierte Bohrung wählen (2)
> Befehlsfenster erweitern (3)
> Aktivieren: Vektorkomponenten verwenden (4)
> F_x: 100 N (5)
> OK **OK**

12.2.7 Grundlagen: Automatische Kontakte und manuelle Kontakte

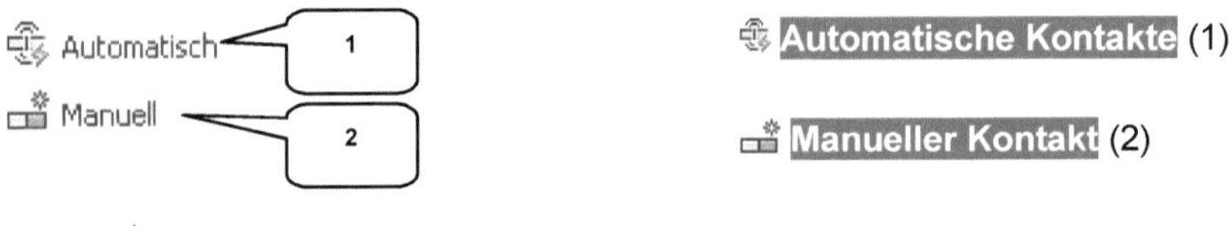

Automatische Kontakte (1)

Manueller Kontakt (2)

Der Befehl **Automatische Kontakte** analysiert Baugruppen und die Kontaktflächen der darin enthaltenen und aneinander angrenzenden Bauteile. Je nach Grundeinstellung (einzustellen entweder im Befehl **Belastungsanalyse-Einstellungen** oder in den **Studieneigenschaften**) werden - in Abhängigkeit der Abstände dieser Kontaktflächen - Bauteile entweder als miteinander **verbunden**, voneinander **getrennt**, **gleitend**, als **Schrumpfverbindung** oder als **Federelement** deklariert. Diese Einstellungen können nachträglich verändert werden. Wird der Befehl **Automatische Kontakte** nicht vor einer Simulation aktiviert, so führt das Programm während der Simulation den Befehl automatisch durch.

Der Befehl **Manueller Kontakt** bearbeitet bereits vorhandene Kontakte und weist ihnen neue Eigenschaften zu. Der Befehl **Automatische Kontakte** muss vorher durchgeführt worden sein!

12.2.8 Kontaktbedingungen berechnen und auswerten

Die **Kontaktbedingungen** sollen jetzt automatisch ermittelt werden.

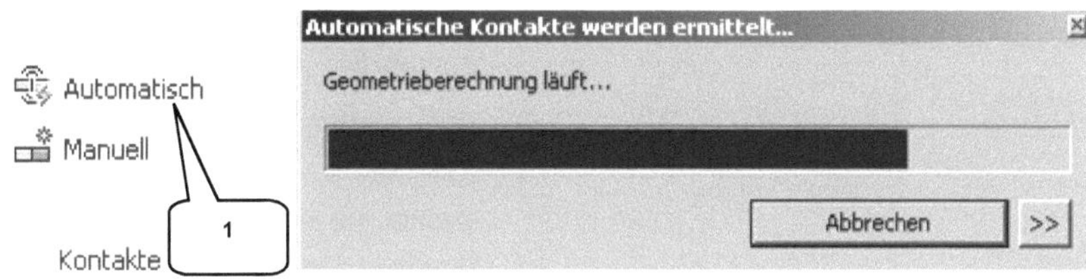

Automatische Kontakte (1)

Nach der Kontaktermittlung können im Browser die Ordner **Kontakte** (2) und **Verbunden** (3) geöffnet werden, worin man die neu erstellten Kontaktverbindungen finden kann. Alle Bauteile deren Abstand weniger als **0,1 mm** zueinander beträgt wurden als miteinander fest verbunden definiert. Bei einer Simulation würden diese Bauteile dann als ein einziges zusammenhängendes Bauteil berechnet werden.

12.3 Simulation der fehlerhaften Kontaktsituation
12.3.1 Simulation ausführen und aufzeichnen

In einer ersten **Simulation** soll geprüft werden, wie die Auswirkungen der aktuellen Kontaktsituation auf die Berechnungen der Belastungsanalyse sind.

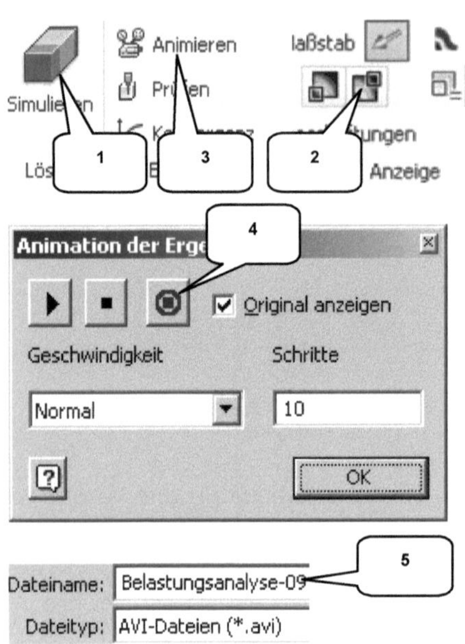

Simulieren (1)

> Ausführen **Ausführen**

Maximalwert (2)

Animieren (3)

> ◉ **Aufnahme** (4)
> Dateiname:
> Belastungsanalyse-09 (5)
> Dateityp: *.avi
> Speichern **Speichern**
> Komprimierung: Microsoft Video 1
> Qualität: 100 %
> OK **OK**

12.3.2 Ergebnisinterpretation

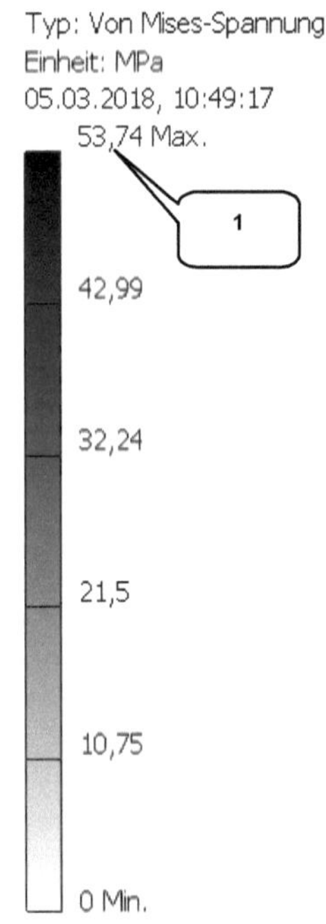

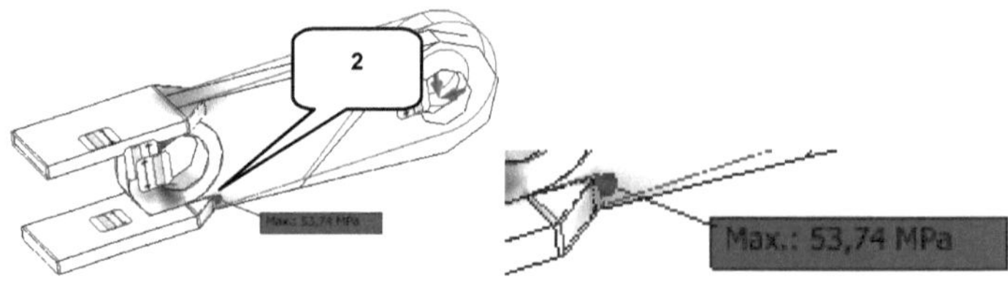

Die maximale Spannung tritt mit ca. **54 MPa** (1) im Bereich der unteren **Schweißnahtverbindung** auf (2). Das Ergebnis würde im aktuellen Fall keine besonderen Probleme des Materials vermuten lassen. Allerdings sollte noch einmal überprüft werden, wie sich die Berechnungsergebnisse verhalten, wenn die Kontaktflächen korrigiert wurden.

Zum aktuellen Zeitpunkt betrachtet das Programm die einzelnen Bauteile ja als eine Gesamtkonstruktion, da die aneinander angrenzenden Kontaktflächen als „miteinander verbunden" deklariert wurden.

12.4 Kontaktbedingungen korrigieren
12.4.1 Kontaktflächen bearbeiten

Im nächsten Schritt soll die Kontaktsituation korrigiert werden, d.h. dass die einzelnen Verbindungen auf ihre Zuordnung zu kontrollieren sind. Bei einer Schweißbaugruppe sollten lediglich die Schweißnähte selbst einen festen Kontakt zu den angrenzenden Bauteiloberflächen haben. Die Oberflächen der Bauteile selbst liegen nur aufeinander, sind aber nicht fest miteinander verbunden. Betrachtet man die als verbunden definierten Flächen im Browser etwas genauer, so kann man feststellen, dass die ersten vier Verbindungen (1) keine Schweißnähte enthalten[11] und daher falsch deklariert wurden. Zur Korrektur dieser Kontaktverbindungen sind die ersten vier Kontakte zu markieren und anschließend zu bearbeiten.

> Kontakte **Verbunden 1..4** im Browser markieren (1)
> **Rechte Maustaste** darauf
> **Kontakt bearbeiten** (2)

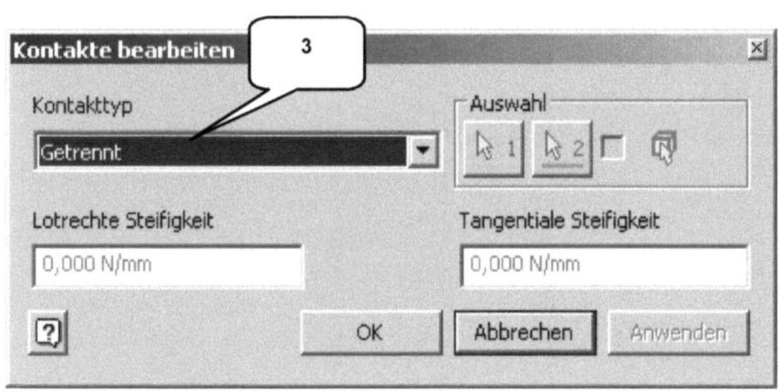

Im Bearbeitungsbereich der Kontakte kann der Kontakttyp jetzt von **Verbunden** auf **Getrennt** geändert werden.

> Kontakttyp: Getrennt (3)
> OK **OK**

---

[11] Die zur Verbindung verwendeten Komponenten können in der Klammer im Browser abgelesen werden.

Sobald das Fenster **Kontakte bearbeiten** wieder geschlossen wurde, sollte der neue Ordner **Getrennt** (4) erstellt worden sein. Öffnet man ihn, so findet man darin die vier geänderten Kontaktverbindungen.

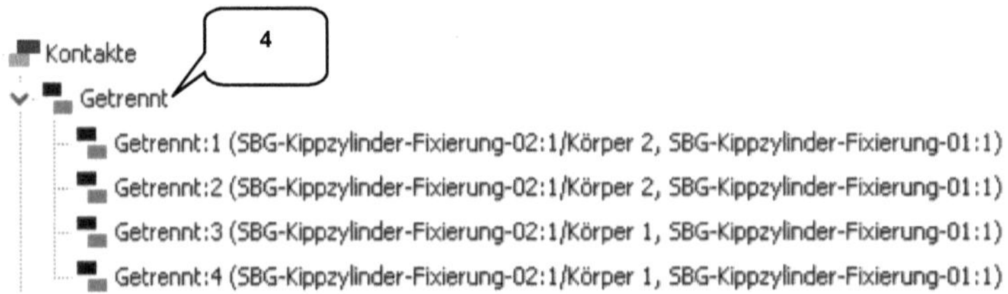

12.4.2 Simulation ausführen und aufzeichnen

> **Simulieren** (1)
> 　Ausführen 　**Ausführen**

> **Maximalwert** (2)

> **Animieren** (3)
> 　◎ **Aufnahme** (4)
> 　Dateiname:
> 　Belastungsanalyse-10 (5)
> 　Dateityp: *.avi
> 　Speichern 　**Speichern**
> 　Komprimierung: Microsoft Video 1
> 　Qualität: 100 %
> 　OK 　**OK**

12.4.3 Ergebnisinterpretation

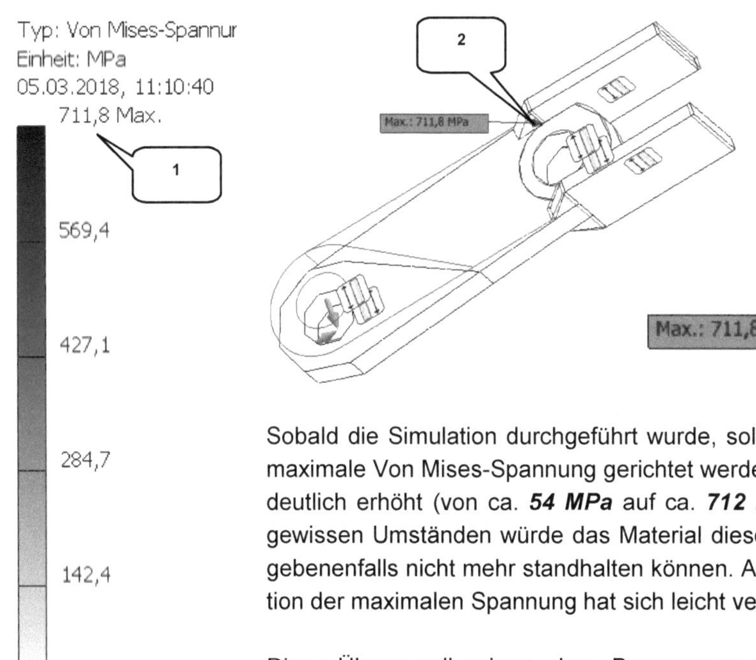

Sobald die Simulation durchgeführt wurde, sollte ein Blick auf die maximale Von Mises-Spannung gerichtet werden. Ihr Wert hat sich deutlich erhöht (von ca. **54 MPa** auf ca. **712 MPa** (1)) und unter gewissen Umständen würde das Material diesen Belastungen gegebenenfalls nicht mehr standhalten können. Auch die lokale Position der maximalen Spannung hat sich leicht verändert (2).

Diese Übung soll zeigen, dass Baugruppen und auch Schweißbaugruppe generell auf ihre Kontaktsituation hin überprüft werden sollten, um aussagefähige Ergebnisse der Simulation zu erhalten. Falsch definierte Kontaktflächen können schwerwiegende Berechnungsfehler zur Folge haben, welche von der realen Berechnung möglicherweise stark abweichen.

Die Schweißbaugruppe kann **gespeichert** und **geschlossen** werden.

■ Speichern (Bauteil)
✖ Schließen (Bauteil)

13 Topologieoptimierung mit dem Formengenerator

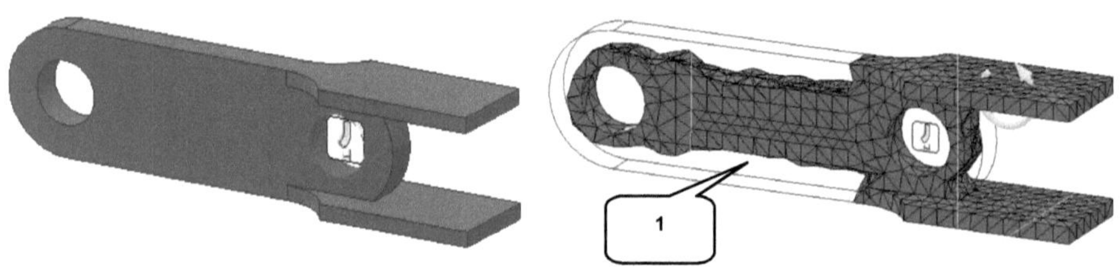

Bei einer *Topologieoptimierung* berechnet das Computerprogramm anhand aller vorliegenden Lasten und Auflager eine vereinfachte Bauteilgeometrie (1). Dabei wird versucht
Material zu entfernen, ohne die Stabilität des Bauteils zu gefährden.

13.1 Formen-Generator-Studie erstellen
13.1.1 Bauteil KIPPZYLINDER_FIXIERUNG öffnen

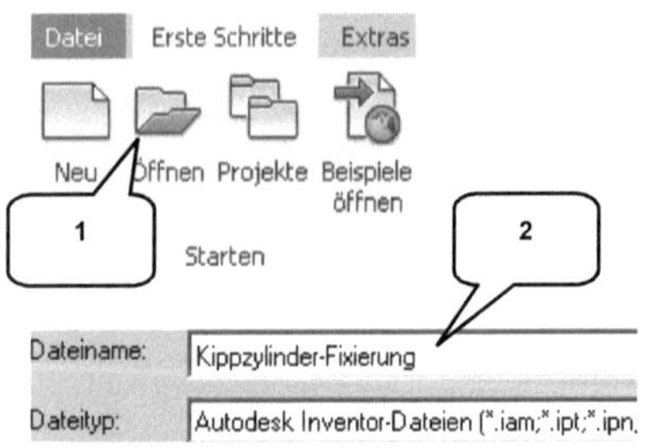

Als Übungsobjekt soll das <u>Bauteil</u> *Kippzylinder-Fixierung* geöffnet werden.

 Öffnen (1)

> Order: Projektordner wählen
> Dateiname: Kippzylinder_Fixierung (2)
> Dateityp: *.ipt
> Öffnen **Öffnen**

13.1.2 Formen-Generator-Studie erstellen

Arbeitsbereich:
Belastungsanalyse

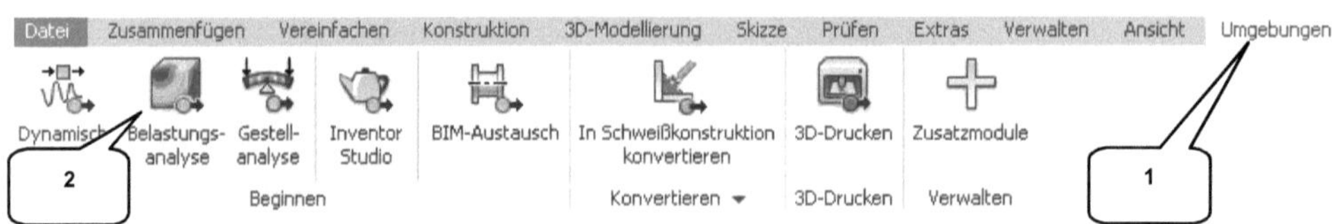

> Register *Umgebungen* (1)

Belastungsanalyse (2)

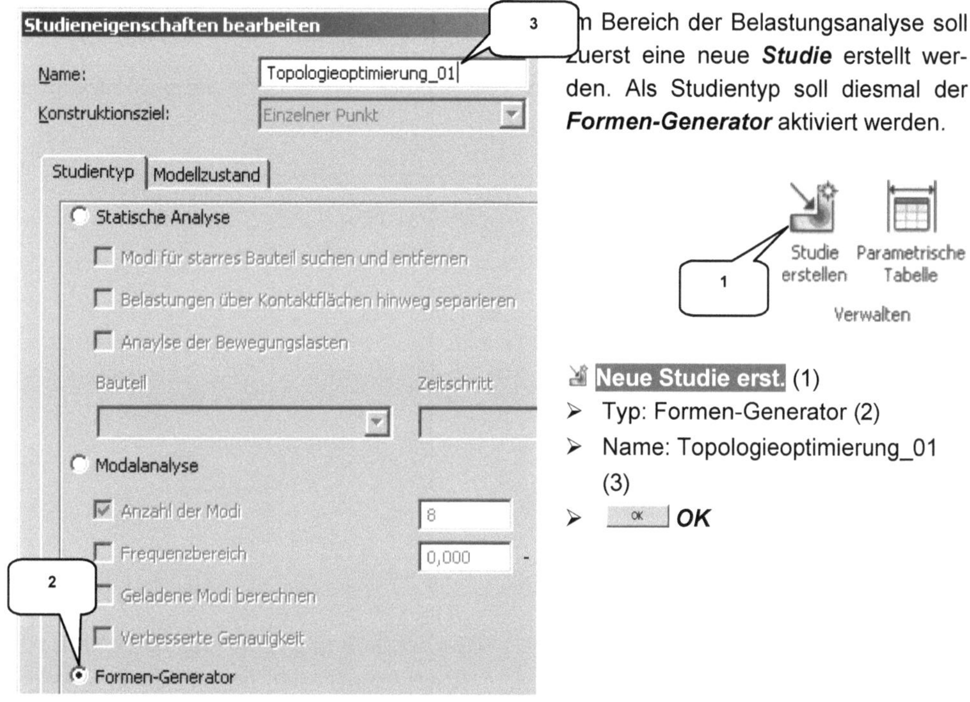

Im Bereich der Belastungsanalyse soll zuerst eine neue *Studie* erstellt werden. Als Studientyp soll diesmal der *Formen-Generator* aktiviert werden.

Neue Studie erst. (1)
> Typ: Formen-Generator (2)
> Name: Topologieoptimierung_01 (3)
> `OK` *OK*

HINWEIS: Wurde bereits eine Studie (z. B. eine statische Analyse) an einem Bauteil vorgenommenen, so können die Randbedingungen durch das Kopieren dieser Studie in den Formen-Generator übertragen werden, um sich die Arbeit etwas zu erleichtern.

13.2   Randbedingungen definieren
13.2.1 Material zuweisen

Als *Material* soll dem Bauteil *Stahl* zugewiesen werden.

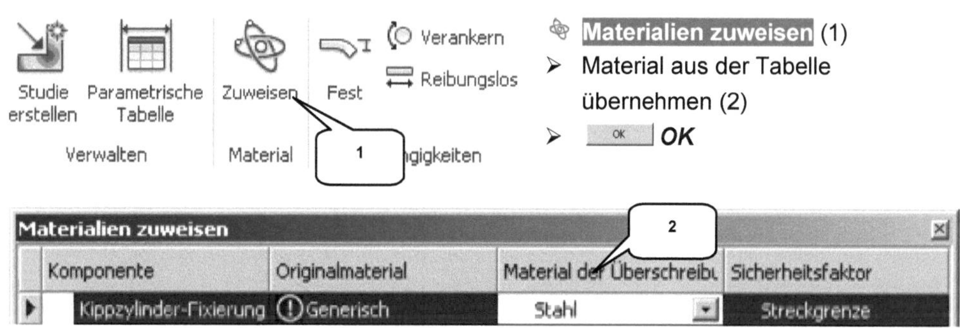

Materialien zuweisen (1)
> Material aus der Tabelle übernehmen (2)
> `OK` *OK*

13.2.2 Festgelegte Abhängigkeit platzieren

Der Einfachheit halber soll zur Befestigung des Bauteils eine einfache *feste Abhängigkeit* platziert werden.

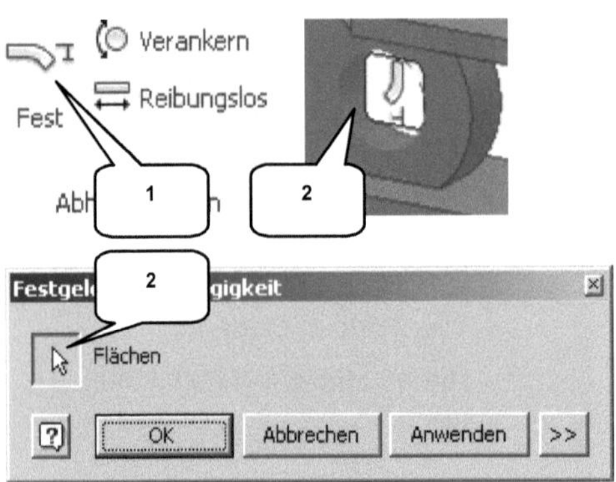

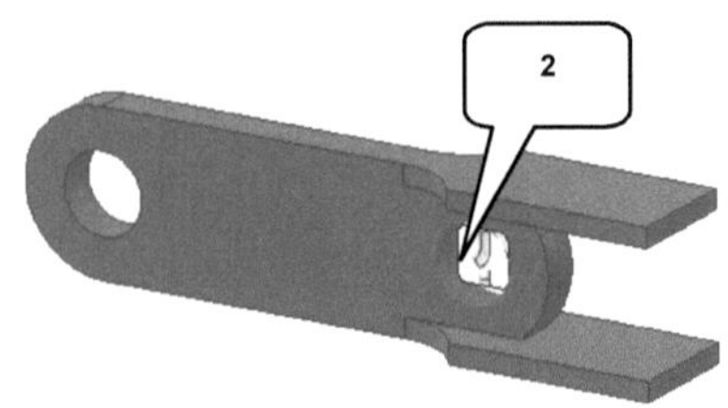

➢ Festgelegte Abhängigkeit (1)
➢ Markierte Bohrung wählen (2)
➢ OK **OK**

13.2.3 Kraft platzieren

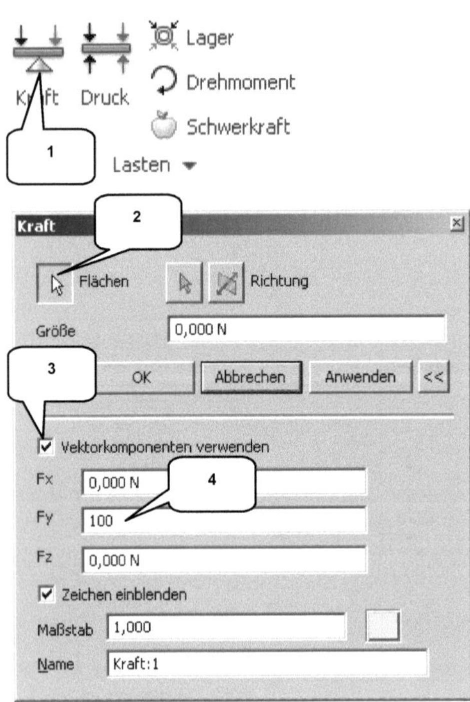

Die zweite Bohrung wird mit einer *Kraft* von *100 N* beaufschlagt werden, die in Richtung der ersten Bohrung wirkt.

Kraft (1)
➢ Fläche: Markierte Zylinderfläche (2)
➢ Befehlsfenster erweitern
➢ Aktivieren: Vektorkomponenten (3)
➢ F_y: 100 N (4)
➢ OK **OK**

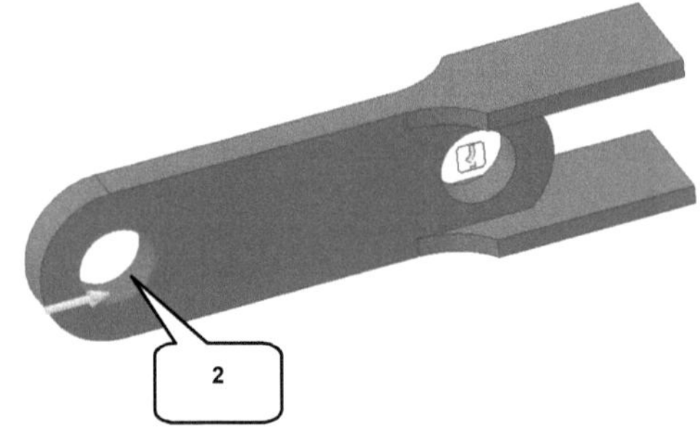

13.3 Optimierungskriterien auswählen
13.3.1 Grundlagen: Bereich beibehalten

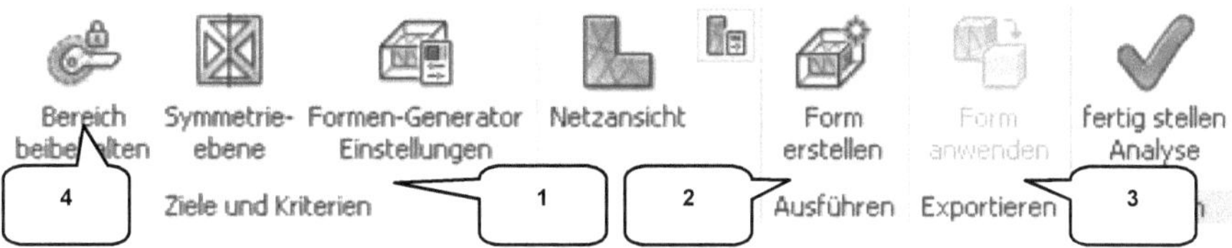

Werden Studien mit dem Formen-Generator ausgeführt, so stehen die neuen Befehlsgruppen *Ziele und Kriterien* (1), *Ausführen* (2) und *Exportieren* (3) mit den folgenden Befehlen zur Verfügung:

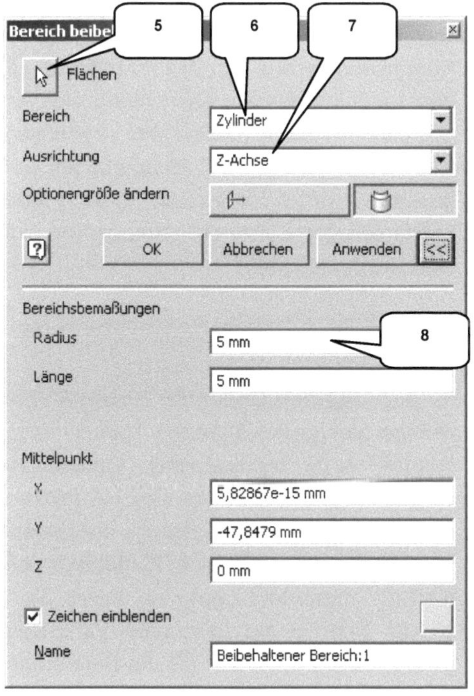

Bereich beibehalten (4)

Topologische Optimierungen haben das Ziel, Bereiche eines Bauteils zu entfernen, die zur eigentlichen Stabilität des Bauteils unter Beachtung der äußeren Randbedingungen (wie Kräfte, Drehmomente und Auflager) wenig beitragen.

Das Programm soll also nach Möglichkeiten suchen, die Masse eines Bauteils zu minimieren. Weil es bestimmte Bereiche gibt die nicht verändert werden dürfen (z. B. weil das Bauteil dort befestigt wird), müssen diese vorher definiert werden.

Hierfür stellt das Programm den Befehl *Bereich beibehalten* zur Verfügung. Nach der Auswahl der beizubehaltenden *Oberfläche* (5) müssen u. a. ihre *Form* (6) (zylindrisches Objekt oder Quaderobjekt), die *Ausrichtung* (7) und ihre *Größe* (8) festgelegt werden.

13.3.2 Grundlagen: Symmetrieebene und Formengenerator-Einstellungen

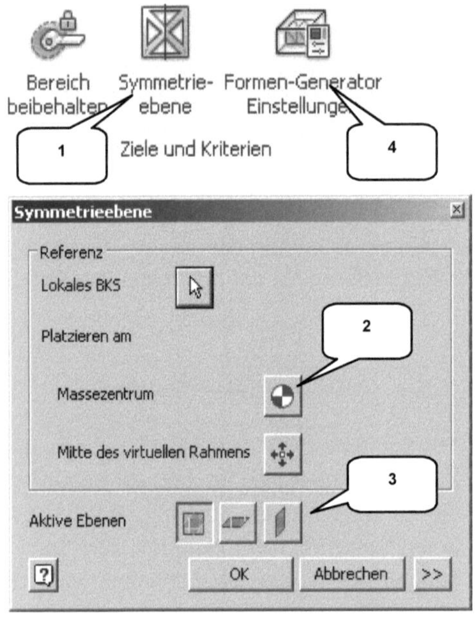

Symmetrieebene (1)

Symmetrie an Bauteilen ist aus fertigungstechnischer Sicht (Kosteneinsparung) ein wichtiges Konstruktionsziel. Auch bei topologischen Optimierungen sollte daher darauf geachtet werden, die Resultate aus dem Formengenerator möglichst symmetrisch zu erzeugen. Solche Symmetrien können vor einer topologischen Optimierung durch den Befehl *Symmetrieebene* festgelegt werden. Das Programm platziert standardmäßig ein Koordinatensystem am *Massezentrum* (2) des Bauteils, dessen Ausrichtung sich am globalen Koordinatensystem orientiert. Hierdurch werden die 3 Hauptebenen aufgespannt, welche entweder einzeln oder kombiniert als *Symmetrieebenen* (3) aktiviert werden können.

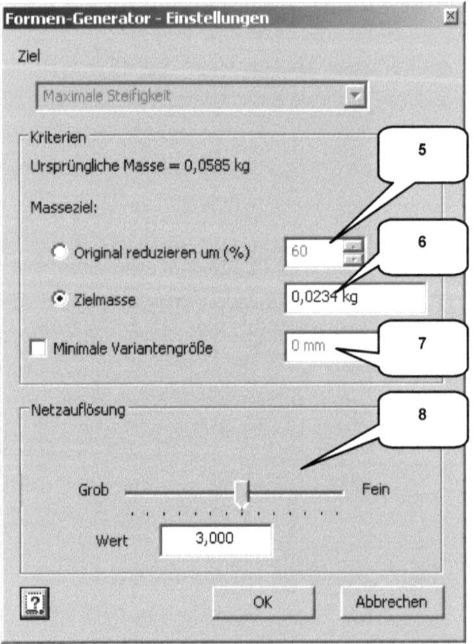

Formen-Generator-Einstellungen (4)

In den *Formen-Generator-Einstellungen* werden die grundsätzlichen Berechnungskriterien einer topologischen Optimierung vorgegeben. Entweder es wird ein *prozentuales* Ziel der Verringerung der Masse vorgegeben (5), oder eine *Zielmasse* definiert (6). Außerdem kann eine untere Grenze der Berechnung (*Minimale Variantengröße*) definiert werden (7). Im Bereich der Netzauflösung kann mittels Schieberegler oder durch eine Werteeingabe die *Feinheit des Netzes* festgelegt werden (8). Je feiner das Netz, desto genauer die Berechnungsergebnisse, desto höher allerdings auch der Rechenaufwand.

13.3.3 Grundeinstellungen überarbeiten

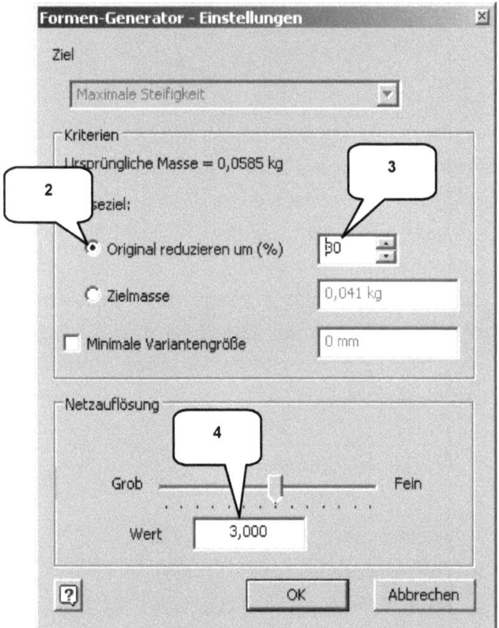

Zuerst sollten die grundlegenden *Einstellungen* vorgenommen werden. Das *Ziel* der Berechnungen soll eine *Reduzierung* der Masse um *30 %* sein, wobei die *Netzauflösung* im Mittelwert liegen soll.

Formen-Generator-Einstellungen (1)
> Aktivieren: Original reduzieren (%) (2)
> Wert der Reduzierung: 30 % (3)
> Netzauflösung: 3,0 (4)
> ⬛ *OK*

13.3.4 Unveränderbare Bereiche festlegen

Im nächsten Schritt muss definiert werden, welche geometrischen *Bereiche* des Bauteils *nicht verändert* werden dürfen, weil sie zur Befestigung des Bauteils an den angrenzenden Bauteilen benötigt werden. Hierzu zählen z. B. die beiden Bohrungen. Entsprechend ihrer geometrischen Form sollte hier natürlich auch ein zylindrischer Bereich gewählt werden. Die Ausrichtung des Zylinders ermittelt das Programm automatisch anhand der Bohrungsachse (Z-Achse). Eine Vergrößerung des beizubehalten den Bereiches ist dabei nicht erforderlich.

Bereich beibehalten (1)
> Markierte Zylinderbohrung wählen (2)
> Bereich: Zylinder (3)
> Anwenden *ANWENDEN*

> Markierte Zylinderbohrung wählen (4)
> Bereich: Zylinder (3)
> Anwenden *ANWENDEN*

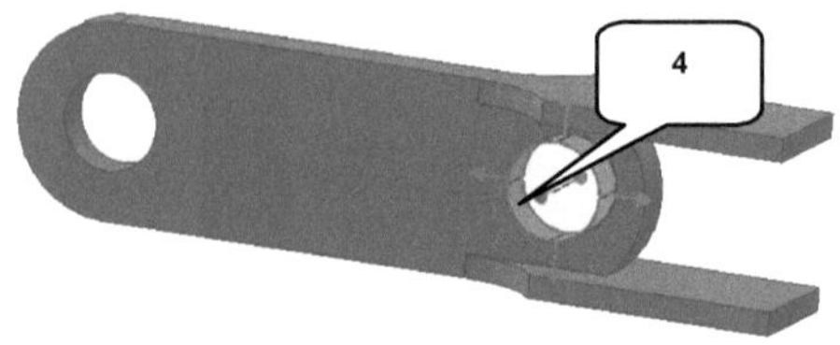

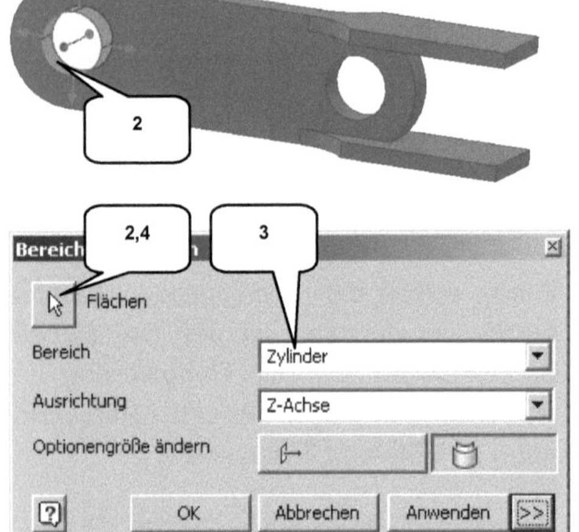

Auch die beiden *Laschen* dürfen nicht verändert werden, da sie zur Befestigung des
Bauteils beitragen. Bei der Auswahl der Referenzflächen ist darauf zu achten, dass die
jeweilige <u>innere Seite</u> ausgewählt wird. Aufgrund der Form der Oberfläche sollte das
Programm die Grundform *Quader* automatisch auswählen.

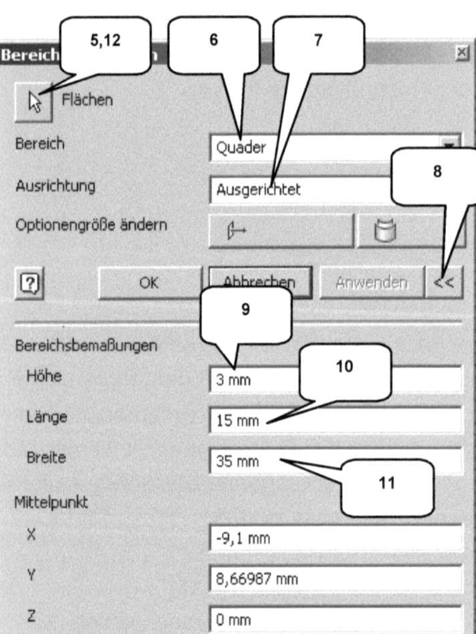

- Markierte Fläche wählen (5)
- Bereich: Quader (6)
- Ausrichtung: Ausgerichtet (7)
- Befehlsfenster erweitern (8)
- Höhe: 3 mm (9)
- Länge: 15 mm (10)
- Breite: 35 mm (11)
- Anwenden **ANWENDEN**

- Markierte Fläche wählen (12)
- Bereich: Quader (6)
- Ausrichtung: Ausgerichtet (7)
- Höhe: 3 mm (9)
- Länge: 15 mm (10)
- Breite: 35 mm (11)
- OK **OK**

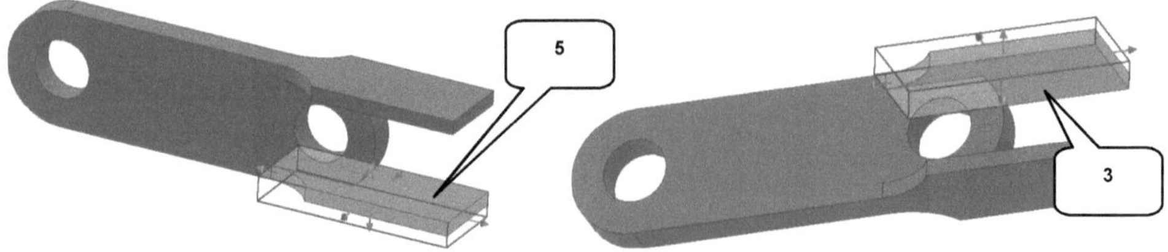

13.3.5 Symmetrieebene festlegen

Auch **Symmetrieebenen** sind zu definieren: das Bauteil soll symmetrisch zur **XY-Ebene** sowie symmetrisch zur **XZ-Ebene** berechnet werden.

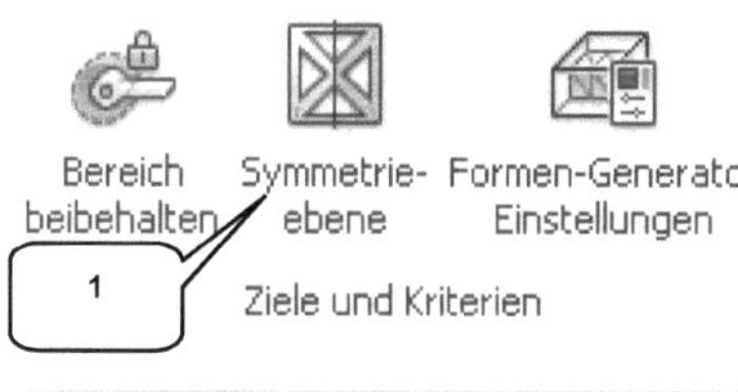

⊠ **Symmetrieebene** (1)
- ➤ Aktivieren: XY-Ebene (2)
- ➤ Aktivieren: YZ-Ebene (3)
- ➤   OK   **OK**

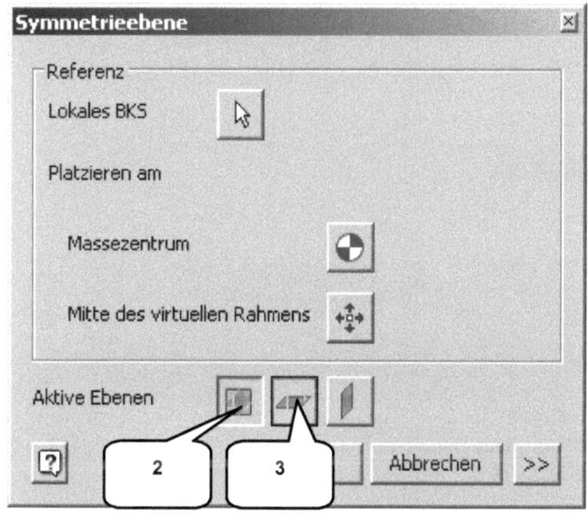

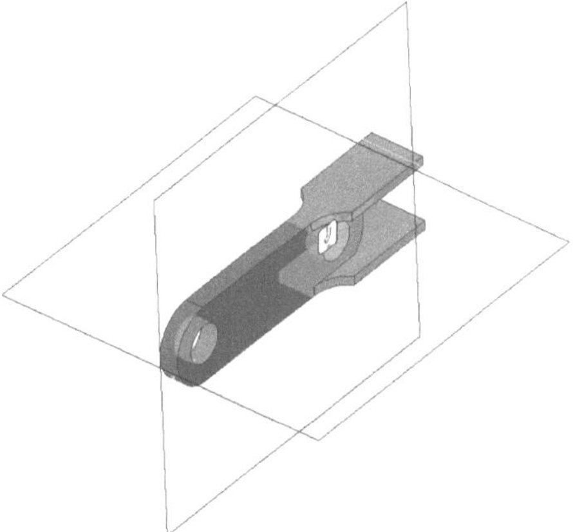

13.4 Bauteil KIPPZYLINDER_FIXIERUNG optimieren
13.4.1 Grundlagen: Form erstellen

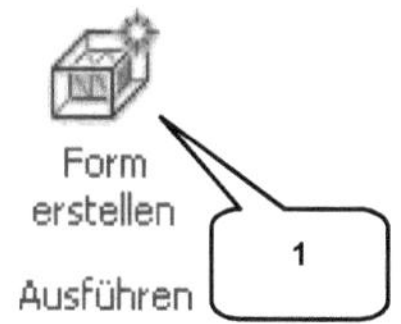

✎ **Form erstellen** (1)

Wurden alle Randbedingungen (Material, Lasten und Abhängigkeiten) definiert, kann das Programm mit dem Befehl **Form erstellen** eine optimierte Bauteilkontur generieren. Das Programm versucht dabei so viel Material zu entfernen, wie in den Zielkriterien der Einstellungen vorgegeben wurde. Das Material wird bei diesem Arbeitsschritt nicht wirklich entfernt, sondern lediglich eine optimierte „fiktive" Kontur berechnet. Nachbearbeitungen sind also in jedem Fall erforderlich.

13.4.2 Optimierte Kontur berechnen

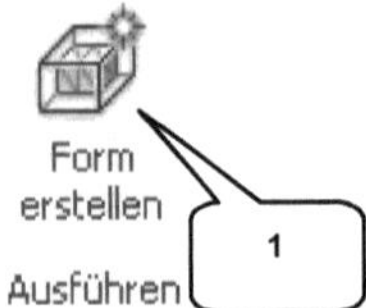

Die Berechnungen können jetzt gestartet werden, indem der Befehl **Form erstellen** geöffnet wird.

Form erstellen (1)

 **Ausführen**

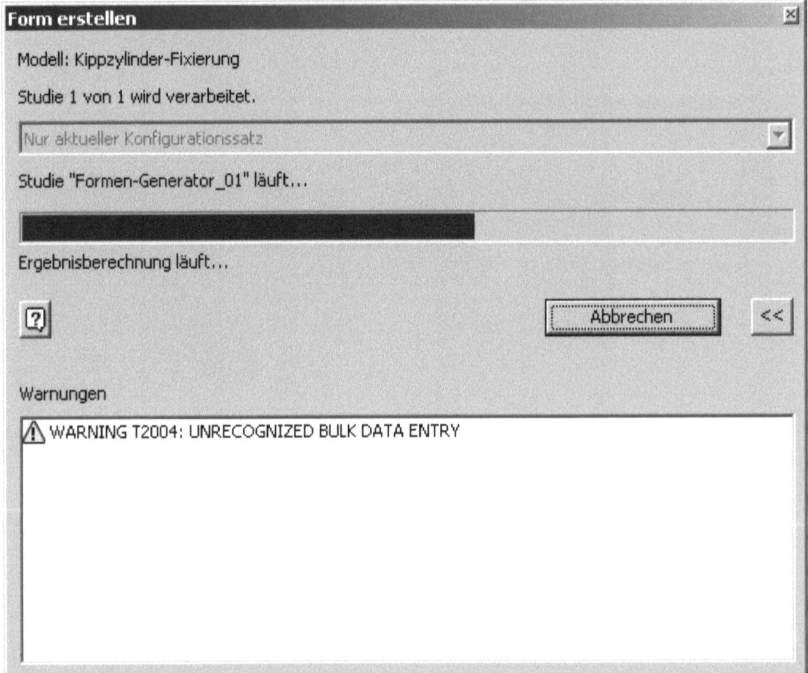

HINWEIS: Die Meldung **WARNING T2004: UNRECOCNIZED BULK DATA ENTRY** tauchte erstmals bei der Programmversion 2018 auf. Sie bezieht sich dabei auf angeblich unzureichend definierte Werkstoff- und Massedaten, was allerdings Unsinn ist (Autodesk® arbeitet zum aktuellen Zeitpunkt noch an diesem Problem). Die Berechnung wird trotzdem ausgeführt. Leider bringt dieser Fehler ein späteres Problem mit sich: Das Exportieren der optimierten Bauteilvariante vom Formen-Generator in den Bereich der Bauteilbearbeitung wird bei der aktuellen Programmversion unter Umständen nicht funktionieren.

13.4.3 Ergebnisinterpretation

Ursprüngliche Masse: 0,0585 kg
Neue Masse: 0,0415 kg
Massenreduzierung: 29%

Durch die Optimierung des Bauteils wurde eine **Minimierung der Masse** von ca. **29 %** (1) erreicht. Interessanterweise sind die Ergebnisse der Programmversionen 2017 (2) und 2018 (3) absolut unterschiedlich.

Während die Berechnungen mit der Programmversion 2017 eine Entfernung des Materials an den Außenseiten des Bauteils ergaben (2), wird bei den Berechnungen mit der Programmversion 2018 eine Entfernung des Materials im inneren Bereich des Bauteils vorgeschlagen (3). Es bleibt also abzuwarten, wie die Rechenergebnisse in der Programmversion 2019 aussehen werden.

Das Bauteil sollte vor dem nächsten Arbeitsschritt dringend noch einmal gespeichert werden.

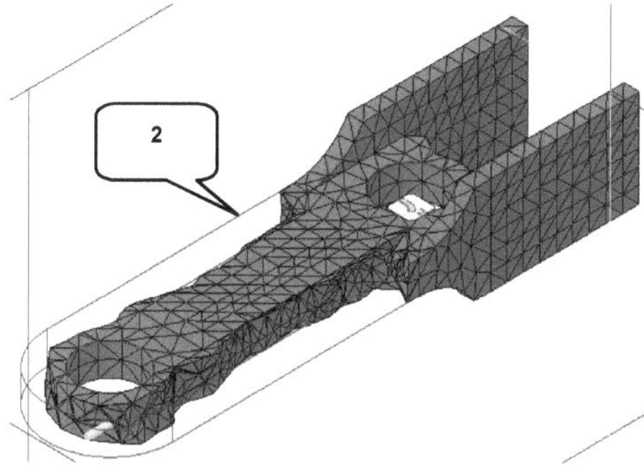

Berechnungsergebnisse der Version 2017

🖫 Speichern (Bauteil)

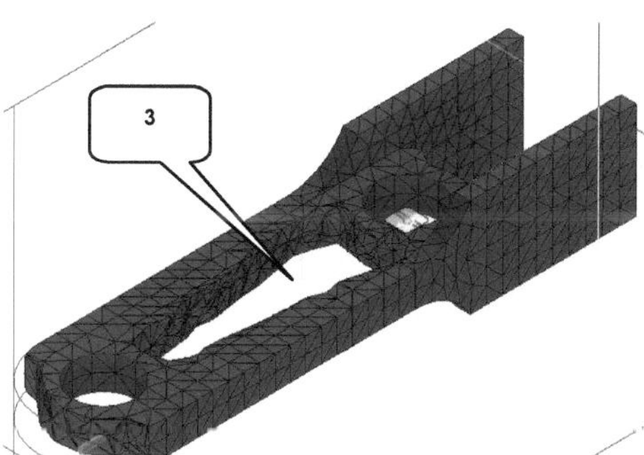

Berechnungsergebnisse der Version 2018

13.5 Berechnungsergebnisse verwerten
13.5.1 Grundlagen: Form anwenden

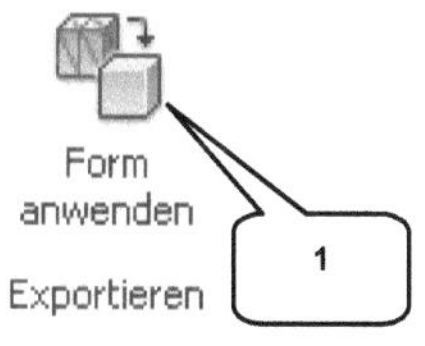

 Form anwenden (1)

Der Befehl **Form anwenden** soll die optimierte Bauteilkontur aus dem Bereich der Belastungsanalyse auch außerhalb des Analysebereiches verfügbar machen.

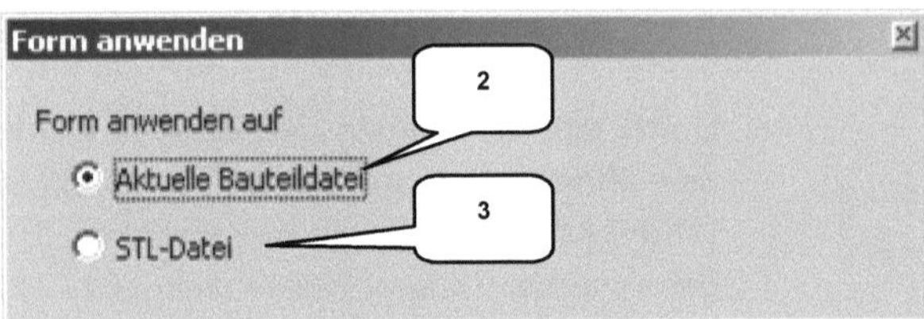

Dabei kann entschieden werden ob das optimierte Modell direkt in den Bauteilbereich übertragen wird (2), oder als separate STL-Datei zur Verfügung gestellt werden soll (3).

HINWEIS: Leider funktioniert dieser Befehl in der Programmversion 2018 derzeit nur unzureichend. Das Programm führt zwar alle Arbeitsschritte unproblematisch durch, das eigentlich wichtige Ziel (die Übertragung der optimierten Version in den Modellbereich) wird allerdings nicht durchgeführt! Daher werden die letzten Schritte dieses Kapitels anhand der Programmversion 2017 erklärt, bis der Fehler durch Autodesk® behoben wurde.

13.5.2 Optimierte Kontur in den Modellbereich übertragen

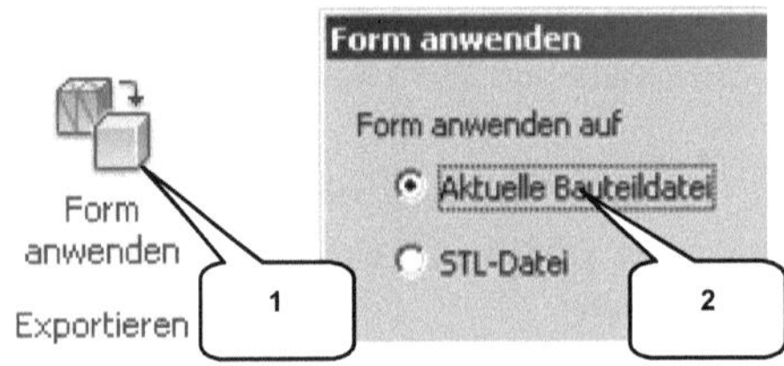

Um das Ergebnis der Optimierung in den Modellbereich zu übertragen ist der Befehl **Form anwenden** zu starten.

Form anwenden (1)

➢ Aktivieren: Aktuelle Bauteilteildatei (2)

➢ ＯＫ **OK**

Das Programm wird anschließend automatisch in den **Modellbereich** des Bauteils wechseln. Betrachtet man das Bauteil, so ist zu erkennen, dass die optimierte Kontur (3) bereits in den Volumenkörper integriert wurde. Auch der Browser des Bauteils enthält jetzt einen neuen Ordner **Kippzylinder-Fixierung** (4) und die vom Programm vorgeschlagene Kontur **MeshFeature** (5).

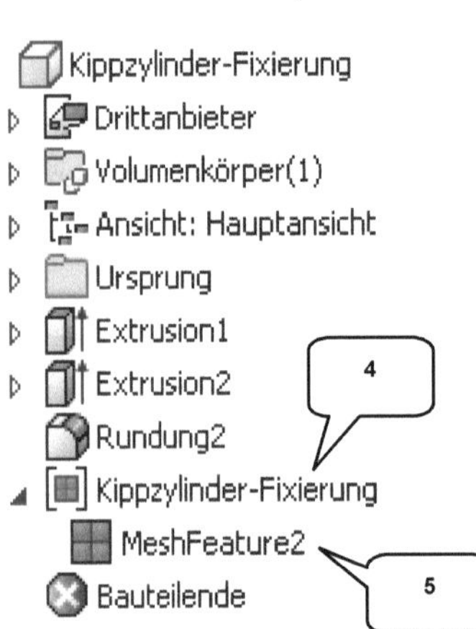

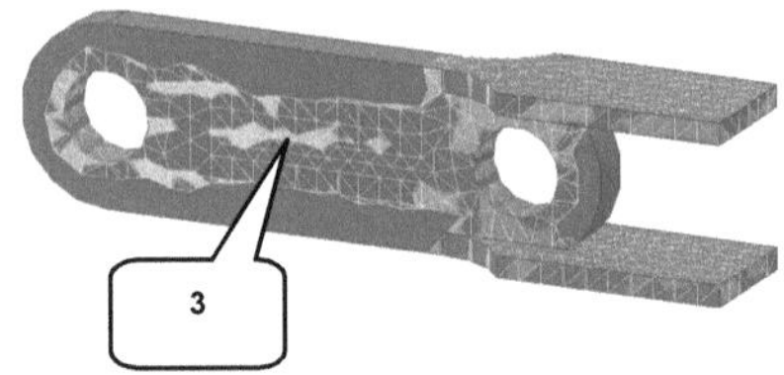

13.5.3 Überschüssiges Material entfernen

Um das überschüssige Material vom Bauteil entfernen zu können, muss eine neue **2D-Skizze** erzeugt und die Kontur in etwa nachgezeichnet werden. Sie sollte entlang der vom Programm vorgegebenen Netzstruktur gezeichnet werden, kann diese begradigen, muss aber eine geschlossene Kontur ergeben.

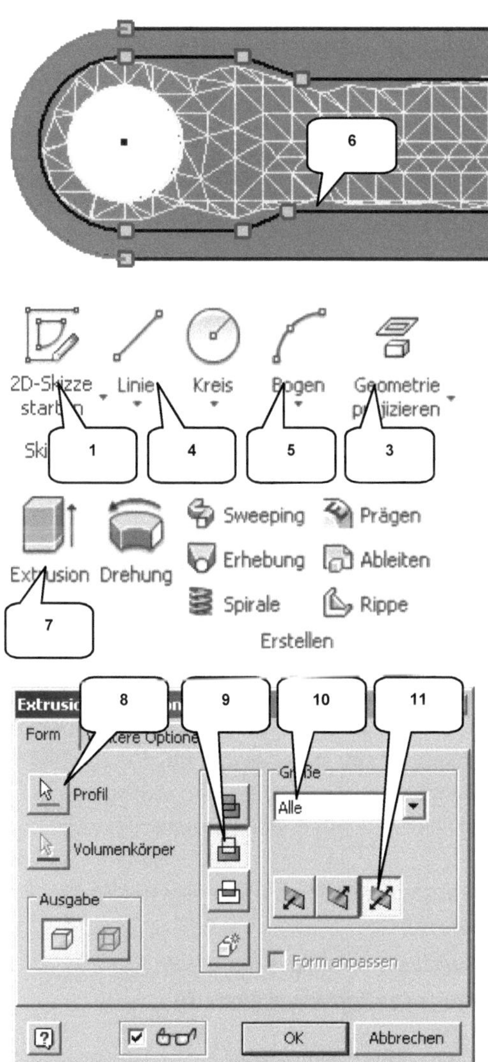

📝 **2D-Skizze starten** (1)
- Markierte Fläche wählen (2)

📐 **Geometrie projizieren** (3)
- Markierte Fläche wählen (2)
- Taste: **ESC**

/ **Linie** (4) und ⌒ **Bogen** (5)
- Dargestellte (geschlossene) Subtraktionskontur zeichnen (6)
- Taste: **ESC**

✔ **Fertigstellen**

Die Kontur ist jetzt vom vorhandenen Volumenkörper mit einer **Extrusion** zu subtrahieren.

📋 **Extrusion** (7)
- Profil: Markierte Fläche (8)
- Option: Differenz (9)
- Größe: Alle (10)
- Richtung: Symmetrisch (11)
- OK **OK**

Im Ergebnis sollte in etwa die oben dargestellte neue **Kontur** entstanden sein. Diese könnte jetzt durch zusätzliche Rundungen weiter verfeinert werden, wovon in dieser Übung allerdings abgesehen wird.

Speichern (Bauteil)

13.6 Optimierte Bauteilgeometrie erneut berechnen
13.6.1 Studie kopieren

Arbeitsbereich:
Belastungsanalyse

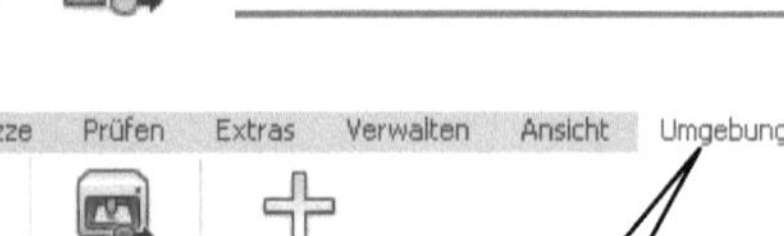

> Register **Umgebungen** (1)
> **Belastungsanalyse** (2)

Um sich die Arbeit etwas zu erleichtern, soll die bereits vorhandene Formen-Generator-Studie **kopiert** werden, um sie anschließend in eine **statische Einzelpunkt-Studie** zu konvertieren. Alle Lasten und Auflager sowie die Materialdefinition können dabei übernommen werden.

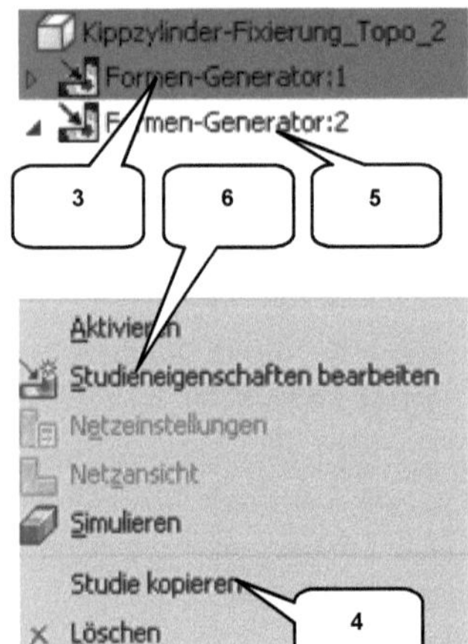

> **Rechte Maustaste** auf **Formen-Generator-Studie** (3)
> **Studie kopieren** (4)
> **Rechte Maustaste** auf **Kopie** der Studie (5)
> **Studieneigenschaften bearbeiten** (6)

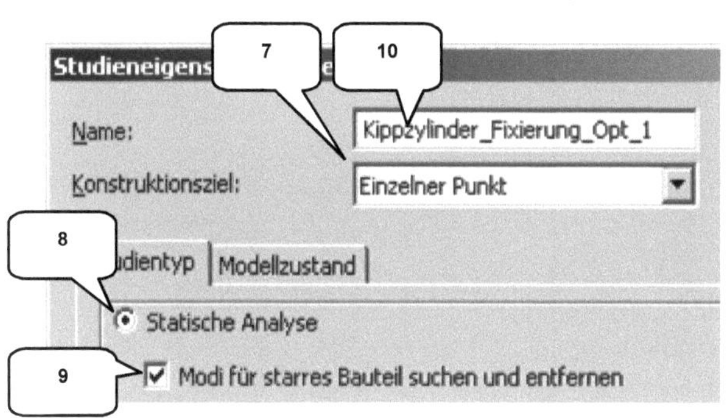

> Konstruktionsziel:
  Einzelner Punkt (7)
> Studientyp:
  Statische Analyse (8)
> Aktivieren: Modi für ... (9)
> Name: Kippzylider_Fixierung_
  Opt_1 (10)
> [OK] *OK*

13.6.2 Simulation ausführen und aufzeichnen

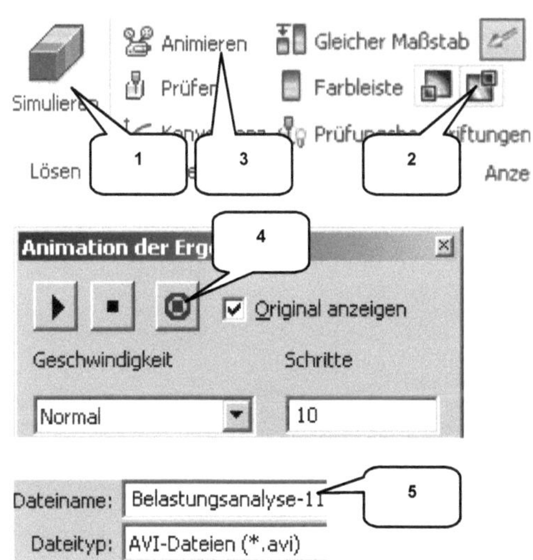

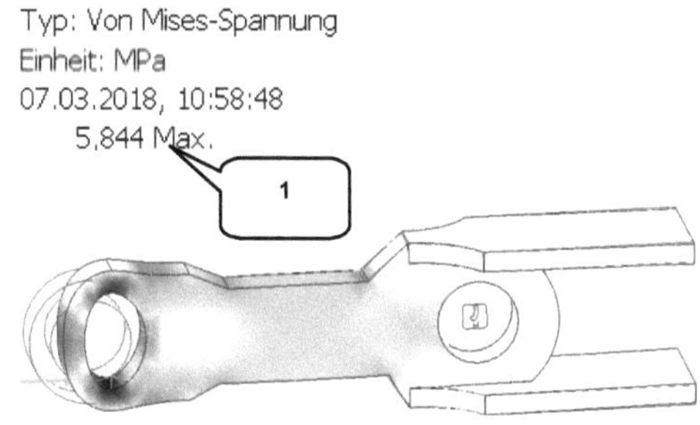

> **Simulieren** (1)
> [Ausführen] *Ausführen*

> **Maximalwert** (2)

> **Animieren** (3)
> ⊚ *Aufnahme* (4)
> Dateiname:
  Belastungsanalyse-11 (5)
> Dateityp: *.avi
> [Speichern] *Speichern*
> Komprimierung: Microsoft Video 1
> Qualität: 100 %
> [OK] *OK*

13.6.3 Ergebnisinterpretation

Typ: Von Mises-Spannung
Einheit: MPa
07.03.2018, 10:58:48
    5,844 Max.

Die maximale Von Mises-Spannung liegt jetzt bei unter **6 MPa** (1) und ist auch nach der Optimierung noch deutlich im akzeptablen Bereich. Unter den gegebenen Umständen könnte das Bauteil also noch weiter dezimiert werden um Material zu sparen. Das Bauteil kann jetzt *gespeichert* und *geschlossen* werden.

Speichern (Bauteil)
Schließen (Bauteil)

Der Autor des Buches hofft, dass Sie bei der Arbeit mit dem Programm und dem Übungs-projekt viel Spaß hatten. Der Inhalt des Buches wurde sorgfältig geprüft. Leider können Fehler nicht ausgeschlossen werden.

Wenn Ihnen während der Arbeit mit dem Buch Fehler auffallen sollten, oder wenn Sie Ideen zur Verbesserung des Inhaltes haben, ist Ihnen der Autor für jeden Hinweis per E-Mail dankbar. Konstruktive Anmerkungen können jederzeit an:

> *schlieder@cad-trainings.de*

gesendet werden.

Vielen Dank.

Auszug aus dem Buch DYNAMISCHE SIMULATION

Die folgenden Seiten zeigen Auszüge aus dem Buch:

> *Autodesk® Inventor® 2017 - DYNAMISCHE SIMULATION*

Inventor® verfügt über einen Bereich der **Dynamischen Simulation**, in dem komplexe Baugruppen unter Einfluss äußerer Randbedingungen, wie Kräften und Drehmomenten, berechnet und simuliert werden können. Die Ergebnisse können dann zur weiteren Bearbeitung in den Bereich der Finiten-Elemente-Methode übertragen werden. In einem komplexen Übungsbeispiel wird der Leser theoretische Grundlagen der Befehle aus dem Bereich der Dynamischen Simulation erlernen und praktisch umsetzen.

Im Buch werden die folgenden Bereiche behandelt:

> *Gelenkverbindungen einfügen*
> *Abhängigkeiten in Gelenke konvertieren*
> *Status des Mechanismus überprüfen*
> *Kräfte und Drehmomente einfügen*
> *Dynamische Bewegungen*
> *Unbekannte Kräfte ermitteln*
> *Spuren darstellen*
> *Filme publizieren*
> *Simulationseinstellungen bearbeiten*
> *Das Eingabediagramm*
> *Das Ausgabediagramm*

Weitere Informationen zu diesem und anderen Büchern erhalten Sie auf der Website:

> *http://www.cad-trainings.de/*

Christian Schlieder

Autodesk® Inventor® 2017

DYNAMISCHE SIMULATION

Viele praktische Übungen am Konstruktionsobjekt RADLADER

Gelenke einfügen, Abhängigkeiten ableiten, Status des Mechanismus, Kräfte und Drehmomente, Ausgabediagramm, dynamische Bewegung, unbekannte Kräfte ermitteln, Spuren, Filme publizieren, Simulationseinstellungen bearbeiten, Simulationswiedergabe starten, exportieren nach FEM

INHALTSVERZEICHNIS

1   Grundlegendes zum Buch

Dieses Buch ist ein Aufbaukurs für Fortgeschrittene, die mit den Grundlagen von **Autodesk® Inventor® 2017** bereits vertraut sind. Es wird empfohlen, vor der Arbeit mit diesem Buch das Grundlagenbuch:

> **Autodesk® Inventor® 2017 – Grundlagen in Theorie und Praxis**

vollständig durchzuarbeiten, in dem die vorausgesetzten Grundlagen zum Programm vermittelt werden.

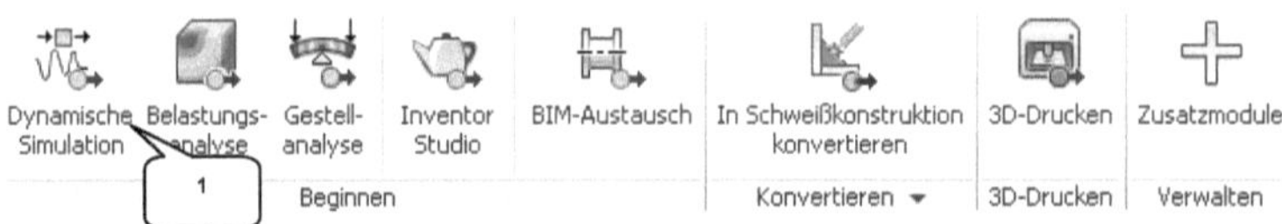

Autodesk® Inventor® 2017 bietet für Baugruppen den speziellen Bereich der **dynamischen Simulation** (1). Baugruppen können hier um weitere Umgebungsvariablen (wie z. B. Dämpfung, Steifigkeit, Reibungskoeffizient) ergänzt und mit zusätzlichen externen Kräften oder Drehmomenten beaufschlagt werden, was eine Analyse der Baugruppe unter realistischen Bedingungen ermöglicht. Die Berechnungsergebnisse können in den Bereich der Finiten-Elemente-Methode (FEM) exportiert und dort einer statischen Analyse oder einer Modalanalyse unterzogen werden.

Die folgenden Befehle der dynamischen Simulation werden behandelt:

> **Gelenke einfügen**
> **Abhängigkeiten ableiten**
> **Status des Mechanismus prüfen**
> **Kräfte erzeugen**
> **Drehmomente erzeugen**
> **Ausgabediagramm darstellen**
> **Dynamische Bewegungen**

> **Unbekannte Kraft ermitteln**
> **Spuren darstellen**
> **Filme publizieren**
> **Simulationseinstellungen**
> **Simulationswiedergabe**
> **Exportieren nach FEM**

Das vorliegende Übungsbeispiel bietet genügend Möglichkeiten, die Befehlsketten sporadisch zu verlassen und eigene Versuche zu starten, was dem Anwender auch empfohlen wird. Sollte die Konstellation der Baugruppe dabei zerstört werden, kann ersatzweise die im Downloadordner enthaltene Kopie der Baugruppe verwendet werden.

5　Grundlegende Vorbereitungen

5.1　Projektordner erstellen

Bevor mit der Umsetzung des Projektes gestartet wird, müssen die folgenden Arbeiten erledigt werden:

Auf dem PC ist an geeigneter Stelle ein neuer Ordner mit folgender Bezeichnung zu erstellen:

> ➢ *Inventor-2017-Übung-Dynamische-Simulation*

5.2　Download der Übungsdateien

Im Internet ist die folgende Website zu besuchen:

> ➢ *http://www.cad-trainings.de/html/Download.html*

Anschließend sind die folgenden Schritte zu erledigen:

> ➢ Das Buch *Inventor® 2017 Dynamische Simulation* suchen
> ➢ Auf den nebenstehenden Download-Link klicken
> ➢ Die Übungsdatei (ZIP-Format) auf dem PC speichern (im Projektordner *Inventor-2017-Übung-Dynamische-Simulation*)
> ➢ Die Datei darin entpacken

5.3　Aktivierung des Einzelbenutzerprojektes

Inventor® arbeitet grundsätzlich in Projekten, was die Koordination zusammenhängender Dateien und Einstellungen vereinfacht. Eine Projektdatei (*.ipj) sichert alle Informationen und Querverweise eines Projektes. Das ist wichtig, wenn später komplexe Baugruppen archiviert oder von einem PC auf einen anderen übertragen werden sollen.

Im Register *Erste Schritte* (Befehlsgruppe *Starten*) ist der Befehl Projekte zu starten, um das Projekt *Inventor-2017-Dynamische-Simulation.ipj* aktivieren zu können.

- Aktivierung des Einzelbenutzerprojektes -

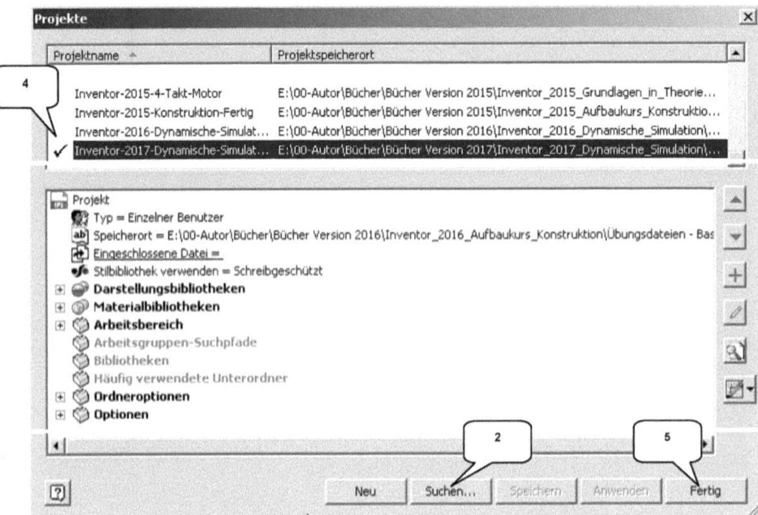

Mit der Option soll der Pfad zum Projektordner ausgewählt und die darin enthaltene Projekt-datei ***Inventor-2017-Dynamische-Simulation.ipj*** (3) aktiviert werden.

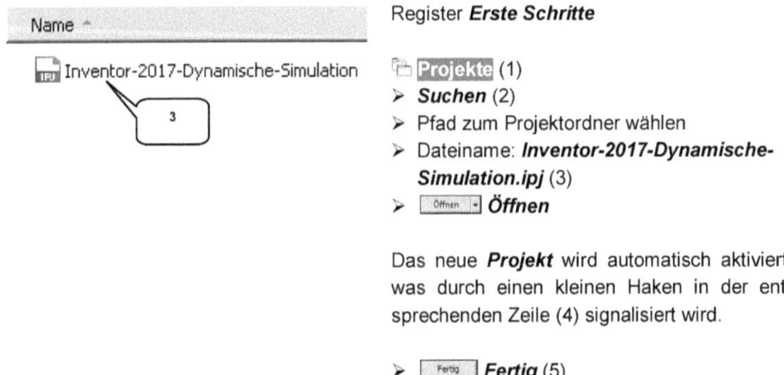

Register ***Erste Schritte***

Projekte (1)
> ***Suchen*** (2)
> Pfad zum Projektordner wählen
> Dateiname: ***Inventor-2017-Dynamische-Simulation.ipj*** (3)
> Öffnen ***Öffnen***

Das neue ***Projekt*** wird automatisch aktiviert, was durch einen kleinen Haken in der entsprechenden Zeile (4) signalisiert wird.

> Fertig ***Fertig*** (5)

- Die Baugruppe im Überblick -

6   Die Montage des Radladers im Baugruppenbereich

6.1   Die Baugruppe im Überblick

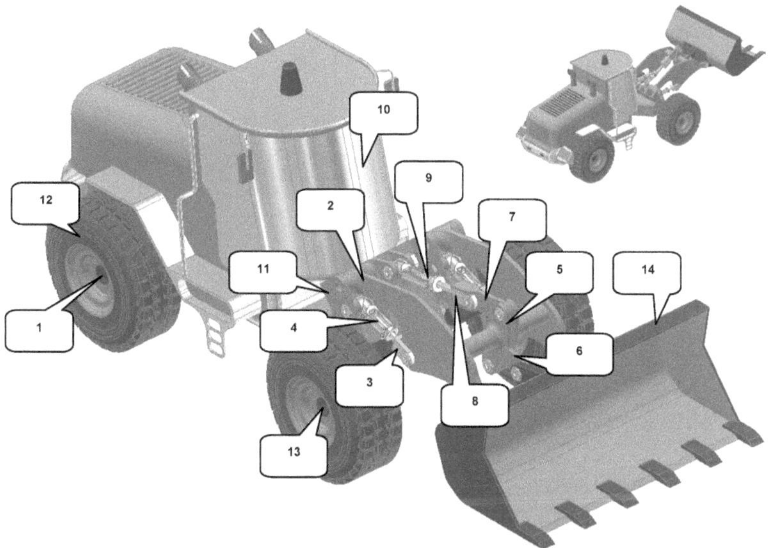

1) Hinterradachse	6) Kippschwinge	11) Maschinenrahmen
2) Hubrahmen	7) Kippzylinder-Fixierung	12) Rad
3) Hubzylinder-Kolben	8) Kippzylinder-Kolben	13) Radbolzen
4) Hubzylinder-Zylinder	9) Kippzylinder-Zylinder	14) Schaufel
5) Kipphebel	10) Maschinengehäuse	

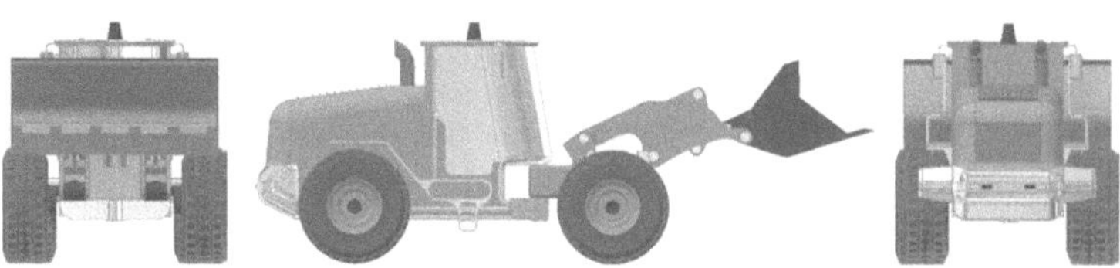

6.2   Öffnen der Baugruppendatei

Im ersten Schritt soll die Baugruppe geöffnet werden:

Öffnen (1)

➢ Order: Projektordner wählen (2)

➢ Dateiname: Dynamischer_Radlader (3)

➢ Dateityp: *.iam

➢ Öffnen **Öffnen**

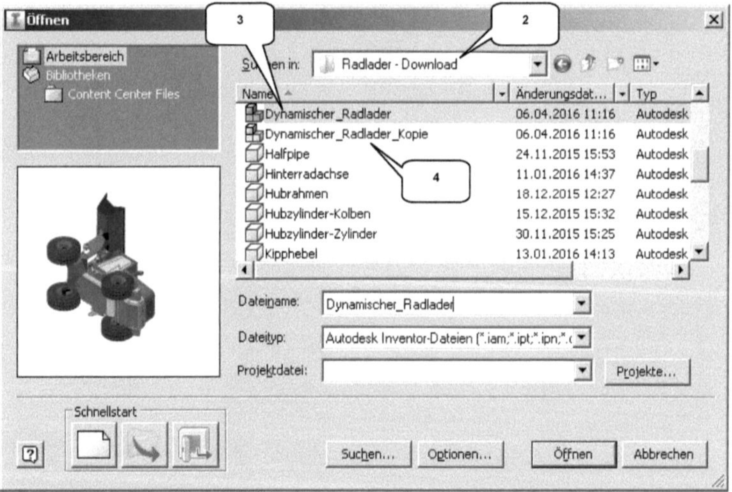

HINWEIS: Sollte die Baugruppe bei einer der Übungen im Buch beschädigt werden, kann zur weiteren Bearbeitung die Kopie **Dynamischer_Radlader_Kopie** (4) verwendet werden.

7 Die Umgebung der dynamischen Simulation

7.1 Die Baugruppenumgebung und die dynamische Simulation
7.1.1 Freiheitsgrade im Bereich der Baugruppenmodellierung

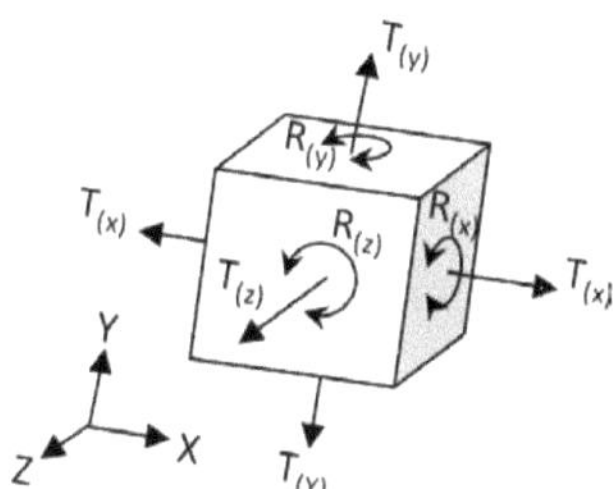

Eine Komponente in der Inventor® Baugruppen-umgebung kann grundsätzlich jede beliebige Position und Ausrichtung einnehmen, da sie dort frei beweglich ist.

Sie verfügt darin über insgesamt sechs Freiheitsgrade und kann sich entlang der drei Achsen (X, Y, Z) linear verschieben (Translation T_X, T_Y, T_Z) und außerdem um jede der drei Achsen frei drehen (Rotation R_X, R_Y, R_Z).

7.1.2 Freiheitsgrade im Bereich der dynamischen Simulation

Anders ist es im Bereich der **dynamischen Simulation**: Hier besitzt eine Komponente grundsätzlich keinen Freiheitsgrad, wenn nicht bereits automatisch beim Wechsel in den Simulationsbereich Gelenkverbindungen aus vorhandenen Abhängigkeiten generiert wurden. Gelenkverbindungen im Bereich der dynamischen Simulation entfernen also keine Freiheitsgrade, sondern weisen Bauteilverbindungen Freiheitsgrade zu.

7.1.3 Möglichkeiten in der dynamischen Simulation

Im Bereich der dynamischen Simulation gibt es die folgenden Möglichkeiten:

- ➢ **Konvertieren** von Abhängigkeiten/ Verbindungen in Gelenkverbindungen
- ➢ **Hinzufügen** von externen Kräften und Drehmomenten
- ➢ **Berechnen** unbekannter Kräfte
- ➢ **Definieren** von Reibung, Dämpfung, Steifigkeit und Elastizität
- ➢ **Exportieren** der Berechnungsergebnisse zur FEM-Analyse
- ➢ **Exportieren** der Berechnungsergebnisse nach Microsoft® Excel

7.2   Öffnen der dynamischen Simulation

Arbeitsbereich:
Dynamische Simulation

Um in den Bereich der dynamischen Simulation wechseln zu können, muss das Register **Umgebungen** aktiviert und der Befehl **Dynamische Simulation** gestartet werden.

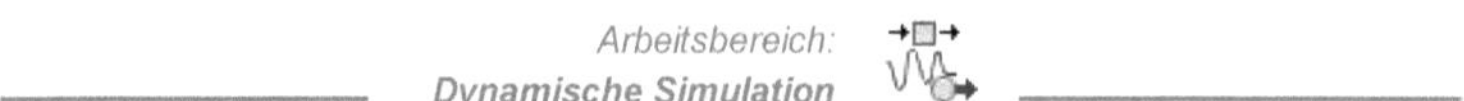

➢ Register **Umgebungen** (1)

➢ **Dynamische Simulation** (2)

7.3   Grundlegender Aufbau des Simulationsbereiches
7.3.1   Das Lernprogramm

Das Programm wird jetzt ein Hinweisfenster öffnen, in dem die Entscheidung zu treffen ist, ob das **Lernprogramm** gestartet werden soll.

➢ Aktivieren: Diese Meldung nicht mehr anzeigen. (1)

➢ **Ja**

Besteht eine Internetverbindung, so sollte sich jetzt der Web-Browser öffnen.

HINWEIS: Wurde die Option deaktiviert, den Start des Lernprogramms automatisch anzubieten, sobald der Bereich der dynamischen Simulation geöffnet wird, wird das oben dargestellte Fenster nicht mehr erzeugt. Das Lernprogramm selbst, kann in der Programmhilfe jederzeit wieder gestartet werden (Taste: **F1**).

- 36 -

- Grundlegender Aufbau des Simulationsbereiches -

⌂ Hilfe-Startseite

AUTODESK® INVENTOR® 2017

⊕ Neu in Inventor

⊕ Erste Schritte - Videos
⊕ Erste Schritte
⊖ Lernprogramme

   Erste Schritte - Übungslektionen

   Lernprogrammarchiv

⊕ Inventor-Hilfe - Themen
⊕ Installation von Inventor
⊕ Grundlagen der Installation
⊕ Administratorhandbuch für die Installation

Lernprogrammarchiv [4]

Zusätzlich zu den Lernprogrammen in der G

Wichtig: Die archivierten Lernprogramme
Verknüpfungen zuzugreifen:
Die Datensätze für die älteren Lernprogram

Anmerkung: Diese Links verweisen auf di

Lernprogramme für Autodesk Inventor
Werkzeug-Lernprogramme
Kabel- und Kabelbaum-Lernprogramme
Lernprogramme für Rohre und Leitungen

> ***Lernprogramme*** erweitern (2)
> ***Lernprogrammarchiv*** wählen (3)

Im rechten Bereich des Befehlsfensters befindet sich eine Auflistung (4) der verfügbaren Lernprogramme. Per Mausklick gelangen Sie in die jeweiligen Bereiche.

HINWEIS: Das Archiv verweist teilweise auf die Beschreibungen älterer Programmversionen. Es besteht also die Möglichkeit, dass einige der verwendeten Befehle nicht mehr aktuell sind.

> Der Web-Browser kann wieder ***geschlossen*** werden

Wieder in Inventor® angelangt, sollte das Programm jetzt einen Hinweis anzeigen, dass der ***Mechanismus mit 13 Graden überbestimmt ist***. Diese sogenannten Redundanzen entstehen durch Überlagerungen von Gelenkverbindungen, was darauf zurückzuführen ist, dass einem Bauteil einzelne Freiheitsgrade mehrfach zugewiesen wurden.

Da dieser Hinweis zum jetzigen Zeitpunkt noch keine Rolle spielt, kann die Option ***diese Meldung nicht mehr anzeigen*** aktiviert, und das Fenster anschließend mit ⟨ OK ⟩ ***OK*** geschlossen werden.

- 37 -

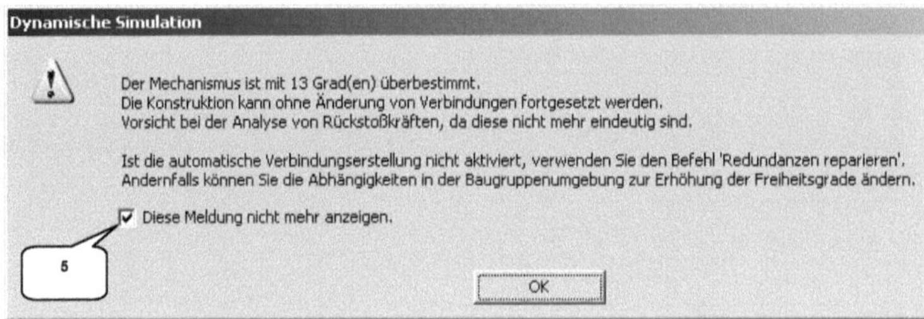

> Aktivieren: Diese Meldung nicht mehr anzeigen. (5)

> *OK* **OK**

HINWEIS: In den ▦ *Simulationseinstellungen* kann die Meldung jederzeit reaktiviert werden.

7.3.2 Die Befehlsgruppen

Zuerst sollten die **Befehlsgruppen** auf Vollständigkeit kontrolliert werden:

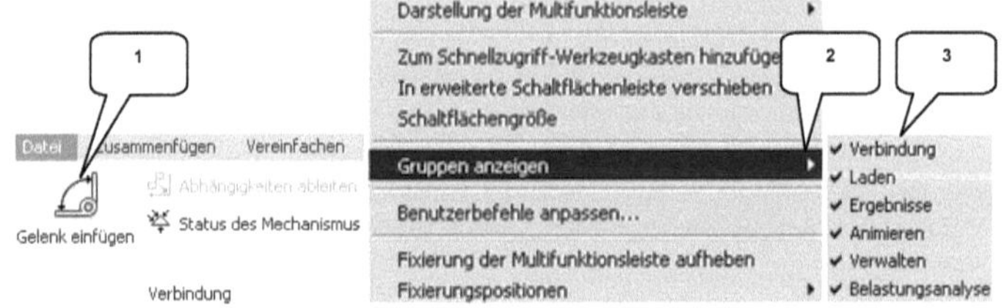

> **Rechte Maustaste** auf einen beliebigen Bereich in der Multifunktionsleiste (1)

> **Gruppen anzeigen** (2)

> Kontrollieren, ob alle Befehlsgruppen aktiviert wurden (3)

Die folgende tabellarische Übersicht soll die Befehlsgruppen mit den enthaltenen Befehlen darstellen.

- Grundlegender Aufbau des Simulationsbereiches -

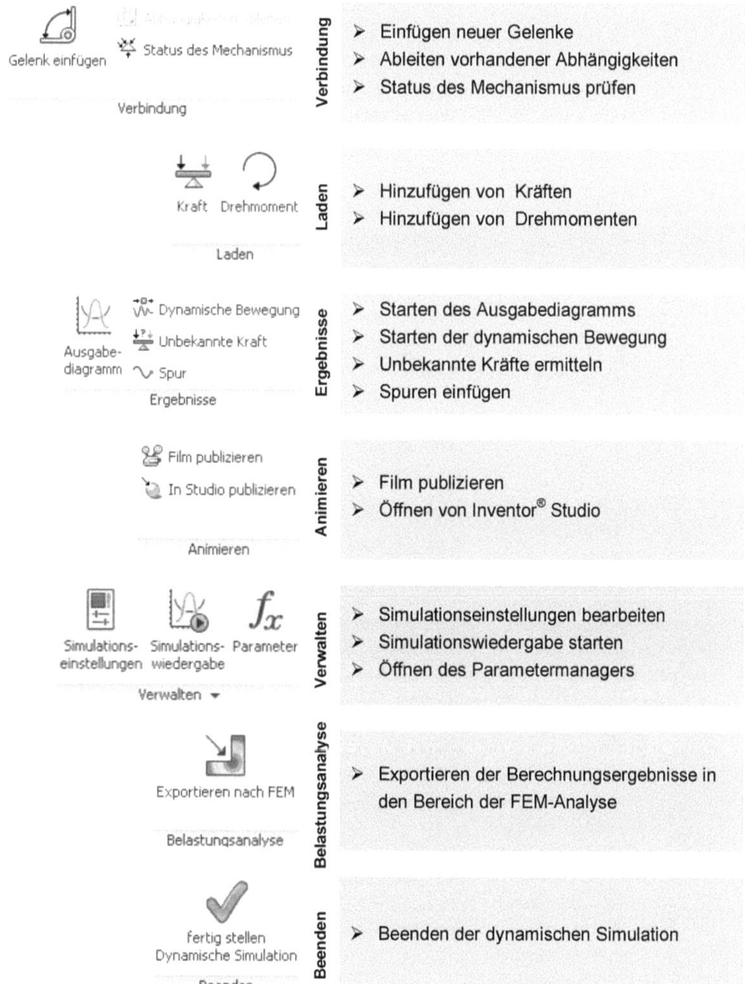

Verbindung
- Einfügen neuer Gelenke
- Ableiten vorhandener Abhängigkeiten
- Status des Mechanismus prüfen

Laden
- Hinzufügen von Kräften
- Hinzufügen von Drehmomenten

Ergebnisse
- Starten des Ausgabediagramms
- Starten der dynamischen Bewegung
- Unbekannte Kräfte ermitteln
- Spuren einfügen

Animieren
- Film publizieren
- Öffnen von Inventor® Studio

Verwalten
- Simulationseinstellungen bearbeiten
- Simulationswiedergabe starten
- Öffnen des Parametermanagers

Belastungsanalyse
- Exportieren der Berechnungsergebnisse in den Bereich der FEM-Analyse

Beenden
- Beenden der dynamischen Simulation

- 39 -

7.3.3 Der Browser

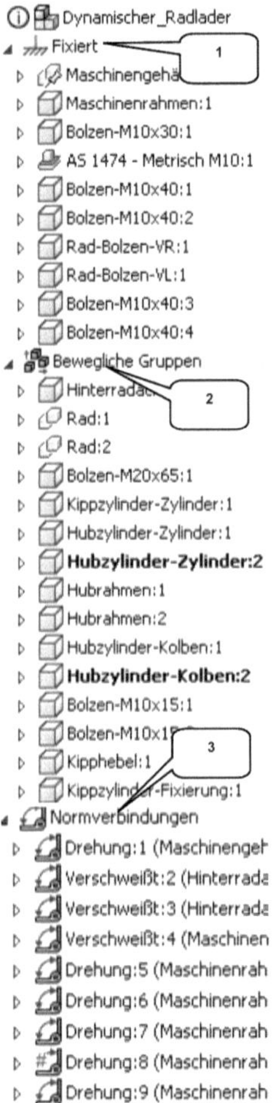

Im **Browser** der dynamischen Simulation werden alle Gelenkverbindungen der Baugruppe, alle externen Kräfte und Drehmomente und weitere Randbedingungen aufgelistet. Die folgenden Ordner sollten bereits vorhanden sein:

Fixiert (1)

Im Ordner **Fixiert** werden alle Komponenten aufgelistet, die entweder keinen oder sechs Freiheitsgrade besitzen. Denkbar sind hierbei die folgenden beiden Situationen: Entweder war eine Komponente im Bereich der Baugruppenmodellierung frei beweglich (keine Abhängigkeiten, keine Verbindungen), oder sie besaß dort keine Freiheitsgrade mehr (Komponente fixiert).

Ordner	Freiheitsgrade
Fixiert	0 oder 6

Bewegliche Gruppen (2)

Im Ordner **Bewegliche Gruppen** werden die restlichen Komponenten einer Baugruppe zusammengefasst. Sie besitzen zwischen einem und fünf Freiheitsgrade.

Ordner	Freiheitsgrade
Bewegliche Gruppen	1 bis 5

Normverbindungen (3)

Der Ordner **Normverbindungen** enthält bereits vorhandenen Gelenkverbindungen, deren Bezeichnung aus der Verbindungsart (drehbar, zylindrisch, kugelförmig...) und den betroffenen Komponenten zusammengesetzt wird.

⬚⁺ Externe Belastungen (4)

Der Ordner **Externe Belastungen** beinhaltet alle Kräfte und Drehmomente, die von außen auf das System einwirken.

Weitere **Ordner** im Browser der dynamischen Simulation können sein:

- ➤ **Rollverbindungen**
- ➤ **Schiebeverbindungen**
- ➤ **Kontaktverbindungen**
- ➤ **Kraftverbindungen**

Weiterhin können die folgenden **Sonderbedingungen** auftreten:

- ➤ **Gelenke** mit internen Kräften, Drehmomenten oder Grenzen
- ➤ **Gelenke** mit Redundanzen
- ➤ **Objekte**, die deaktiviert oder unterdrückt wurden
- ➤ **Baugruppenabhängigkeiten**, die unterdrückt wurden

7.4 Die Simulationseinstellungen
7.4.1 Grundlagen: Simulationseinstellungen

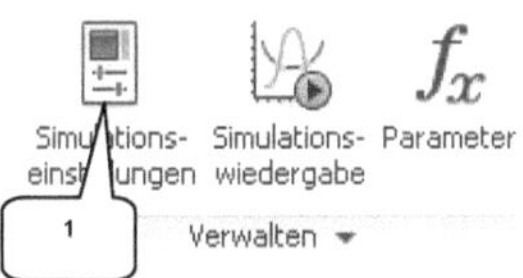

- ➤ Befehlsgruppe **Verwalten**
- **Simulationseinstellungen** (1)

In den **Simulationseinstellungen** kann definiert werden, ob Abhängigkeiten aus dem Baugruppenbereich beim Öffnen der dynamischen Simulation automatisch in Normgelenke konvertiert werden sollen, ob das Programm beim Starten der dynamischen Simulation auf Redundanzen hinweisen soll und ob mobile Gruppen farblich darzustellen sind.

7.4.2 Abhängigkeiten/ Verbindungen in Gelenkverbindungen konvertieren

Das Programm kann Abhängigkeiten/ Verbindungen aus der Baugruppenmodellierung automatisch in Gelenke konvertieren, sofern diese Option in den Simulationseinstellungen aktiviert wurde. Je nach Konstellation der Abhängigkeiten entstehen dabei unterschiedliche Verbindungsarten (Gelenkverbindungen).

- 41 -

Die folgende tabellarische Übersicht stellt die Kombinationsmöglichkeiten verschiedener Abhängigkeiten und die daraus resultierenden Gelenkverbindungen dar:

Verbindung	Option	Abhängigkeiten
Drehung	Option 1	Einfügen (Kante auf Kante)
	Option 2	Passend (Linie auf Linie)
	Option 3	Passend (Ebene schneidet Ebene)
	Option 4	Passend (zylindrische Fläche auf zylindrische Fläche)
Prismatisch	Option 1	Kombination zweier Passungen
Zylindrisch	Option 1	Passend (Linie auf Linie)
	Option 2	Passend (zylindrische Fläche auf zylindrische Fläche)
Kugelförmig	Option 1	Passend (Punkt auf Punkt)
	Option 2	Passend (kugelförmige Fläche auf kugelförmige Fläche)
Eben	Option 1	Passend (Ebene auf Ebene)
Punkt-Linie	Option 1	Passend (Linie auf Punkt)
	Option 2	Passend (Linie auf kugelförmige Fläche)
Linie-Ebene	Option 1	Passend (Ebene auf Linie)
Punkt-Ebene	Option 1	Passend (Ebene auf Punkt)
	Option 2	Passend (Ebene auf kugelförmige Fläche)
Verschweißt	Option 1	Kombination dreier Abhängigkeiten

7.4.3 Überprüfen der Simulationseinstellungen

In den **Simulationseinstellungen** sollte jetzt geprüft werden, ob das automatische Konvertieren von Abhängigkeiten in Normgelenke aktiviert ist. Da die restlichen Optionen nicht benötigt werden, sollten sie deaktiviert bleiben.

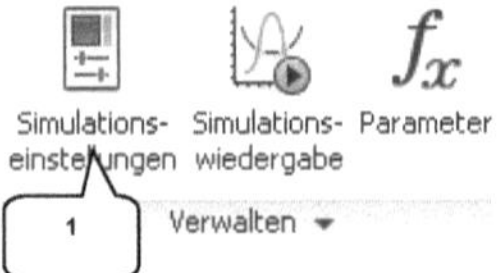

Simulationseinstellungen (1)

➤ Aktivieren: Abhängigkeiten automatisch in Normgelenke konvertieren (2)

➤ Restliche Optionen deaktivieren

➤ OK (alternativ: **Abbrechen**)

- Manuelle und automatische Simulation -

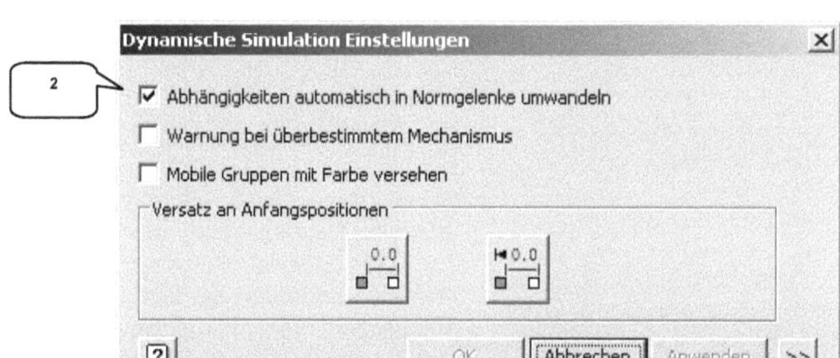

7.5   Manuelle und automatische Simulation
7.5.1   Grundlagen: Dynamische Bauteilbewegung (manuelle Simulation)

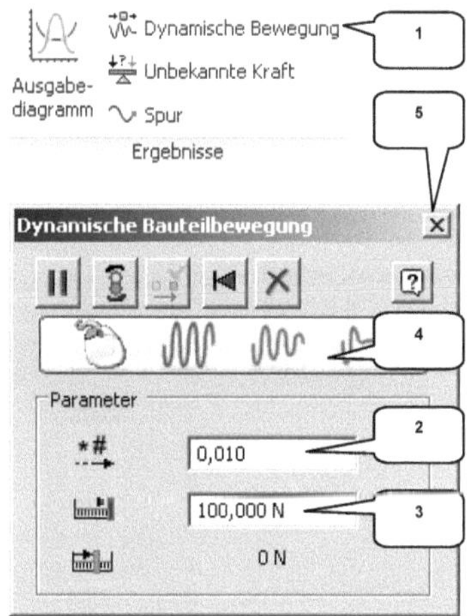

> Befehlsgruppe **Ergebnisse**
> **Dynamische Bewegung** (1)

Bei der **dynamischen Bauteilbewegung**
wird der Mechanismus durch die Bewegung
der Maus bei gedrückter linker Maustaste
auf ein Bauteil animiert.

Die Mausbewegung simuliert hierbei eine
äußere Krafteinwirkung, deren Multiplikati-
onsfaktor (2) und Maximalwert (3) zu definieren sind.

Die Dämpfung (4) steht dabei in den folgenden drei Optionen zur Verfügung:

> keine Dämpfung
> leichte Dämpfung
> starke Dämpfung

Das Befehlsfenster kann wieder **geschlossen** werden (5).

HINWEIS: Leider reagiert das Programm auf diesen Befehl sehr sensibel, was häufig einen
Programmabsturz zur Folge hat. Hier hilft dann oft nur ein Neustart.

- 43 -

7.5.2 Grundlagen: Simulationswiedergabe (automatische Simulation)

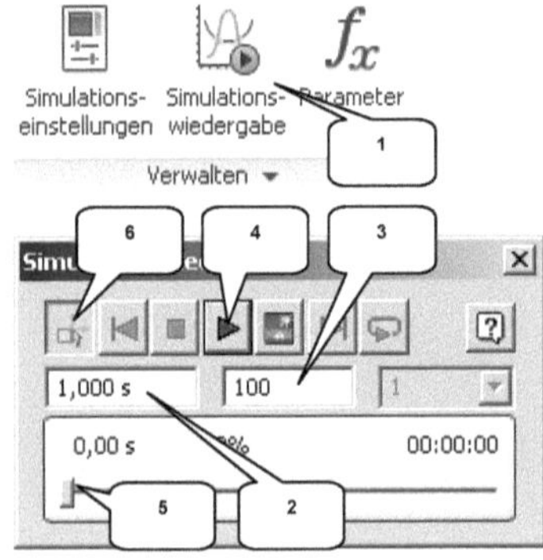

> Befehlsgruppe **Verwalten**
> Simulationswiedergabe (1)

In der **Simulationswiedergabe** wird der gesamte Mechanismus, unter Beachtung der voreingestellten Parameter (wie z. B. Reibung und Dämpfung) und unter Einwirkung äußerer Kräfte und Drehmomente, automatisch simuliert. Die Simulationsdauer (2) und die daraus resultierende Anzahl an Bildberechnungen (3) kann dabei frei definiert werden. Nach dem Start (4) signalisiert der Schieberegler (5) den zeitlichen Verlauf und über den Konstruktionsmodus (6) verlässt das Programm den Simulationsmodus wieder.

7.5.3 Starten der ersten Simulation

Zum Ausführen der ersten Simulation wird das Fenster **Simulationswiedergabe** benötigt, was bereits geöffnet sein müsste. Darin ist die Wiedergabe zu starten. Nachdem der Schieberegler komplett nach rechts gewandert ist, kann zurück in den Konstruktionsmodus gewechselt werden.

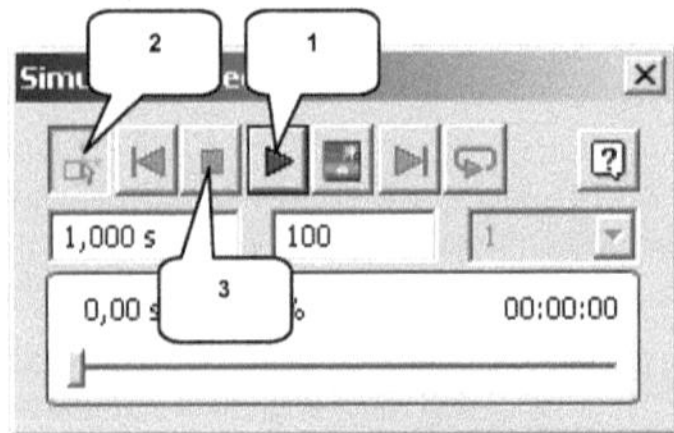

> ▶ **Wiedergabe** (1)
> Simulation vollständig ablaufen lassen
> **Konstruktionsmodus** (2)

HINWEIS: Der Button ■ **Stopp** (3) beendet eine Simulation vorzeitig. Der Button **Konstruktionsmodus** (2) lässt das Programm in den Konstruktionsbereich zurückkehren.

Während der Simulation bewegte sich der Schieberegler (4) nach rechts, doch an der Baugruppe selbst war leider nichts zu erkennen: *Sie blieb starr!*

Der Grund ist folgender: Eine Simulation erfordert mindestens eine Gelenkverbindung und mindestens eine Kraft/ einen Antrieb. Gelenkverbindungen gibt es genügend in der Baugruppe, allerdings wurden noch keine Kräfte aktiviert.

7.6   Definition der Schwerkraft
7.6.1   Die Normalfallbeschleunigung

Um Größe und Richtung der Normalfallbeschleunigung festlegen zu können, müssen im Browser der Ordner **externe Belastungen** erweitert und die darin enthaltene **Schwerkraft** aktiviert werden.

Im gleichnamigen Befehlsfenster ist die Option **Vektorkomponenten** zu aktivieren. Weil der Radlader auf der XZ-Ebene angeordnet wurde, muss die Schwerkraft in negativer Richtung der Y-Achse wirken. Hierfür ist im entsprechenden Eingabebereich der Wert der Normalfallbeschleunigung (g) in der Zeile g[Y] mit -9810 mm/s^2 festzulegen.

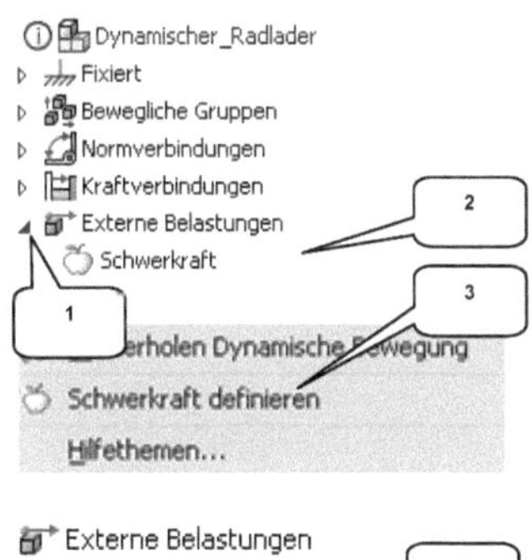

> **Externe Belastungen** erweitern (1)
> **Rechte Maustaste** auf **Schwerkraft** (2)
> **Schwerkraft definieren** (3)

> Aktivieren· Vektorkomponenten (4)
> g[Y]: -9810 mm/s^2 (5)
> OK **OK**

Newtons Apfel im Browser sollte jetzt in gelber Farbe leuchten, was die Aktivierung der Schwerkraft symbolisiert. Die gesamte Baugruppe ist jetzt zu speichern.

Speichern (Ja für alle)

- 45 -

- Definition der Schwerkraft -

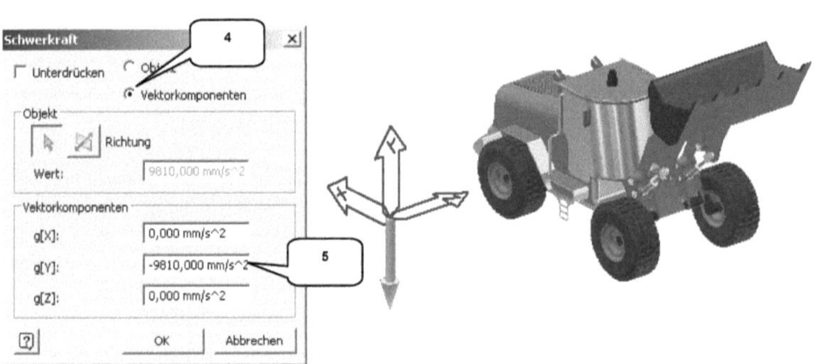

7.6.2 Ausführen und Aufzeichnen der Simulation

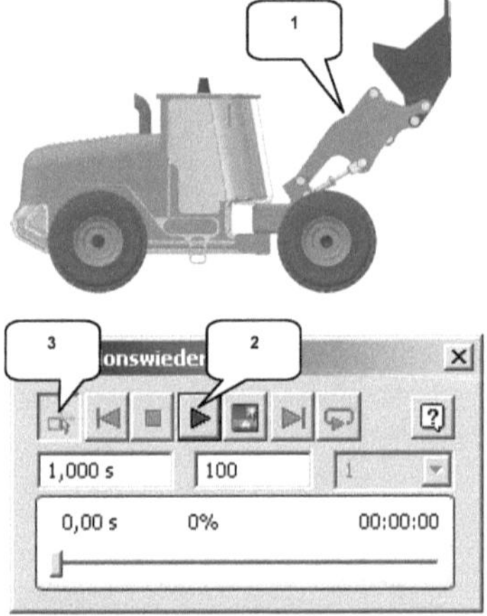

Bevor ein weiterer Versuch der Simulation gestartet werden kann, sollte der Hubapparat des Radladers, mit gedrückter linker Maustaste darauf, nach oben bewegt werden.

> Hubapparat nach oben bewegen (1)
> ► *Wiedergabe* (2)
> Simulation ablaufen lassen
> *Konstruktionsmodus* (3)

Während der Simulation wird sich der Hubapparat nach unten bewegen und dabei alle anderen Bauteile durchschlagen (4), da das Programm ohne weitere Vorgaben keine automatische Begrenzung der Bewegung bei Kollisionen vornimmt.

HINWEIS: Das Programm erkennt weder im Bereich der Baugruppenmodellierung noch im Bereich der dynamischen Simulation automatisch *Kollisionen*, wenn die hierfür benötigten Kontrollmechanismen nicht vorab definiert wurden. Im Bereich der Baugruppenmodellierung können Bewegungen begrenzt oder Kontaktsätze definiert werden: Kollisionen werden dann automatisch erkannt und Bewegungen begrenzt. Ähnliche Möglichkeiten gibt es auch im Bereich der dynamischen Simulation.

- 46 -

- Definition der Schwerkraft -

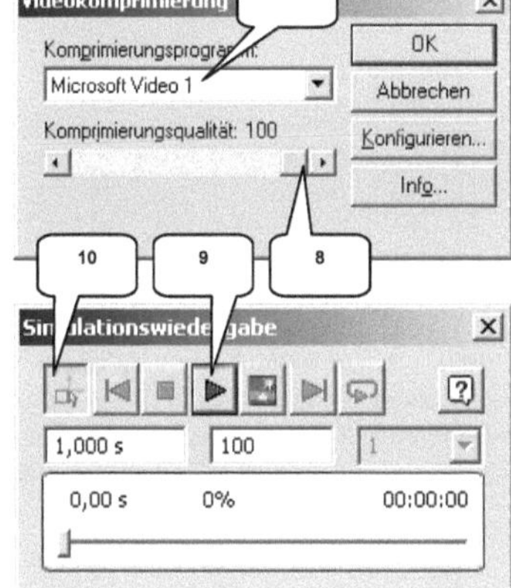

Die letzte Simulation soll noch einmal wiederholt werden, um sie zusätzlich als Video zu speichern. Eine Simulation kann als Videodatei gespeichert werden, wenn vorher der Befehl *Film publizieren* aktiviert wurde.

Film publizieren (5)
> Dateiname: Dyn-Sim-01-Schwerkraft (6)
> Dateityp: *.avi
> Speicherort: Projektordner
> Speichern *Speichern*

> Komprimierung: Microsoft Video 1 (7)
> Qualität: 100 % (8)
> OK *OK*

> ▶ *Wiedergabe* (9)
> Simulation ablaufen lassen
> *Konstruktionsmodus* (10)

Nach der erfolgten Simulation und dem anschließenden Wechsel in den Konstruktionsmodus, muss der Befehl *Film publizieren* erneut angeklickt werden, um die Videoaufnahme zu beenden.

Film publizieren (5)

Die Videodatei *Dyn-Sim-01-Schwerkraft.avi* (11) kann jetzt im Projektordner gestartet werden, wofür ein beliebiger Video-Player benötigt wird.

Die Auswertung der Simulation lässt darauf schließen, dass der Mechanismus der Baugruppe grundlegend überarbeitet werden muss, um einen funktionstüchtigen Bewegungsablauf zu erreichen.

- 47 -

- Begrenzen der Hubbewegung -

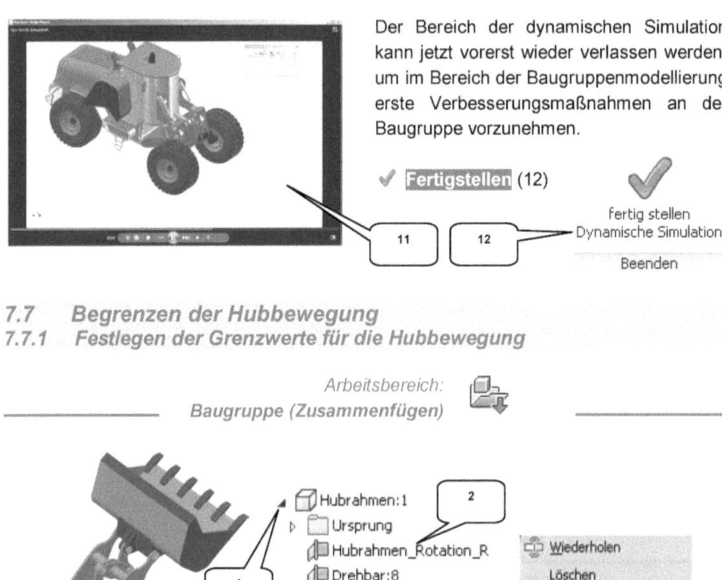

Der Bereich der dynamischen Simulation kann jetzt vorerst wieder verlassen werden, um im Bereich der Baugruppenmodellierung erste Verbesserungsmaßnahmen an der Baugruppe vorzunehmen.

✓ **Fertigstellen** (12)

7.7   Begrenzen der Hubbewegung
7.7.1   Festlegen der Grenzwerte für die Hubbewegung

Arbeitsbereich:
Baugruppe (Zusammenfügen)

Im ersten Schritt soll der unkontrollierte freie Fall des gesamten Hubapparates gebremst werden, wofür eine der vorhandenen Gelenkverbindungen zu bearbeiten ist.

Wird im Browser das Bauteil **Hubrahmen:1** erweitert, findet man darin 4 verschiedene Drehgelenke (zu erkennen am ⬚ Symbol) und eine starre Verbindung (⬚). Beim Klicken mit der rechten Maustaste auf das Drehgelenk **Hubrahmen_Rotation_R** erscheint ein Kontextmenu. Wird darin die Option **Bearbeiten** ausgewählt, öffnet sich das Befehlsfenster **Gelenk bearbeiten**.

➢ Bauteil **Hubrahmen:1** im Browser erweitern (1)
➢ **Rechte Maustaste** auf Drehgelenk **Hubrahmen_Rotation_R** (2)
➢ **Bearbeiten** (3)

- 48 -

- Begrenzen der Hubbewegung -

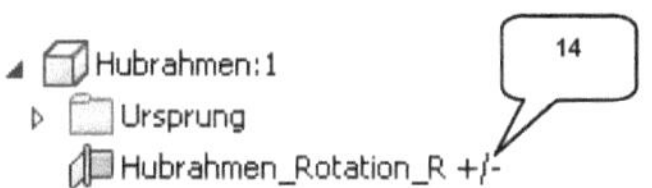

Durch die Auswahl zweier zusätzlicher Referenzflächen im Register **Gelenk**, soll die Bewegungsfreiheit zwischen den Bauteilen Hubrahmen:1 und Maschinenrahmen:1 begrenzt werden.

➤ Ausrichten 1: Fläche Hubrahmen:1 (4)
➤ Ausrichten 2: Fläche Maschinenrahmen:1 (5)

Im Register **Grenzwerte** kann die Spannweite der Winkelbewegung definiert werden.

➤ Register **Grenzwerte** (6)
➤ Aktivieren: Start (7)
➤ Startwinkel: 60 ° (8)
➤ Aktueller Winkel: 123 ° (9)
➤ Aktivieren: Ende (10)
➤ Endwinkel: 123 ° (11)
➤  **OK**

Die Begrenzung der Drehbewegung wird im Browser durch ein +/- **Symbol** (14) gekennzeichnet und ist dadurch leicht zu erkennen. Das Hubsystem kann jetzt bei gedrückter linker Maustaste nach oben gezogen werden, bis die in Abbildung (13) dargestellte Position erreicht wurde. Die Baugruppe ist im Anschluss daran zu speichern.

🖫 **Speichern**

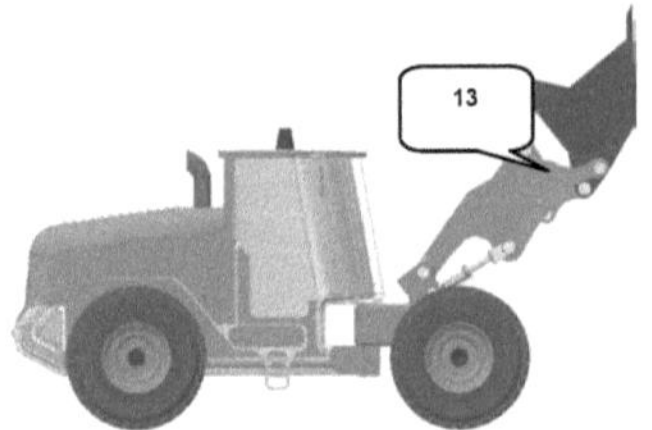

HINWEIS: Sollte der letzte Schritt zu einem falschen Ergebnis führen (das Hubsystem befindet sich nach der Vergabe der Grenzwerte nicht in der gewünschten Position, sondern z. B. im Maschinengehäuse), muss die Bearbeitung der Gelenkverbindung wiederholt werden, um die Werteeingaben der Winkel zu negieren (- 60 °, - 123 °, - 123 °).

7.7.2 Ausführen und Aufzeichnen der Simulation

Arbeitsbereich:
Dynamische Simulation

Zur Kontrolle soll in den Bereich der dynamischen Simulation gewechselt werden, wo eine neue Simulation zeigen wird, ob die Änderungsmaßnahmen ausreichend waren.

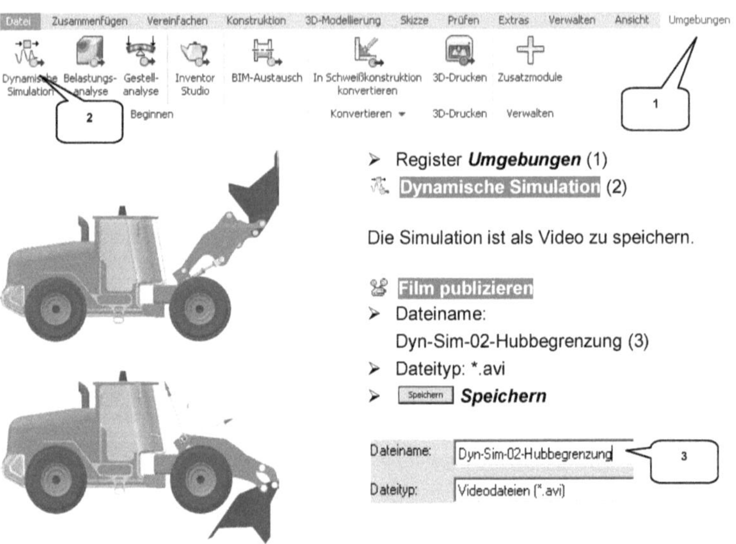

> ➢ Register *Umgebungen* (1)
> 🕹 Dynamische Simulation (2)

Die Simulation ist als Video zu speichern.

🎞 Film publizieren
> ➢ Dateiname:
>   Dyn-Sim-02-Hubbegrenzung (3)
> ➢ Dateityp: *.avi
> ➢ Speichern *Speichern*

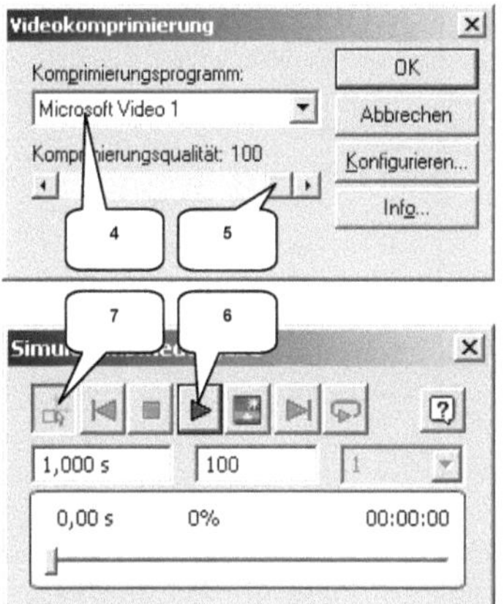

- ➢ Komprimierung: Microsoft Video 1 (4)
- ➢ Qualität: 100 % (5)
- ➢ ▢ *OK*

- ➢ ▶ *Wiedergabe* (6)
- ➢ Simulation ablaufen lassen
- ➢ ▣ *Konstruktionsmodus* (7)
- 👥 **Film publizieren**

Das Hubsystem fällt schnell nach unten und schlägt hart auf, sobald der Grenzwert des Drehwinkels (60 °) erreicht wurde. Eine Kollision mit den anderen Bauteilen findet nicht mehr statt. Nur die Schaufel schwingt noch frei und schlägt dabei ggf. durch die angrenzenden Bauteile hindurch.

Um auch die Schaufel in ihrer Bewegung zu begrenzen, muss der Mechanismus weiter bearbeitet werden. Auch hier wäre es möglich, das Drehgelenk der Schaufel mit Grenzwerten zu versehen und die Bewegungsfreiheit damit zu begrenzen.

Eine weitere Möglichkeit besteht darin, dem Mechanismus eine neue Gelenkverbindung hinzuzufügen, welche eine Kollision zwischen 2 Bauteilen automatisch erkennen und die Bewegung stoppen könnte. Da das Programm im Bereich der dynamischen Simulation einige Gelenkverbindungen bereit hält, sollen diese vorab kurz erläutert werden.

7.8 Begrenzen der Kippbewegung
7.8.1 Grundlagen: Gelenke in der dynamischen Simulation

- ➢ Befehlsgruppe *Verbindung*
- ◁ **Gelenk einfügen** (1)

- Begrenzen der Kippbewegung -

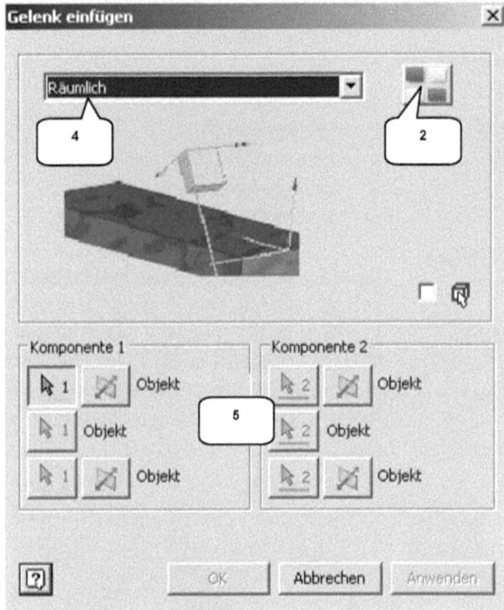

Der Befehl beinhaltet zahlreiche Gelenkverbindungen, die den folgenden Kategorien zugeordnet werden:

> *Normverbindungen*
> *Rollverbindungen*
> *Kontaktverbindungen*
> *Schiebeverbindungen*
> *Kraftverbindungen*

Eine tabellarische Übersicht über die verschiedenen Kategorien erhält man durch einen Klick auf das ▄ *Symbol* (2). Wählt man darin eine der Kategorien aus, öffnet sich die passende Gelenktabelle (3).

Alle Gelenkverbindungen können auch direkt (ohne die vorherige Auswahl der Kategorie) aus einer Liste (4) heraus aktiviert werden.

Wurde eine der Gelenkverbindungen gewählt, sind die entsprechenden Referenzen zur Positionierung zu definieren. Je nach Gelenktyp können dabei Achsen, Flächen, Punkte oder Körperkanten verwendet werden.

In der folgenden Übersicht wurden die Kategorien und ihre enthaltenen Gelenkverbindungen aufgelistet:

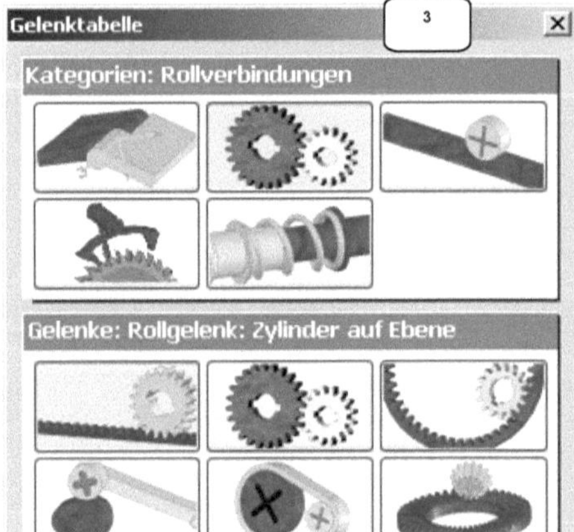

- 52 -

- Begrenzen der Kippbewegung -

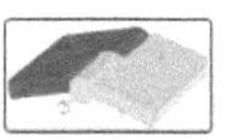 **Normverbindungen**

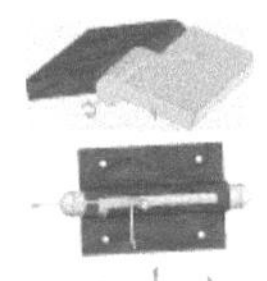 *Drehung*

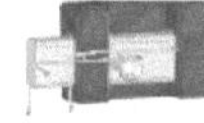 *Prismatisch*

Zylindrisch

 *Kugelförmig*

Eben

 *Punkt-Linie*

 *Linie-Ebene*

 *Punkt-Ebene*

 *Räumlich*

Verschweißt

 **Rollverbindungen**

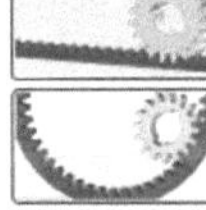 *Zylinder auf Ebene*

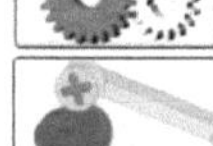 *Zylinder auf Zylinder*

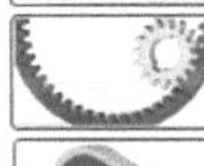 *Zylinder in Zylinder*

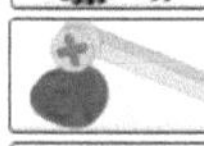 *Zylinder auf Kurve*

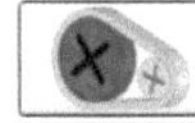 *Riemen*

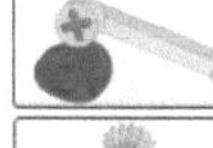 *Kegel auf Ebene*

 *Kegel auf Kegel*

 *Kegel in Kegel*

 *Schraube*

 *Schneckenrad*

 **Kontaktverbindungen**

 *2D-Kontakt*

- Begrenzen der Kippbewegung -

Gleitverbindungen

 **Zylinder auf Ebene**

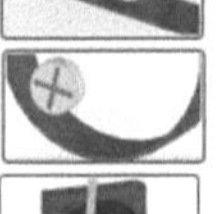 **Zylinder in Zylinder**

Punkt auf Kurve

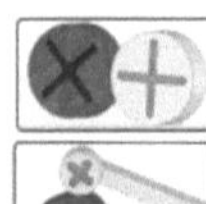 **Zylinder auf Zylinder**

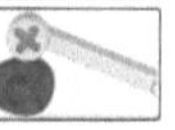 **Zylinder auf Kurve**

 **Kraftverbindungen**

 **3D-Kontakt**

 **Feder/ Dämpfung/ Buchse**

7.8.2 Grundlagen: 3D-Kontakt

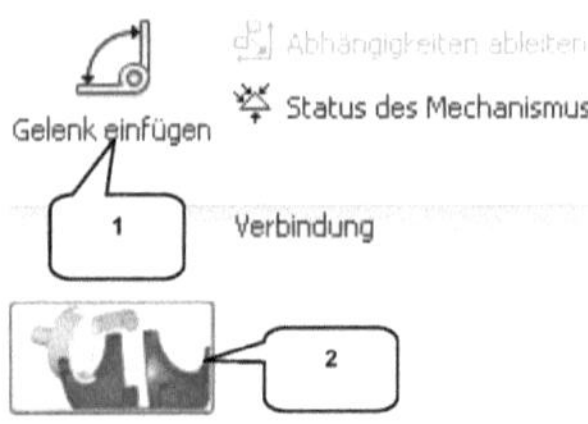

> Befehlsgruppe **Verbindung**
> **Gelenk einfügen** (1)
> Auswahl: 3D-Kontakt (2)

Der **3D-Kontakt** ermöglicht dem Programm, Kollisionen zwischen Bauteilen zu erkennen und Bewegungen bei Kontakt automatisch zu begrenzen. Er ist damit grundsätzlich mit dem Kontaktsatz im Bereich der Baugruppenmodellierung vergleichbar.

7.8.3 Einfügen eines 3D-Kontaktes

Das Resultat der folgenden Übung sollte sein, dass die unkontrollierte Schwingung der Schaufel unterdrückt wird. Betrachtet man den Bewegungsapparat, so stellt man fest, dass die Schaufel über weitere Bauteile mit dem Kippzylinder verbunden ist, und mit ihnen eine geschlossene kinematische Gelenkkette bildet. Die unkontrollierte Schwingung der Schaufel hat zur Folge, dass der Kolben des Kippzylinders ungebremst in den Zylinder eintaucht. Begrenzt man also diese beiden Bauteile durch einen 3D-Kontakt, so überträgt sich das auch auf die unkontrollierte Bewegung der Schaufel.

- 54 -

- Begrenzen der Kippbewegung -

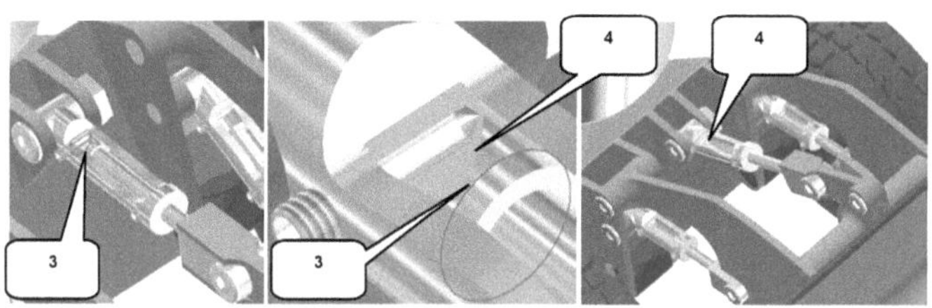

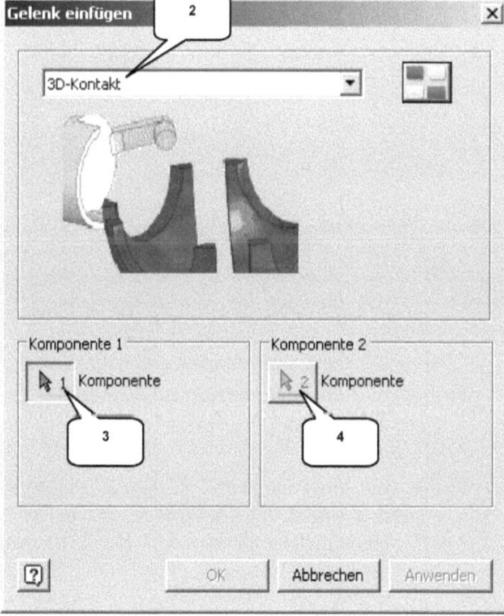

Kolben und Zylinder des Kipp-zylinders sollen jetzt mit einer zusätzlichen Gelenkverbindung, einem **3D-Kontakt** versehen werden.

Mithilfe dieses zusätzlichen Kontaktes ist das Programm in der Lage, die Kollision beider Bauteile zu erkennen und die Bewegung an dieser Stelle zu unterbrechen.

- **Gelenk einfügen** (1)
- ➤ Auswahl: 3D-Kontakt (2)
- ➤ Komponente 1:
  Bohrungskante
  Kippzylinder-Kolben:1 (3)
- ➤ Komponente 2:
  Zylinderkante
  Kippzylinder-Zylinder:1 (4)
- ➤  **OK**

- **Speichern**

HINWEIS: Es sind die jeweili-gen Zylinderkanten auszuwäh-len, nicht die Flächen!

- Begrenzen der Kippbewegung -

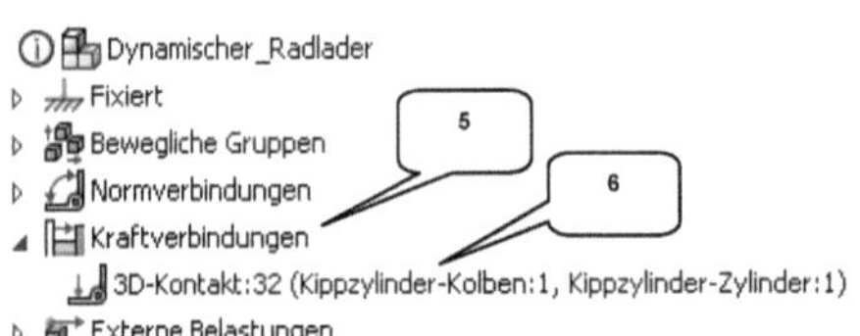

Der Browser erweitert sich jetzt um den neuen Ordner **Kraftverbindungen** (5), in dem der 3D-Kontakt (6) zu finden ist.

HINWEIS: Gelenkverbindungen werden automatisch nummeriert (z. B. **3D-Kontakt:32**). Diese Nummerierung kann von den Abbildungen hier im Buch abweichen, was keine Rolle spielt. Wichtig ist nur die korrekte Bauteilkonstellation. Die Bauteile werden in Klammern hinter der Gelenkverbindung angegeben (z. B. Kippzylinder-Kolben:1, Kippzylinder-Zylinder:1). Ihre Reihenfolge spielt dabei ebenfalls keine Rolle.

7.8.4 Bearbeiten vorhandener Gelenke

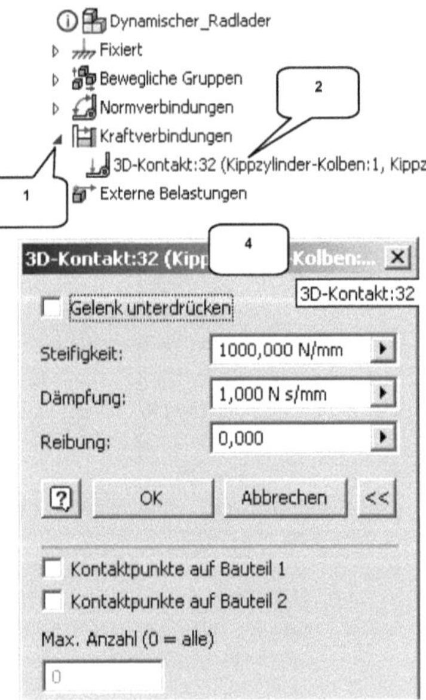

Wird eine vorhandene Gelenkverbindung bearbeitet, so stehen je nach Gelenktyp unterschiedliche Optionen zur Verfügung.

> **Kraftverbindungen** erweitern (1)
> **Rechte Maustaste** auf **3D-Kontakt** (2)
> **Eigenschaften** (3)

Die Bearbeitung der 3D-Kontaktverbindung z. B. bietet die Möglichkeit, das Gelenk zu unterdrücken, Werte für die Parameter Steifigkeit, Dämpfung und Reibung zu definieren, oder Kontaktpunkte auf den Bauteilen zu platzieren. Das Fenster kann ohne Änderungen geschlossen werden.

> Taste: ESC

- 56 -

- Begrenzen der Kippbewegung -

7.8.5 Ausführen und Aufzeichnen der Simulation

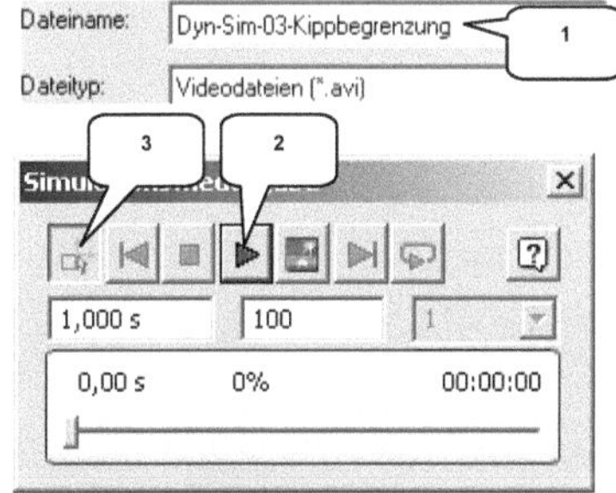

Eine Simulation soll zeigen, ob die neue Gelenkverbindung eine Verbesserung des Bewegungsablaufes erreicht hat.

🐱 **Film publizieren**
- Dateiname:
  Dyn-Sim-03-Kippbegrenzung (1)
- Dateityp: *.avi
- Speichern **Speichern**

- Komprimierung: Microsoft Video 1
- Qualität: 100 %
- OK **OK**

- ►**Wiedergabe** (2)
- Simulation ablaufen lassen
- **Konstruktionsmodus** (3)

🐱 **Film publizieren**

Hubsystem und Schaufel fallen während der Simulation ungebremst nach unten, bis beide Hubrahmen den maximalen Winkel erreicht haben. Auch die Schaufel schwingt jetzt nicht mehr völlig frei, sondern wird in ihrer Bewegung begrenzt.

Im nächsten Schritt soll die Abwärtsbewegung verlangsamt (gedämpft) werden, um das harte Aufschlagen des Hubapparates beim Erreichen des maximalen Winkels zu vermeiden.

Das Programm bietet entsprechende Möglichkeiten in den **Eigenschaften** vorhandener Gelenkverbindungen.

- 57 -

M

N

O

P